高职高专系列教材

高频电子线路

（第 五 版）

肖 琳　刘朝霞　钮文良　主编

西安电子科技大学出版社

内 容 简 介

本书是面向 21 世纪高等职业教育的教材。全书由绪论，高频电路中的元器件，通信信号的接收，通信信号的发送，正弦波振荡器，信号变换一：振幅调制、解调与混频电路，信号变换二：角度调制与解调，锁相技术及频率合成，数字调制等章节组成。本书强调基本概念，注重实际应用，增加了电子线路仿真软件的使用内容，有利于学生加深对高频电子线路知识的理解。

本书可以作为高职高专院校电子信息工程、通信工程等专业的教材或教学参考书，也可以供相关专业工程技术人员参考。

图书在版编目(CIP)数据

高频电子线路/肖琳，刘朝霞，钮文良主编. —5 版.
—西安：西安电子科技大学出版社，2021.12(2024.4 重印)
ISBN 978 - 7 - 5606 - 6325 - 8

Ⅰ. ①高…　Ⅱ. ①肖…　②刘…　③钮…　Ⅲ. ①高频—电子线路—高等职业教育—教材　Ⅳ. ①TN710.2

中国版本图书馆 CIP 数据核字(2021)第 245193 号

策　　划　马乐惠
责任编辑　张晓燕
出版发行　西安电子科技大学出版社(西安市太白南路 2 号)
电　　话　(029)88202421　88201467　　邮　　编　710071
网　　址　www.xduph.com　　　　　　电子邮箱　xdupfxb001@163.com
经　　销　新华书店
印刷单位　陕西天意印务有限责任公司
版　　次　2021 年 12 月第 5 版　2024 年 4 月第 2 次印刷
开　　本　787 毫米×1092 毫米　1/16　印张 16
字　　数　377 千字
定　　价　36.00 元

ISBN 978 - 7 - 5606 - 6325 - 8/TN

XDUP 6627005 - 2

第 五 版 前 言

高频电子线路是高等学校电子信息工程、通信工程等电类相关专业的一门理论性和工程性都较强的专业课程。为帮助学生学习这门课程，本教材在编写中遵循"夯实基础、强调功能、精炼内容、拓展思考"的原则，充分考虑理论和实践的紧密结合，所涵盖的内容其理论性、工程性和实践性都很强，同时还涉及新技术、新器件、新工艺的应用。

本教材主要讲解高频电子线路的基本概念和相关技术、高频情况下电路元器件的认识与应用分析、基本电路分析以及基本测试分析技术等。这些都是高频电子线路的核心技术。高频电子线路是涉及无线电信号发送和接收的信号处理电路，它所处理的信号都是高频信号。为了远距离传送信号和接收信号，需要对信号进行调制变换。无线电波的发送设备和接收设备就是进行这种变换的设备，其中包含很多非线性器件。本教材所阐述的高频电子线路各组成部分中，除高频小信号谐振放大器外，都是非线性电路，必须用非线性电子线路的分析方法来进行分析。非线性电子线路的分析方法相对于线性电子线路的分析方法来说更加复杂，求解也困难得多。根据实际情况，常常可以通过工程分析方法，或借助电子电路的仿真软件(如 PSpice)，对电子器件、电路的数学模型和工作条件进行合理的近似，以获取符合实际情况的具有实际意义的结果。我们更关心高频电子线路各个组成部分的外特性，即输入信号与输出信号以及它们之间的变换关系。

基于以上认识，同时考虑现代技术性人才培养的特点及本课程的基本要求，本次修订主要增加了各章的思考题与习题，希望通过思考题与习题更好地帮助学生理解相关理论知识，并能应用于实践，提高其工程应用能力。

全书共 9 章。第一章绪论，简单地介绍无线电信号传输的基本原理与通信系统，以使学生在一开始就建立系统的概念；还介绍了信号的概念以及信号的表示。第二章高频电路中的元器件，对用于高频信号处理和传输电路中的电路元器件的物理特性，建立了电路元器件的高频电路模型和高频特性，有利于学生理解高频电子电路中发生的各种现象。第三章通信信号的接收，主要介绍了小信号谐振放大器，包括并联谐振回路及小信号谐振放大器的基本原理。第四章通信信号的发送，主要介绍了高频谐振功率放大器，使学生建立非线性电路的概念。第五章正弦波振荡器，作为载波信号源，介绍了其基本工作原理和基本正弦波振荡器应用电路。第六章振幅调制、解调与混频电路，这是本教材的一个重点，主要介绍幅度调制、解调、混频及其电路的基本原理。第七章介绍角度调制与解调，这是非线性调制，也是通信系统经常采用的方式。第八章介绍锁相技术及频率合成技术，这是现代通信系统和测量设备不可缺少的技术。第九章数字调制，主要介绍了二进制幅度键控、频率键控和相位键控的概念及实现电路模型。各章都给出 PSpice 仿真分析的内容，引导学生掌握先进的电子线路分析方法。

高频电子线路是在科学和生产实践过程中逐步发展起来的学科，其理论概念和实际电路都来自于科学研究和生产实践。因此，在学习中必须注重理论联系实际，注重实践环节。高频电子线路的各个组成部分都包含许多实际电路，既反映了通信的基本原理，又包含实际应用价值，应当很好地掌握它们。这些复杂的电路有其特有的规律，这是必须掌握的要点。同时应当注意到，构成高频电子线路的元器件与低频电子线路的元器件既有相同之处，又有不同之处，在学习过程中必须注意归纳和总结。

本书第五版由肖琳、刘朝霞、钮文良主编。其中肖琳负责第一、二、三、四、五章的编写工作，刘朝霞负责第六、七、八、九章的编写工作，钮文良负责全书内容的审定。

限于作者水平，书中难免有错误和不妥之处，敬请读者指正。

作　者

2021 年 6 月

目　　录

第一章 绪 论

1.1 信 息 技 术

信息技术概括起来包括两类：信息处理技术与信息传输技术。

信息是一个抽象的概念。信息的具体形式有：语言、文字、符号、音乐、图形、图像和数据。将表示声音和图像等的物理信号，经过传感器转换为电信号，就成为我们处理的对象。人们从这些信号中获取信息。

通信的任务是传递信息，即将经过处理的信息从一个地方传递到另一个地方。对于信息传输最主要的要求就是传输的可靠性和有效性。信息处理的目的就是更有效、更可靠地传递信息。传递信息可以通过有线方式，也可以通过无线方式。通信作为无线电技术最早的应用，其系统组成和工作过程很典型地反映了无线电技术的基本问题。通信技术的发展和现代化也充分反映了无线电技术的发展和现代化。本书将以无线通信系统为主要研究对象，着重讨论无线电设备中的高频放大器和高频功率放大器、振荡器及频率变换等电子线路的基本原理和应用。

1.2 通 信 系 统

一切能完成信息传输任务的系统都可以称为通信系统。高频电路是通信系统，是无线通信系统的基础，是无线通信设备的重要组成部分。

通信系统的基本任务是从一个地方向另一个地方传送信息。因此，电子通信可以被总结为在两个或多个位置使用电子线路传输、接收和处理信息。始发的源信息可以是模拟（连续）形式的，如人类的语言或音乐，也可以是数字（离散）形式的，如二进制编码的数字或字母数字代码。各种形式的信息在通过通信系统传播之前，必须对其进行转换。

电子通信技术已经发展了百年，其基本概念和原理变化不大，但其实现技术和电路经历了重大的变化。近年来，晶体管和线性集成电路简化了电子通信电路的设计，使其更加小型化，并改善了性能和可靠性，降低了总成本。越来越多的人需要相互通信，这一巨大的需求刺激着电子通信工业快速发展。现代通信系统包括电缆通信系统、微波通信系统、卫星通信系统、无线电通信系统以及光纤通信系统。

1.2.1 无线通信系统的组成

了解通信系统的构成，有利于掌握通信系统的基本原理及通信电子线路的组成原理。

通信系统的核心部分是发送设备和接收设备。不同的通信系统的发送设备和接收设备组成不完全相同，但其基本结构有相似之处。通信系统通常分为有线通信系统和无线通信系统，我们常见的无线通信系统有广播通信系统、移动通信系统等。一个完整的通信系统基本组成框图如图1.1所示。

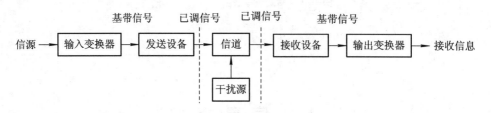

图 1.1　通信系统基本组成框图

无线通信系统的基本组成框图与通信系统基本相同，包括发射系统（信源、输入变换器、发送设备）、接收系统（接收设备、输出变换器、接收信息）、信道、干扰源等。

1.2.2　发射系统

信源是指需要传送的原始非电物理量信息源，如语音、音乐、图像、文字等。信源经输入变换器后转换成电信号。

输入变换器的主要任务是将要传递的语音、音乐、图像、文字等信息变换为电信号，该电信号包含了原始消息的全部信息（允许存在一定的误差，或者说信息损失）。这类信号的频率一般比较低，称为"基带信号"。输入变换器输出的基带信号作为通信系统的信号源。基带信号不一定适合在信道上直接传输，可将其送入发送设备，变换成适合信道传输的信号后再送入信道。

发送设备主要有两大任务：调制与放大。

调制就是将基带信号变换成适合信道传输的高频信号。在连续波调制中，是指用原始电信号（调制信号）去控制高频振荡信号（载波信号）的某一参数，使之随着调制信号的变化规律而变化。经过调制的高频信号称为已调信号。无线通信发送设备的任务就是将基带信号变换成适合在空间信道传输的高频信号。图1.2所示为无线通信发送设备组成框图。

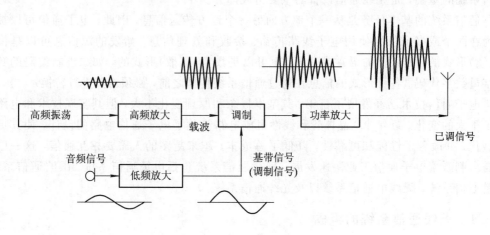

图 1.2　无线通信发送设备

发送设备的另一个任务是放大，即对已调波信号的电压和功率进行放大、滤波等处理，使已调波信号具有足够大的功率以便送入信道。

在无线通信中，天线的作用是很重要的，它将已调信号转换成电磁波送入信道。由天线理论可知，要将无线电信号有效地发射出去，天线的长度必须和电信号的波长为同一数量级。例如，音频信号的频率一般在 20 kHz 以下，对应波长为 15 km 以上，直接传输时需要的天线约 4 km，但使用如此巨大的天线是不可能的。此外，即使这样的天线制造出来，由于各个发射台发射的均为同一频段的低频信号，各信号在信道中会互相重叠、干扰，导致接收设备无法选择出所要接收的信号。因此，为了有效地进行传输，必须采用几百千赫以上的高频信号作为载体，将低频的基带信号"装载"到高频信号上（调制），然后经天线发射出去。采用调制方式以后，由于传送的是高频信号，所需天线尺寸大大下降。同时，不同的发射台可以采用不同频率的载波信号，这样各种信号在频谱上就可以互相区分开了。

1.2.3　接收系统

接收设备主要有三大任务：选频、放大、解调。

接收设备将信道传送过来的已调信号从众多信号和噪声中选取出来，并对其进行处理，以恢复出与发送端一致的基带信号。图 1.3 所示是通信系统中调幅式无线电接收设备的组成框图。

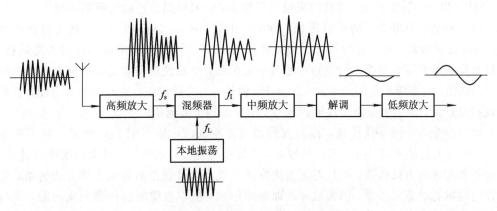

图 1.3　无线通信接收设备

接收设备的第一级是高频放大器。发送设备发出的信号经过长距离传播会受到很大的衰减，能量损失较大，同时，信号还受到传输过程中来自各方面的干扰和噪声。当到达接收设备时，信号是很微弱的，需要经过放大器进行放大。并且，高频放大器的窄带特性可以同时滤除一部分带外的噪声和干扰。高频放大器的输出是载频为 f_s 的已调信号，经过混频器与本地振荡器提供的频率为 f_L 的信号混频，产生频率为 f_I 的中频信号。中频信号经中频放大器放大，送到解调器，恢复原基带信号，再经低频放大器放大后输出。

1.2.4　信道

信道是信号传输的通道，也就是传输媒介，不同的信道有不同的传输特性。信道包括有线信道和无线信道。有线信道有架空明线、同轴电缆、波导管和光缆等，无线信道主要有大气层、海水或外层空间等。无线电波在空间传播的性能与大气结构、高空电离层结构、大地的衰减以及无线电波的频率、传播路径等因素密切相关，因此，不同频段无线电波的传播路径及其受上述各种因素的影响程度也不同。

在无线模拟通信系统中，传输媒介是自由空间。根据电磁波的波长或频率范围，电磁波在自由空间的传播有多种方式，各种传播方式下信号传输的有效性和可靠性不同，由此使得通信系统的构成及其工作机理也有很大的不同。

无线电波在空间的传播速率与光速相同，约为 3×10^8 m/s。无线电波的波长、频率和传播速率的关系为

$$\lambda = \frac{c}{f} \tag{1-1}$$

式中，λ 是波长，c 是传播速率，f 是频率。由于电波的传播速率固定不变，所以信号频率越高，波长越短。

无线通信系统使用的频率范围很宽阔，从几十千赫兹到几十吉赫兹。不同频率范围的无线电波传播规律不同，应用范围也不同。习惯上将电磁波的频率范围划分为若干个区段，称为频段或波段。

电磁波在空间的传播途径有三种。

第一种是沿地面传播，称为地波，如图 1.4(a) 所示。例如，长波和中波通信的频率在 1.5 MHz 以下，波长较长，地面的吸收损耗较少，信号可以沿地面远距离传播。

第二种是依靠电离层的反射传播，称为天波，如图 1.4(b) 所示。电磁波到达电离层后，一部分被吸收，另一部分被反射和折射到地面。频率越高，被吸收和反射的能量越少，电磁波穿入电离层也越深，但当频率超过一定值后，电磁波就会穿过电离层而不再返回地面了。例如，对于频率范围为 1.5～30 MHz 的信号，波长较短，地面绕射能力弱，且地面吸收损耗较大，但能被电离层反射到远处，故可采用天波通信方式。

第三种是在空间直线传播，称为直线波或者空间波，如图 1.4(c) 所示。对于频率在 30 MHz 以上的超短波，由于其波长较短，不能绕过地面障碍物，并且地面吸收损耗很大，因而不能用地波方式传播，而且超短波能穿透电离层，因而也不能以天波方式传播，它只能在空间以直线方式传播。因为地球表面是球形的，所以直线波的传播距离有限，并与发射和接收天线的高度有关。移动通信、电视和调频广播等均采用直线波传播方式。

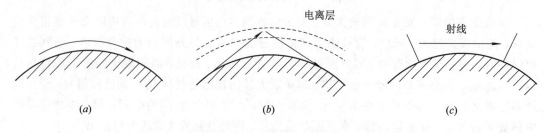

图 1.4　无线电波的传播方式
(a) 地波；(b) 天波；(c) 直线波

1.2.5　无线通信系统的类型

通信系统的种类很多。按照所用信道的不同，可以分为有线通信系统和无线通信系

统；按照业务（即所传输的信息种类）的不同，可以分为电话、电报、传真和数据通信系统等；按照通信系统中信道传输的基带信号不同，可以分为模拟通信系统和数字通信系统。

无线通信系统也有不同的划分方法。

（1）按照工作频段或传输手段分类，有中波通信、短波通信、超短波通信、微波通信和卫星通信等。其中工作频段主要指发射与接收的射频（RF）频段。射频实际上就是"高频"的广义语，它是指适合无线电发射和传播的频率。无线通信的一个发展方向就是开辟更高的频段。

（2）按照通信方式分类，主要有（全）双工通信、半双工通信和单工通信。

单工通信系统有时称为单向的、只接收或只发送的系统。商业电台或电视广播是单工通信的一个例子，电台总是发射端，而用户总是接收端。

半双工通信中，信号的传输可以在两个方向上进行，但不是同时的。使用按讲（PTT）开关控制发射机的双向无线电系统是半双工通信的例子。

全双工通信中，信号的传输可以同时在两个方向上进行。标准的电话系统就是全双工传输的例子。

（3）按照调制方式的不同来划分，有调幅（AM）通信、调频（FM）通信、调相（PM）通信以及混合调制通信等。调幅是指载波信号的幅度随基带信号变化；调频是指载波信号的频率随基带信号变化；调相是指载波信号的相位随基带信号变化。

（4）按照传送消息的类型分类，有模拟通信和数字通信，也可以分为话音通信、图像通信、数据通信和多媒体通信等。

各种不同类型的通信系统，其系统组成和设备的复杂程度都有很大不同，但是组成设备的基本电路及其原理都是相同的，遵从同样的规律。本书将以模拟通信为重点来研究这些基本电路，认识其规律。这些电路和规律完全可以推广应用到其它类型的通信系统中。

1.3　信　　号

在高频电路中，我们要处理的无线电信号主要有三种：基带（消息）信号、高频载波信号和已调信号。所谓基带信号，就是没有进行调制的原始信号，也称调制信号。高频载波信号主要指用于调制的高频振荡（载波）信号和用于解调的本地振荡信号（或称恢复载波），一般为单一频率的正弦（或余弦）信号或脉冲信号。已调信号是调制信号对载波信号进行调制以后所得到的信号。基带信号通常为低频信号，后两者为高频信号。

无线电信号有多方面的特性，主要包括时间（域）特性、频率特性、频谱特性、调制特性、传输特性等。

1.3.1　信号的分类

1. 确定信号与随机信号

确定信号可用一确定的时间函数来表示，对于指定的某一时刻，可以确定一个相应的函数值。例如，正弦信号就是确定信号。实际传输中的信号往往是不确定的，这种信号称为随机信号。随机信号不能用确定的时间函数来表示，当给定某一时间值时，信号的函数值并不确定，只能研究它取某一数值的概率。本书将只研究确定信号。

2. 周期信号与非周期信号

周期信号按一定的时间间隔重复出现，其函数表达式为

$$f(t) = f(t + nT) \quad n = 0, \pm 1, \pm 2, \cdots \tag{1-2}$$

满足这个表达式的最小 T 值称为信号的周期。若令 T 趋于无限大，则周期信号就成为非周期信号。

3. 连续信号与离散信号

如果在某一时间间隔内，除了若干不连续点之外，信号的函数表达式对一切时间值都给出确定的函数值，这种信号称为连续信号。图 $1.5(a)$ 所示的正弦波信号就是连续信号。时间和幅值都连续的信号又称为模拟信号。

如果信号的函数表达式中，只在某些不连续的时间值上有给定函数值，则这种信号称为离散信号。图 $1.5(b)$ 所示即为离散信号。时间变量取离散值的信号称为离散时间信号。

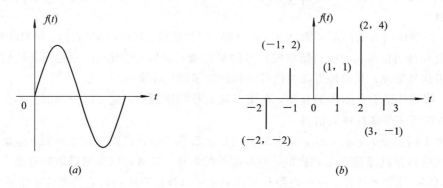

图 1.5　连续信号和离散信号
(a) 连续信号；(b) 离散信号

如果离散时间信号的幅值是连续的，可称其为抽样信号。若离散信号的幅值也被限定为某些离散值，即时间与幅值都具有离散性，则称其为数字信号。

4. 能量信号与功率信号

在一定的时间间隔里，将信号加在负载上，负载中就消耗一定的信号能量。将这个能量值对于时间间隔取平均值，即得在此时间间隔内的信号平均功率。若时间间隔趋于无限大，则有两种情况：信号总能量为有限值，信号平均功率为零，这种信号称为能量信号；或者信号平均功率为有限值，信号能量为无限大，这种信号称为功率信号。周期信号都是功率信号；只存在于有限时间内的非周期信号是能量信号；存在于无限时间内的非周期信号可以是能量信号，也可以是功率信号。

5. 噪声

在信号处理过程中会遇到各种无用的干扰信号。信号处理过程所引入的有害的干扰统称为噪声。噪声根据来源不同可分为：

（1）人为噪声，亦称可消除噪声，如电器设备火花所产生的高频脉冲、电源因滤波器不良而产生的交流噪声，由系统设计或结构不完善所引起的振荡等。这些噪声都是随机出

现的，通过恰当的设计可以消除。

（2）无规则的自然噪声，是由大气中的闪电、银河系的辐射、太阳黑子活动等所引起的噪声，这种噪声随频率上升而渐弱。

（3）起伏噪声，这是由系统内部的有源器件和实体电阻所产生的，如电阻或导体中的电子热运动引起的热噪声、半导体器件中载流子的扩散复合产生的随机噪声等。这种噪声在各种物理系统中都存在。起伏噪声的存在，使由电阻、导线、电子器件所构成的设备测量微弱信号的能力大大下降。就接收设备而言，噪声限制了它接收微弱信号的能力。

噪声根据其特性可分为四类：热噪声、互调噪声、串话噪声和脉冲噪声。

（1）热噪声是由电子在导体中的热运动产生的，它存在于所有电子器件和传输信道中。热噪声是温度的函数，温度越高，热噪声能量越大。热噪声的幅度服从正态分布，其功率谱密度为常数，即其具有均匀频谱，故热噪声也称为白噪声。热噪声所产生的干扰是不可能被消除的。

（2）互调噪声的表现是，当不同频率的信号共用同一传输系统时，可以产生这些频率之间或这些频率的整倍数之间的和频或差频分量，它们的出现将干扰原频率处的信号。互调噪声是由通信系统中的非线性产生的。

（3）串话噪声的表现是当使用电话时，除通信方外，还可以听到其他通话的声音。串话是由线路间的耦合产生的。一般情况下，它与热噪声的幅度相当。

（4）脉冲噪声是一种不连续的、持续时间比较短而幅度较大的干扰信号。脉冲噪声多是来自传输系统外部的干扰，如工业干扰、天电干扰等。脉冲噪声对模拟信号的影响不严重，可表现为声音传输中的"咔啦"声，但其对数字信号传输系统的影响比较严重，会造成误码，特别是连续产生误码，从而破坏了传输数据的正确性。

1.3.2 信号的时间特性和频谱特性

1. 时间特性

确定信号可以用包含信号全部信息量的时间函数表示。因此，信号的特性首先表现为它的时间特性。信号的时间特性是指信号随时间变化的情况。这种变化有两重意义：一个意义是同一形状的波形重复出现的周期长短；另一个意义是信号波形本身变化的速率。时间函数可以用时间域方法来进行分析，最主要的时间域分析方法是卷积。

2. 频谱特性

对于较复杂的信号（如话音信号、图像信号等），用频谱分析法表示较为方便。为了分析信号的频率特性，可采用傅里叶级数、傅里叶变换等变换域方法。这是因为任何形式的信号都可以分解为许多不同频率、不同幅度的正弦信号之和。如图 1.6 所示，图中包括一重复频率为 F 的方波脉冲信号、直流分量、基波分量和三次谐波分量。谐波次数越高，幅度越小，其影响就越小。

周期性信号可以表示为许多离散的频率分量，如图 1.7 即为图 1.6 所示信号的频谱图，水平轴表示频率，垂直轴表示幅度。对于非周期性信号，可以用傅里叶变换的方法将其分解为连续谱的积分。频谱特性包含幅频特性和相频特性两部分，它们分别反映信号中各个频率分量的振幅和相位分布情况。从频谱特性上看，各个正弦分量的振幅和相位分别按频率高低排列,此频谱图即包含了信号的全部信息量。从理论上说,复杂信号的频谱可以扩展至无限,但实际上,由于原始信号的能量一般都集中在频率较低的范围内,高于某一频率的分量可以忽略不计,因此每一信号的频谱都有一个有效的频率范围,称为信号的频带。

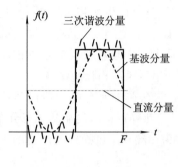

图 1.6　信号分解

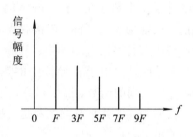

图 1.7　信号频谱

3. 信号传输频率(频率特性)

无线电波段可以按频率划分,也可以按波长划分。表 1−1 列出按波长划分的波段名称、相应的波长范围及相应的频段名称。不过,波段的划分是粗略的,各波段之间并没有明显的分界线,所以各波段的衔接处,无线电波的特性也无明显差异。

表 1−1　波 段 的 划 分

波段名称		波长范围	频率范围	频段名称
超长波			30～300 Hz	ELF(极低频)
特长波			0.3～3 kHz	VF(话音频率)
甚长波		10～100 km	3～30 kHz	甚低频 VLF
长波		1～10 km	30～300 kHz	低频 LF
中波		100～1000 m	0.3～3 MHz	中频 MF
短波		10～100 m	3～30 MHz	高频 HF
超短波(米波)		1～10 m	30～300 MHz	甚高频 VHF
微波	分米波	10～100 cm	300 MHz～3 GHz	特高频 UHF
	厘米波	1～10 cm	3～30 GHz	超高频 SHF
	毫米波	1～10 mm	30～300 GHz	极高频 EHF
	丝米波	0.1～1 mm	300～3000 GHz	至高频
光波			0.3～300 THz	红外光
			0.3～3 PHz	可见光
			3～30 PHz	紫外光
			30～300 PHz	X 射线
伽马波			0.3～3 EHz	伽马射线
宇宙波			3～30 EHz	宇宙射线

在实际的通信应用中,各波有不同的用途:

• 极低频(Extremely Low Frequencies,ELF):多用于低频遥测信号。

• 话音频率(Voice Frequencies，VF)：包含与人类语音相关的频率，多用于标准电话信道，通称话音频率或话音频带信道。

• 甚低频(Very Low Frequencies，VLF)：包括人类听觉范围的高端，多用于某些特殊的政府或军事系统，比如潜艇通信。

• 低频(Low Frequencies，LF)：主要用于船舶和航空导航。

• 中频(Medium Frequencies，MF)：主要用于商业 AM 无线电广播(535～1605 kHz)。

• 高频(High Frequencies，HF)：常称为短波(Short Wave)。大多数双向无线电通信使用这个频段，业余无线电和民用波段(CB)无线电也使用 HF 范围内的信号。

• 甚高频(Very High Frequencies，VHF)：常用于移动通信、船舶和航空通信、商业 FM 广播(88～108 MHz)及部分商业电视广播(54～216 MHz)。

• 特高频(Ultra High Frequencies，UHF)：由商业电视广播的频道、陆地移动通信业务、蜂窝电话、某些雷达和导航系统、微波及卫星无线电系统所使用。一般说来，1 GHz 以上的频率被认为是微波频率，它包含 UHF 范围的高端。

• 超高频(Super High Frequencies，SHF)：主要用于微波及卫星无线电通信系统。

• 极高频(Extremely High Frequencies，EHF)：除了十分复杂、昂贵及特殊的应用外，很少用于无线电通信。

• 红外光(Infrared)：0.3～300 THz 范围内的信号，通常不认为是无线电波。红外光归入电磁辐射，通常与热有关系。

• 可见光(Visible Light)：包括落入人类视觉可见范围(0.3～3 PHz)内的电磁频率，可用于光波通信。光波通信常与光纤系统一起使用，近年来它已成为电子通信系统的一种主要传输介质。

紫外光、X 射线、伽马射线及宇宙射线极少应用于电子通信，在此不再赘述。

全部电磁频谱显示了各种业务的大概频段，如图 1.8 所示。

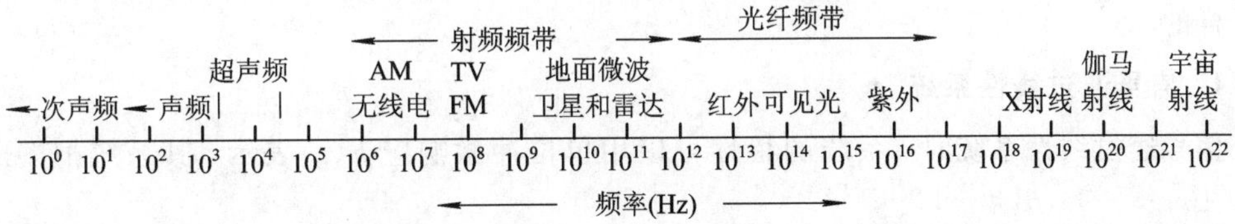

图 1.8 电磁频谱

当涉及无线电波时，通常使用波长而不是频率为单位。波长是电磁波的一个周期在空间占用的长度(即在一个重复的波形中类似点之间的距离)。波长与波的频率成反比，且直接与波传播的速度(电磁能量在自由空间中的传播速度被认为是光速，即 3×10^8 m/s)成正比。频率、速度及波长之间的关系：

$$\text{波长} = \frac{\text{速度}}{\text{频率}}$$

即

$$\lambda = \frac{c}{f}$$

其中，λ 为波长(m)；c 为光速(300 000 000 m/s)；f 为频率(Hz)。

例 1 确定下列频率的波长：1 kHz，100 kHz 和 10 MHz。

解 代入公式

$$\lambda = \frac{c}{f}$$

得

$$\lambda_1 = \frac{300\ 000\ 000}{1000} = 300\ 000 \text{ m}$$

$$\lambda_2 = \frac{300\ 000\ 000}{100\ 000} = 3000 \text{ m}$$

$$\lambda_3 = \frac{300\ 000\ 000}{10\ 000\ 000} = 30 \text{ m}$$

总的电磁波长谱中标明了各波段内的各种业务，如图 1.9 所示。

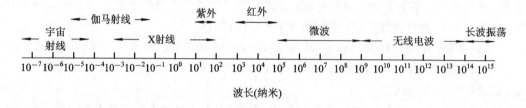

图 1.9 电磁波长谱

1.3.3 信号的传输特性

在通信设备中，属于线性系统的电路有线性放大器、滤波器、均衡器、相加（减）器、微分（积分）电路以及工作于线性状态下的反馈控制电路等。属于非线性系统的电路有谐振功率放大器、倍频器、振荡器、相乘器及各种调制解调器等。信号通过不同的系统，其特性是不一样的。

1. 信号通过线性系统

信号通过线性系统时，系统的特性可以用单位冲激响应 $h(t)$ 表示，其系统框图示于图 1.10。

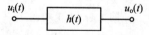

图 1.10 线性系统

利用单位冲激响应 $h(t)$ 可以分析信号通过线性系统的时域特性，系统输出和输入间的关系可以用卷积积分式表示：

$$u_o(t) = \int_0^t h(\tau) u_i(t - \tau)\, d\tau \qquad (1-3)$$

式中，$u_i(t)$ 是系统的输入信号，$u_o(t)$ 是系统的输出信号。

信号通过线性系统时，输出信号 $u_o(t)$ 的波形与输入信号 $u_i(t)$ 的波形仅在幅度和延时上略有不同，输出与输入信号波形基本不变，通常称这是信号的理想传输或无失真传输。

当信号通过非理想线性系统时，输出信号的频率特性或者幅频特性不是常数，或者相频特性不是频率的线性函数；输出信号波形与输入信号波形相比，产生了失真。这是由于信号通过线性系统时，改变了输入信号各频率分量之间的相对关系，它只会表现为信号波形畸变，而不会增加新的频率分量，称这种失真为线性失真。

2. 信号通过非线性系统

信号通过非线性系统后，非线性系统的输出信号中将产生新的频率分量，这是非线性系统最主要的特点。

若系统具有如下非线性特性：

$$u_o = A_0 + A_1 u_i(t) + A_2 u_i^2(t) \tag{1-4}$$

令输入信号 $u_i(t)$ 为

$$u_i(t) = U_m \cos\omega t \tag{1-5}$$

将式(1-5)代入式(1-4)中，可得输出信号

$$
\begin{aligned}
u_o &= A_0 + A_1 U_m \cos\omega t + A_2 U_m^2 \cos^2\omega t \\
&= A_0 + A_1 U_m \cos\omega t + \frac{A_2 U_m^2}{2} \cos2\omega t
\end{aligned}
\tag{1-6}
$$

从式(1-6)可以看出，信号通过非线性系统后，其输出中含有输入信号中原有的频率分量，但同时出现了输入信号中没有的频率分量(2ω)。

可以看出，信号通过非线性系统与通过线性系统的基本区别在于：信号通过非线性系统后，不仅输出信号中与输入信号同频率诸分量的幅度、相位有变化，而且出现了输入信号中没有的新的频率成分。这些频率成分是诸输入信号频率的各次倍频和它们之间的组合频率。在有些情况下，也可能在输出信号中不再出现某些输入信号的频率成分。

信号通过非线性系统能够产生某些新的频率成分，这一特点在通信电路中获得广泛的应用，如倍频、混频、调制和解调等。

1.3.4 混合信号的传输特性

混合是组合两个或多个信号的过程，是电子通信中的一个基本过程。大体上有两种办法组合成混合信号：线性的和非线性的。

1. 线性相加

当两个或多个信号在一个线性器件(如无源网络或小信号放大器)中组合时会出现信号的线性相加，信号以这种方式组合没有新的频率产生，组合的波形只是各个信号的线性相加。在录音领域中，线性相加有时称为线性混音，但是在无线电通信领域中，混频几乎总是指非线性过程。

图1.11(a)显示了两个输入频率在一个小信号放大器中的组合。每个输入信号由增益(A)放大，因此输出为

$$u_{out} = A u_{in}$$

其中

$$u_{in} = U_a \sin2\pi f_a t + U_b \sin2\pi f_b t \tag{1-7}$$

因此

$$u_{\text{out}} = A(U_a \sin 2\pi f_a t + U_b \sin 2\pi f_b t) \tag{1-8}$$

或

$$u_{\text{out}} = AU_a \sin 2\pi f_a t + AU_b \sin 2\pi f_b t \tag{1-9}$$

u_{out} 是包含两个输入频率的一个复杂波形且等于 u_a 和 u_b 的代数和。图 1.11(b) 显示了 u_a 和 u_b 在时域中的线性相加，而图 1.11(c) 显示了其在频域中的线性相加。如果另一些输入频率加到该电路上，它们同样与 u_a 和 u_b 线性相加。在高保真音频系统中，输出谱只包含原始的输入频率，因此要进行线性运算。但是在无线电通信中，调制经常需要进行非线性混频。

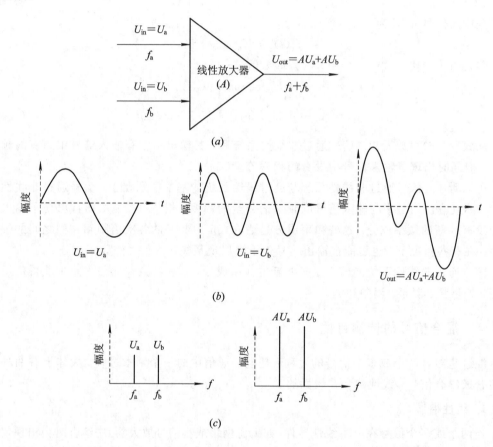

图 1.11 线性混合

(a) 线性放大；(b) 时域；(c) 频域

2. 非线性混频

当两个或多个信号在一个非线性器件(如一个二极管或大信号放大器)中组合时，会出现非线性混频。非线性混频时，输入信号以非线性方式组合并产生额外的频率分量。下面分析单频率输入信号通过非线性放大器的特性。

图 1.12(a) 显示了一个单频率输入信号由一个非线性放大器放大。输入单频率信号时，非线性放大器的输出不是一个单一的正弦或余弦波。数学上，该输出是无穷幂级数：

$$u_{out} = Au_{in} + Bu_{in}^2 + Cu_{in}^3 + \cdots \qquad (1-10)$$

其中，

$$u_{in} = U_a \sin2\pi f_a t$$

因此，

$$u_{out} = A(U_a \sin2\pi f_a t) + B(U_a \sin2\pi f_a t)^2 + C(U_a \sin2\pi f_a t)^3 + \cdots \qquad (1-11)$$

其中，Au_{in} 为线性项或由增益（A）放大的输出信号（f_a）；Bu_{in}^2 为产生二次谐波频率（$2f_a$）的平方项；Cu_{in}^3 为产生三次谐波频率（$3f_a$）的立方项，等等。

u_{in}^n 产生一个频率等于 nf 的信号。例如，Bu_{in}^2 产生一个频率等于 $2f_a$ 的信号，Cu_{in}^3 产生一个频率等于 $3f_a$ 的信号，等等。原始输入频率（f_a）是一次谐波（或基频），$2f_a$ 是二次谐波，$3f_a$ 是三次谐波，以此类推。图 1.12(b）显示了非线性放大器在单频输入时时域中的输出波形。图 1.12(c）显示了频域中的输出频谱，注意到相邻的谐波在频域上相隔一个基频（f_a）。

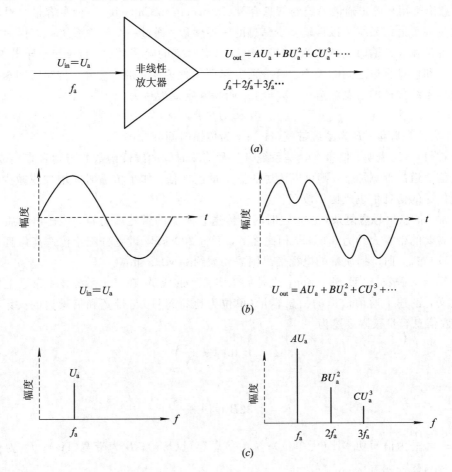

图 1.12 单输入频率的非线性放大

（a）非线性放大；（b）时域；（c）频域

单频信号的非线性放大产生该频率的倍频（或谐波）。如果该谐波是不需要的，则产生了谐波失真。如果该谐波是需要的，则被称为频率倍增。

1.4　带宽和信息容量

通信系统性能的两个最重要的限制是噪声和带宽。信号的带宽就是该信号中包含的最高和最低频率之差，通信信道的带宽就是该信道允许通过的最高频率和最低频率之差（即它的通带）。通信信道的带宽必须足够大（宽），以通过所有重要的信号频率。换句话说，通信信道的带宽必须等于或大于信号的带宽。例如，话音频率包含 300～3000 Hz 之间的信号，因此，一个话音频率信道必须有等于或大于 2700 Hz（3000－300 Hz）的带宽。如果有线电视传输系统的通带为 500～5000 kHz，则其带宽为 4500 kHz。作为通用规则，一个通信系统不能传播频率变化范围大于信道带宽的信号。

信息论（Information Theory）是研究有效利用带宽，通过电子通信系统传输信息的理论。信息论可用来确定通信系统的信息容量（Information Capacity）。信息容量是对给定时间内通过一个通信系统可以传输多少信息的一种度量。通过一个传输系统可以传输的信息量是系统带宽和传输时间的函数。1920 年贝尔实验室的哈特莱（R. Hartlev）导出了带宽、传输时间和信息容量之间的关系。哈特莱定律简单地说明：带宽愈宽，传输时间愈长，能够通过该系统传送的信息就愈多。数学上，哈特莱定律表达为

$$I \propto B \times t \tag{1-12}$$

其中：I 为信息容量；B 为系统带宽（Hz）；t 为传输时间（s）。

公式（1-12）表明，信息容量是系统带宽和传输时间的线性函数并与两者直接成正比。如果通信信道的带宽加倍，则可以传送的信息量也加倍；如果传输时间增加或减少，则通过系统传送的信息量也成比例改变。

通常，信息信号愈复杂，在给定时间内传送它所需的带宽就愈宽。传送语音质量的电话信号需要的带宽大约为 3 kHz。相比之下，可将 200 kHz 带宽分配给传送高保真音乐的商业 FM 广播，而广播质量的电视信号则需要大约 6 MHz 带宽。

1948 年，香农（C. E. Shannon，也是贝尔实验室的成员）在贝尔系统技术杂志上发表了一篇论文，论述了通信信道的信息容量（单位为比特每秒）与带宽和信噪比的关系。数学上，香农信息容量极限表述为

$$I = B \operatorname{lb}\left(1 + \frac{S}{N}\right) \tag{1-13}$$

或

$$I = 3.32B \lg\left(1 + \frac{S}{N}\right) \tag{1-14}$$

式中，$\dfrac{S}{N} = \dfrac{P_s}{P_n}$ 为信噪功率比（无单位）；I 为信息容量（b/s）；B 为带宽（Hz）；P_s 为信号功率（W）；P_n 为噪声功率（W）。

对于信噪功率比为 1000（30 dB），带宽为 2.7 kHz 的标准话音频带通信信道，信息容量的香农极限为

$$I = 2700 \operatorname{lb}(1 + 1000) \approx 26.9 \text{ kb/s}$$

香农公式经常被错误理解。如上例结果表明，26.9 kb/s 的信息容量可以通过一个 2.7 kHz 的信道传送。这也许是对的，但这不能用一个二进制系统来完成，要通过一个

2.7 kHz 的信道达到 26.9 kb/s 的信息传输速率,每个传送的符号必须包含大于 1 比特的信息。因此,要达到香农信息容量极限,必须使用输出状态(符号数)大于 2 的数字传输系统。

公式(1−13)可以改写,用来确定通过一个系统传送给定数据量需要多少带宽:

$$B = \frac{I}{\text{lb}\left(1 + \dfrac{S}{N}\right)} \qquad (1-15)$$

思考题与习题

1−1 电子通信的定义是什么?

1−2 通信系统的三个主要组成部分是什么?各部分的作用是什么?

1−3 通信系统的两种基本类型是什么?

1−4 简述下列术语:载波信号、调制信号和已调信号。

1−5 简述调制和解调的概念。

1−6 在电子通信中为什么需要进行调制?

1−7 基带信号有何特点?为什么需要载波才能发射?

1−8 什么是通信系统的信息容量?

1−9 简述线性相加和非线性混频的含义。

1−10 什么是电噪声?

1−11 什么是白噪声?

1−12 下列频率范围的频段名称是什么?

(1) 3~30 kHz;(2) 0.3~3 MHz;(3) 3~30 GHz。

第二章 高频电路中的元器件

在高频电路中使用的元器件分为无源器件和有源器件，要注意其高频特性。高频电路中的无源器件主要包括电阻、电容和电感；有源器件主要包括二极管、双极晶体管、场效应管和集成电路，它们主要完成信号的放大、非线性变换等功能。

无源器件、有源器件在高频电路中都存在分布参数。分布参数包括分布电阻、分布电容和分布电感。这些参数是由导体电磁特性所决定的，当信号传输的距离较大时，或者导体电路的结构比较特殊时（例如绝缘特性不好、PCB板材料导电系数较大等），会严重影响信号的传输。因此，在通信电路中应特别重视信号传输路径的分布参数。

本节将对无源器件、有源器件在高频电路中存在的分布参数进行讨论。

2.1 高频电路中的无源器件

2.1.1 电阻

一个实际的电阻器，在低频时主要表现为电阻特性。电阻是导体由欧姆定律所决定的电学参数，表示了电流与电压的关系：

$$U = RI \qquad (2-1)$$

对于工程中的电阻元件，在高频使用时不仅表现有电阻特性的一面，还表现有电抗特性的一面。电阻器的电抗特性反映的就是其高频特性。

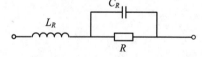

图 2.1　电阻的高频等效电路

一个电阻 R 的高频等效电路如图 2.1 所示。其中，C_R 为寄生电容，L_R 为引线电感，R 为电阻。由于容抗为 $1/(\omega C)$，感抗为 ωL，其中 $\omega = 2\pi f$ 为角频率，可知容抗与频率成反比，感抗与频率成正比。寄生电容和引线电感越小，表明电阻的高频特性越好。电阻器的高频特性与制作电阻的材料、电阻的封装形式和尺寸大小有密切关系。一般说来，金属膜电阻比碳膜电阻的高频特性要好，而碳膜电阻比线绕电阻的高频特性要好，表面贴装（SMD）电阻比引线电阻的高频特性要好，小尺寸电阻比大尺寸电阻的高频特性要好。

频率越高，电阻器的高频特性表现越明显。在实际使用时，要尽量减小电阻器高频特性的影响，使之表现为纯电阻。

根据电阻的等效电路图，可以方便地计算出整个电阻的阻抗：

$$Z_R = \mathrm{j}\omega L + \frac{1}{\mathrm{j}\omega C + 1/R} \qquad (2-2)$$

图 2.2 描绘了电阻的阻抗绝对值与频率的关系。低频时电阻的阻抗是 R，然而当频率

升高并超过一定值时，寄生电容的影响成为主要的因素，它引起电阻阻抗的下降。当频率继续升高时，由于引线电感的影响，总的阻抗又上升，引线电感在很高的频率下代表开路或无限大阻抗。

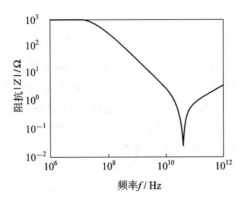

图 2.2　1 kΩ 碳膜电阻阻抗与频率的关系

2.1.2　电容

一个实际的电容器，在低频时表现出阻抗特性。可用下面的关系式说明电容的阻抗：

$$Z_C = \frac{1}{\mathrm{j}\omega C} \tag{2-3}$$

但实际上一个电容器的高频特性要用高频等效电路来描述，如图 2.3 所示。其中，电感 L 为分布电感或（和）极间电感，小容量电容器的引线电感也是其重要组成部分。引线导体损耗用一个串联的等效电阻 R_1 表示，介质损耗用一个并联的电阻 R_2 表示，同样得到一个典型电容器的阻抗与频率的关系，如图 2.4 所示。由于存在介质损耗和有限长的引线，电容显示出与电阻同样的谐振特性。每个电容器都有一个自身谐振频率。当工作频率小于自身谐振频率时，电容器呈正常的电容特性；但当工作频率大于自身谐振频率时，电容器的阻抗随频率的升高而增大，这时电容器呈现出感抗特性。

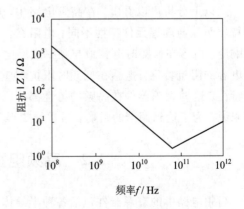

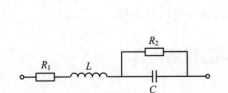

图 2.3　电容的高频等效电路　　　　　　　图 2.4　电容阻抗与频率的关系

根据电容的高频等效电路图，可以方便地计算出整个电容的阻抗：

$$Z_C = \mathrm{j}\omega L + R_1 + \cfrac{1}{\mathrm{j}\omega C + \cfrac{1}{R_2}} \tag{2-4}$$

2.1.3　电感

　　电感通常由导线在圆柱导体上绕制而成，因此电感除了考虑本身的感性特征外，还需要考虑导线的电阻以及相邻线圈之间的分布电容。高频电感的等效电路模型如图 2.5 所示，寄生旁路电容 C 和串联电阻 R 分别是考虑到分布电容和导线电阻的综合效应而加的。与电阻和电容相同，电感的高频特性同样与理想电感的预期特性不同，如图 2.6 所示。首先，当频率接近谐振点时，高频电感的阻抗迅速提高；然后，当频率继续提高时，寄生电容 C 的影响成为主要的因素，线圈阻抗逐渐降低。

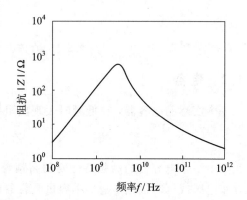

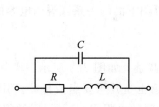

图 2.5　高频电感的等效电路　　　　　图 2.6　电感的阻抗与频率的关系

　　根据电感高频等效电路图，可以方便地计算出整个电感的阻抗：

$$Z_L = \frac{(R + \mathrm{j}\omega L)/\mathrm{j}\omega C}{R + \mathrm{j}\left(\omega L + \cfrac{1}{\omega C}\right)} \tag{2-5}$$

　　从以上分析可以看出。在高频电路中，电阻、电容、电感连同导线这些基本无源器件的特性明显与理想元件特性不同。电阻在低频时阻值恒定，在高频时显示出谐振的二阶系统响应。电容在低频时电容值与频率成反比，在高频时电容中的电介质产生了损耗，显示出电容的阻抗特性。电感在低频时阻抗响应随频率的增加而线性增加，在高频时显示出电容特性。这些无源器件在高频的特性都可以通过前面提到的品质因数描述。对于电容和电感来说，为了达到调谐的目的，通常希望得到尽可能高的品质因数。

2.2　高频电路中的有源器件

　　高频电路中的有源器件包括各种半导体二极管、晶体管、场效应管及集成电路，这些器件的物理机制和工作原理在模拟电路课程中已详细讨论过，工作在高频范围时对器件的某些性能要求更高。随着半导体和集成电路技术的高速发展，能满足高频应用要求的器件越来越多，同时出现了一些专用的高频半导体器件。在高频电路中完成信号的放大、非线性变换等功能的有源器件主要是二极管、晶体管、场效应管和集成电路。

2.2.1　二极管

在高频电路中二极管主要用于调制、检波、解调、混频及锁相环等非线性变换电路。工作在不同的状态，二极管中的电容产生的影响效果也不同。二极管的电容效应在高频电路中不能忽略。要正确使用二极管，可参考半导体器件手册中给出的不同型号二极管的参数。

1.　二极管的电容效应

二极管具有电容效应。它的电容包括势垒电容 C_B 和扩散电容 C_D。二极管呈现出的总电容 C_j 相当于两者的并联，即 $C_j = C_B + C_D$。当二极管工作在高频时，其 PN 结电容（包括扩散电容和势垒电容）不能忽略。当频率高到某一程度时，电容的容抗小到使 PN 结短路，导致二极管失去单向导电性，不能工作。PN 结面积越大，电容也越大，越不能在高频情况下工作。

二极管是一个非线性器件，而对非线性电路的分析和计算是比较复杂的。为了使电路的分析简化，可以用线性元件组成的电路来模拟二极管。考虑到二极管的电阻和门限电压的影响，实际二极管可用图 2.7 所示的电路来等效。在二极管两端加直流偏置电压和二极管工作在交流小信号的条件下，可以用简化的电路来等效，如图 2.7(b) 所示。图中，r_s 为二极管 P 区和 N 区的体电阻，r_j 为二极管 PN 结结电阻。

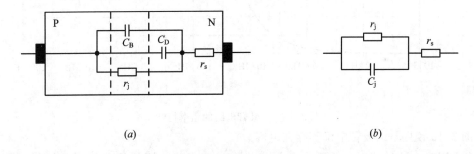

(a) (b)

图 2.7　二极管的等效电路

（a）二极管的物理模型；（b）简化等效电路

例 1　二极管 PN 结分布参数特性分析。

解　在 PSpice 中选择一个二极管，并连接成图 2.8 所示的电路。

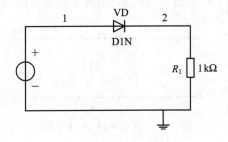

图 2.8　二极管频率特性测量电路

仿真时把信号源的输入偏置电压设置成 1 V（高于二极管结压降），选择幅度为 1 V 的方波,仿真结果如图 2.9 所示。可以看到,输入的方波电压在输出端发生了变化,形成了上升阶段和下降阶段的过脉冲,以及其后的放电效应,这说明二极管的 PN 结存在电容,而这个电容在低频阶段(方波的平坦区域)没有起作用。

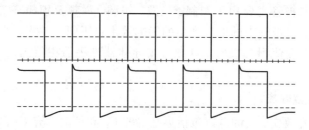

图 2.9　二极管 PN 结电容的作用

观察二极管的频率响应特性,如图 2.10 所示。

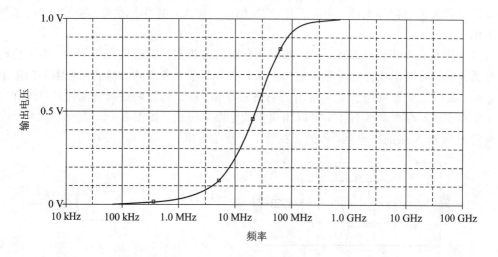

图 2.10　二极管电路的频率特性

图 2.10 说明,二极管中确实存在电容。

(1) 当输入信号的频率低于 10 MHz 时,输入和输出电压相差一个二极管的结压降(输出电压低于输入电压)。

(2) 输入信号的频率超过 10 MHz 后,二极管压降开始减小。

(3) 当频率高到一定程度后(如 10 MHz),就会出现完全导通、没有结压降的结果。

根据电路理论可知,图 2.10 恰好是图 2.11 所示高通电路的频率特性。

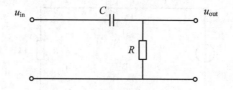

图 2.11　高通电路(微分电路)

2. 变容二极管

在高频电路中,利用二极管的电容效应,还可以制成变容二极管。变容二极管是利用

PN 结来实现的。PN 结的电容包括势垒电容和扩散电容两部分，变容二极管主要利用的是势垒电容。变容二极管在正常工作时处于反偏状态，其特点是等效电容随偏置电压变化而变化，且此时基本上不消耗能量，噪声小，效率高。由于变容二极管的这一特点，可以将其用在许多需要改变电容参数的电路中，从而构成电调谐器、自动调谐电路、压控振荡器等电路。此外，具有变容效应的某些微波二极管（微波变容管）还可以进行非线性电容混频、倍频。下面讨论变容二极管的特性。

PN 结在反向电压下的工作状态如图 2.12 所示。

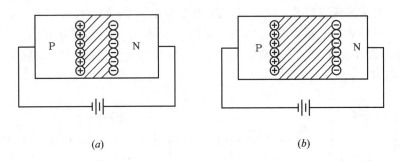

$$(a) \qquad\qquad\qquad (b)$$

图 2.12　PN 结在反向电压下的工作状态

当外加反向电压建立的外电场与 PN 结的内电场方向一致时，结区总电场将增加。这时，空间电荷数目增加，结区宽度增加，阻止了多数载流子的扩散，电荷集聚于 PN 结结区两边，中间为高阻绝缘层（耗尽层），因而 PN 结成了一个充有电荷的电容器，其电容量由结区宽度决定，而结区宽度又取决于 PN 结的接触电位差和外加反向电压。当外加反向电压较小时，结区较窄，电容量较大，如图 2.12(a) 所示。当外加反向电压增加时，结区较宽，电容量减小，如图 2.12(b) 所示。当外加反向电压接近 PN 结反向击穿电压 U_{BR} 时，变容管呈现的电容趋于最小值 $C_{j\,min}$，通常称 $C_{j\,min}$ 为变容管的最小结电容。变容管电容量的变化率随反向电压值的不同而不同，在零电压附近变化率最大，反向电压愈大，变化率愈慢。变容管等效电容与外加反向电压的关系可用指数为 γ 的函数近似表示，即

$$C_{j} = C_{j\,min}\left(\frac{U_{BR} + U_{\varphi}}{U_{v} + U_{\varphi}}\right)^{\gamma} \tag{2-6}$$

式中，U_{v} 为外加控制电压；U_{φ} 为 PN 结的接触电压，其值取决于变容二极管的掺杂剖面（一般硅管约等于 0.7 V，锗管约等于 0.2 V）；U_{BR} 为反向击穿电压；γ 为电容变化指数（结灵敏度），它取决于 PN 结的结构和杂质分布情况，其值随半导体掺杂浓度和 PN 结的结构不同而变化。当 PN 结为缓变结时，$\gamma = 1/3$；当 PN 结为突变结时，$\gamma = 1/2$；当 PN 结为超突变结时，$\gamma = 1 \sim 4$，最大可达 6 以上。

式(2-6)可以改写为

$$C_{j} = \frac{C_{j\,min}}{U_{\varphi}^{\gamma}}\left(\frac{U_{BR} + U_{\varphi}}{\dfrac{U_{v}}{U_{\varphi}} + 1}\right)^{\gamma}$$

在 $U_{v} = 0$ 时的变容二极管结电容为 C_{j0}，令

$$C_{j0} = \frac{C_{j\,min}}{U_{\varphi}^{\gamma}}(U_{BR} + U_{\varphi})^{\gamma}$$

得

$$C_{\mathrm{j}} = C_{\mathrm{j}0}\left(1 + \frac{U_v}{U_\varphi}\right)^{-\gamma} \tag{2-7}$$

其中

$$\gamma = \frac{-\dfrac{\mathrm{d}C_{\mathrm{j}}}{C_{\mathrm{j}}}}{\dfrac{\mathrm{d}U_v}{U_v + U_\varphi}}$$

式(2-7)是描述变容管等效电容 C_{j} 与外加反向电压 U_v 的一种常用表示式。

变容二极管的等效电路如图 2.13 所示,图中 C_{j} 是可变耗尽层电容,C_{p} 是管壳电容,R_{s} 是串联接触杂散电阻,L_{s} 是合成管壳电感,VD 是二极管结(在 PN 结反偏时可等效成一个方向电阻 R_{p})。

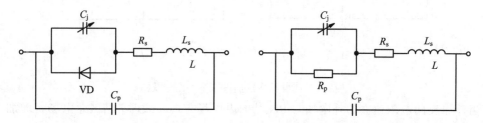

图 2.13　变容二极管等效电路

要注意的是:① 在正电压摆动时变容二极管还存在整流效应,所以二极管的作用需要考虑;② 在实际应用中可认为串联电阻 R_{s} 是常数,但实际上 R_{s} 是与工作电压和工作频率有关的函数;③ 变容二极管的等效电路忽略了一些线性寄生参数,但由于接近接地的原因,这些线性寄生参数在包含分布线封装模型和一些电容的微波应用中,还是需要考虑的。

变容二极管必须工作在反向偏压状态,所以工作时需加负的静态直流偏压 $-U_{\mathrm{Q}}$。若信号电压为 $u_{\mathrm{c}}(t) = U_{\mathrm{Q}} + U_{\mathrm{cm}}\cos\Omega t$,则变容管上的控制电压为

$$u_v(t) = U_{\mathrm{Q}} + U_{\mathrm{cm}}\cos\Omega t \tag{2-8}$$

代入表达式(2-7)后,可以得到

$$C_{\mathrm{j}} = \frac{C_{\mathrm{j}0}}{\left(1 + \dfrac{U_{\mathrm{Q}} + U_{\mathrm{cm}}\cos\Omega t}{U_\varphi}\right)^\gamma} = \frac{C_{\mathrm{jQ}}}{(1 + m\cos\Omega t)^\gamma} \tag{2-9}$$

式中,$m = \dfrac{U_{\mathrm{cm}}}{U_{\mathrm{Q}} + U_\varphi}$,为电容调制度;$C_{\mathrm{jQ}} = \dfrac{C_{\mathrm{j}0}}{\left(1 + \dfrac{U_{\mathrm{Q}}}{U_\varphi}\right)^\gamma}$,为当偏置为 U_{Q} 时变容二极管的电容量。

式(2-9)说明,变容二极管的电容量 C_{j} 受信号 $U_{\mathrm{cm}}\cos\Omega t$ 的控制,控制的规律取决于电容变化指数 γ,控制深度取决于电容调制度 m。

变容管的典型最大电容值约为几皮法至几百皮法,可调电容范围($C_{\mathrm{j\,max}}/C_{\mathrm{j\,min}}$)约为 3∶1。有些变容管的可调电容范围可高达 15∶1,这时的可控频率范围接近 4∶1。经常使用的变容管压控振荡器的频率可控范围约为振荡器中心频率的 $\pm25\%$。

为了说明变容二极管的特性,引用变容二极管的品质因数 Q_{j}(考虑变容二极管结电容

C_j 实际上比管壳电容 C_p 大），定义如下：

$$Q_j = \frac{1}{\omega C_j R_s} = \frac{1}{2\pi f C_j R_s} \tag{2-10}$$

式中，f 是变容二极管的工作频率。

变容二极管品质因数随 R_s 的增加而减小，在低反向偏压时，突变变容二极管的品质因数 Q_j 比超突变变容二极管的要大。不过，在高一些的反向偏压时，超突变变容二极管的品质因数变的大一些，这是超突变变容二极管电容的更快速减小所造成的。如图 2.14 所示，一般在 1～10 V 反向偏压的线性谐振范围内，超突变变容二极管的 Q_j 较小。变容二极管的功耗很大，带有超突变变容二极管的压控振荡器的输出功率变小。

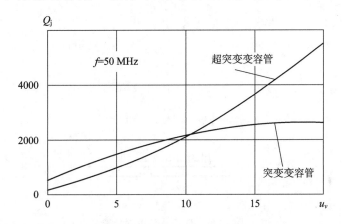

图 2.14　变容二极管品质因数与偏置电压的关系

3. 几种经常使用的高频二极管

在高频电路中，二极管工作在低电平时，主要用点接触式二极管和表面势垒二极管（又称肖特基二极管）。两者都利用多数载流子导电机理，它们的结面积小，极间电容小，工作频率高。常用的点接触式二极管（如 2AP 系列）的工作频率可到 100～200 MHz，而表面势垒二极管的工作频率可高至微波范围。图 2.15 所示为点接触式二极管结构。

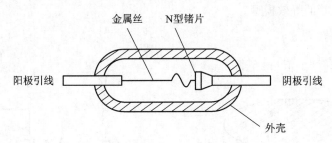

图 2.15　点接触式二极管结构

肖特基二极管在结构原理上与 PN 结二极管有很大区别，图 2.16 所示为肖特基二极管结构。它的内部是由阳极金属（用钼或铝等材料制成的阻挡层）、二氧化硅（SiO_2）电场消除材料、N^- 外延层（砷材料）、N 型基片、N^+ 阴极层及阴极金属等构成的，如图 2.16(a) 所示。在 N 型基片和阳极金属之间形成肖特基势垒。当在肖特基势垒两端加上正向偏压（阳极金属接电源正极，N 型基片接电源负极）时，肖特基势垒层变窄，其内阻变小；反之，若在肖特基势垒两端加上反向偏压，则肖特基势垒层变宽，其内阻变大。

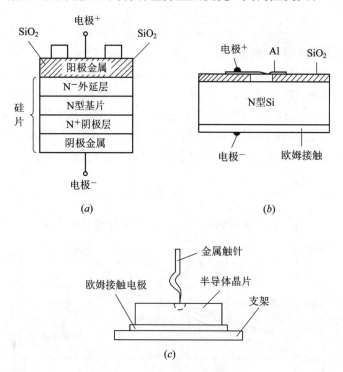

图 2.16　肖特基二极管结构

（a）肖特基二极管内部结构；（b）肖特基二极管外部结构；（c）肖特基二极管外形

在高频电路中，还经常使用 PIN 二极管。PIN 二极管是一种以 P 型半导体、N 型半导体和本征（I）型半导体构成的半导体二极管，它具有较强的正向电荷储存能力。它的高频等效电阻受正向直流电流的控制，是一个可调电阻。由于其结电容很小，因而二极管的电容效应对频率特性的影响很小。PIN 二极管可工作在几十兆赫到几千兆赫频段，常被应用于高频开关（即微波开关）、移相、调制、限幅等电路中。图 2.17 所示为 PIN 二极管结构，图 2.18 为 PIN 二极管的等效模型。

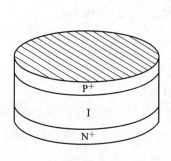

图 2.17　PIN 二极管结构

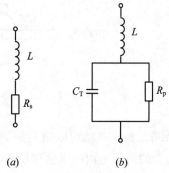

图 2.18　PIN 二极管等效模型

（a）PIN 二极管正向偏置时的等效模型；

（b）PIN 二极管反向偏置时的等效模型

2.2.2　晶体管

高频晶体管有两大类型：一类是进行小信号放大的高频小功率管，对它们的主要要求是高增益和低噪声；另一类为高频功率放大管，除了增益外，要求其在高频时有较大的输出功率。目前双极型小信号放大管的工作频率可达几千兆赫兹，噪声系数为几分贝。在高频大功率晶体管方面，在几百兆赫兹以下频率，双极型晶体管的输出功率可达十几瓦至上百瓦。在分析高频放大器时，要考虑晶体管频率特性及晶体管在高频时的等效模型。晶体管等效模型有混合 π 等效模型、晶体管 Y 参数等效模型。

1. 晶体管混合 π 等效模型

在分析高频小信放大器时，首先要考虑晶体管在高频时的等效模型。图 2.19 是双极型晶体管共射小信号混合 π 等效模型，它反映了晶体管中的物理过程，也是分析晶体管高频特性的基本等效模型。

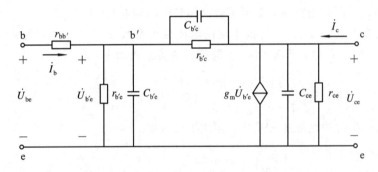

图 2.19　晶体管混合 π 等效模型

晶体管共射小信号混合 π 等效模型中各元件的物理意义如下：

（1）$r_{b'e}$ 是发射结的结层电阻。当发射结工作在正偏置时，$r_{b'e}$ 的数值比较小。它的大小与发射极电流 I_E 的关系如下：

$$r_{b'e} = \frac{26(\mathrm{mV})}{I_E} \beta_0$$

把 $r_{b'e}$ 写成电导形式 $g_{b'e}$：

$$g_{b'e} = \frac{1}{r_{b'e}}$$

（2）$C_{b'e}$ 是发射结电容。$C_{b'e}$ 包含势垒电容 C_{je} 和扩散电容 C_{De} 两部分，即

$$C_{b'e} = C_{De} + C_{je}$$

当发射结工作在正偏置时，电容 C_{De} 比较大，所以 $C_{b'e} \approx C_{De}$。

（3）$r_{b'c}$ 是集电结电阻。当集电结工作在反向偏置时，$r_{b'c}$ 较大，一般可忽略。

（4）$C_{b'c}$ 是集电结电容。$C_{b'c}$ 包含势垒电容 C_{jc} 和扩散电容 C_{Dc} 两部分，当集电结工作在反向偏置时，电容 C_{Dc} 很小，所以 $C_{b'c} \approx C_{jc}$。

（5）$r_{b'b}$ 是基极体电阻，是基极引线的电阻。

（6）$g_m \dot{U}_{b'e}$ 是晶体管等效电流源。g_m 是晶体管的正向传输跨导且

$$g_m = \frac{I_E}{26\ (\mathrm{mV})} = \frac{\beta_0}{r_{b'e}}$$

（7）r_{ce}是集电极输出电阻，一般很大。

（8）C_{ce}是集电极与发射极电容，一般很小。

根据以上物理意义，图 2.19 双极型晶体管共射混合 π 等效电路可以简化成图 2.20。

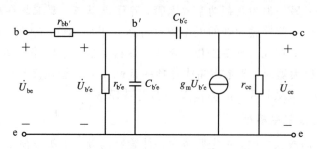

图 2.20　双极型晶体管共射混合 π 等效模型简化模型

2. 晶体管的高频参数

在分析和设计高频电路时，必须了解晶体管的高频参数。

（1）电流放大系数 β。共发射极电路的电流放大系数 β 与频率的关系见图 2.21。从图上看出，β 随工作频率的上升而下降。β 与频率的关系式如下：

$$\beta = \frac{\beta_0}{1 + j\dfrac{f}{f_\beta}} \tag{2-11}$$

式中：β_0 是低频率时的电流放大系数，β_0 比 1 大得多。

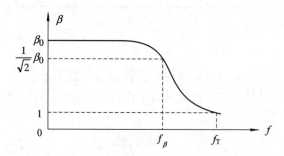

图 2.21　电流放大系数 β 与频率的关系

（2）截止频率 f_β。当频率 $f = f_\beta$ 时，β 下降到 $\dfrac{1}{\sqrt{2}}\beta_0 = 0.707\beta_0$，$f_\beta$ 为截止频率。截止频率 f_β 与晶体管 $r_{b'e}$、$C_{b'e}$、$C_{b'c}$ 有关。其数学表示式为

$$f_\beta = \frac{1}{2\pi \cdot r_{b'e}(C_{b'e} + C_{b'c})} \tag{2-12}$$

（3）特征频率 f_T。当 $|\beta| = 1$ 时对应的频率 f_T 称特征频率 f_T。根据式（2-11）可得：

$$f_T = f_\beta\sqrt{\beta_0^2 - 1} \approx \beta_0 f_\beta \tag{2-13}$$

特征频率 f_T 和 β 之间还有下列简单的关系：

$$|\beta| = \frac{\beta_0}{\sqrt{1 + \left(\dfrac{f}{f_\beta}\right)^2}} \approx \frac{\dfrac{f_T}{f_\beta}}{\sqrt{1 + \left(\dfrac{f}{f_\beta}\right)^2}}$$

当 $f \gg f_\beta$ 时，

$$| \beta | \approx \frac{f_\mathrm{T}}{f} \tag{2-14}$$

从上式可以看出，当知道了某晶体管的特征频率 f_T 时，就可以近似计算该晶体管在某一工作频率 f 的电流放大系数 β。

（4）最高工作频率 $f_{\max}$。最高工作频率 $f_{\max}$ 是双极型晶体管所能使用的最高工作频率。当双极型晶体管的功率增益 $G_\mathrm{P} = 1$ 时的工作频率称为最高工作频率 $f_{\max}$，表示为

$$f_{\max} \approx \frac{1}{2\pi} \sqrt{\frac{g_\mathrm{m}}{4r_{\mathrm{b'b}} C_{\mathrm{b'e}} C_{\mathrm{b'c}}}} \tag{2-15}$$

$f_{\max}$、f_T、f_β 三个工作频率之间的关系是：$f_{\max} > f_\mathrm{T} > f_\beta$。

3. 晶体管 Y 参数等效模型

混合 π 等效模型中各元件的数值不易测量，电路的计算比较麻烦，直接用混合 π 等效模型分析高频放大器性能时很不方便。在分析高频小信号放大器时，采用 Y 参数等效模型进行分析是比较方便的。利用晶体管的 Y 参数等效模型进行分析可以不必了解晶体管内部的工作过程。晶体管的 Y 参数通常可以用仪器测出，有些晶体管的手册或数据单上也会给出这些参数量（一般是在指定的频率及电流条件下的值）。

一个晶体管可以看成有源四端网络，如图 2.22 所示。取电压 $\dot{U}_{\mathrm{be}}$ 和 $\dot{U}_{\mathrm{ce}}$ 作为自变量，取电流 $\dot{I}_\mathrm{b}$ 和 $\dot{I}_\mathrm{c}$ 作为因变量。根据四端网络的理论，可以得晶体管的 Y 参数的网络方程：

$$\dot{I}_\mathrm{b} = Y_{\mathrm{ie}} \dot{U}_{\mathrm{be}} + Y_{\mathrm{re}} \dot{U}_{\mathrm{ce}}$$
$$\dot{I}_\mathrm{c} = Y_{\mathrm{fe}} \dot{U}_{\mathrm{be}} + Y_{\mathrm{oe}} \dot{U}_{\mathrm{ce}} \tag{2-16}$$

令 $\dot{U}_{\mathrm{ce}} = 0$，由晶体管的 Y 参数的网络方程得

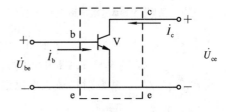

图 2.22　晶体管共发射极电路

$$Y_{\mathrm{ie}} = \left. \frac{\dot{I}_\mathrm{b}}{\dot{U}_{\mathrm{be}}} \right|_{\dot{U}_{\mathrm{ce}} = 0}$$

$$Y_{\mathrm{fe}} = \left. \frac{\dot{I}_\mathrm{c}}{\dot{U}_{\mathrm{be}}} \right|_{\dot{U}_{\mathrm{ce}} = 0}$$

Y_{ie} 是晶体管输出端短路时的输入导纳（下标"i"表示输入，"e"表示共射组态）。Y_{ie} 反映了晶体管放大器输入电压对输入电流的控制作用，其倒数是电路的输入阻抗。Y_{ie} 参数是复数，因此 Y_{ie} 可表示为 $Y_{\mathrm{ie}} = g_{\mathrm{ie}} + \mathrm{j}\omega C_{\mathrm{ie}}$，其中 g_{ie}、C_{ie} 分别称为晶体管的输入电导和输入电容。

Y_{fe} 是晶体管输出端短路时的正向传输导纳（下标"f"表示正向）。Y_{fe} 反映晶体管输入电压对输出电流的控制作用。在一定条件下可把它看成晶体管混合 π 等效电路的跨导 g_m。

Y_{fe} 参数是复数，因此，Y_{fe} 可表示为 $Y_{\mathrm{fe}} = |Y_{\mathrm{fe}}| < \Psi_{\mathrm{fe}}$。

令 $\dot{U}_{\mathrm{be}} = 0$，由晶体管的 Y 参数的网络方程得

$$Y_{\mathrm{re}} = \left. \frac{\dot{I}_\mathrm{b}}{\dot{U}_{\mathrm{ce}}} \right|_{\dot{U}_{\mathrm{be}} = 0}$$

$$Y_{\mathrm{oe}} = \left. \frac{\dot{I}_\mathrm{c}}{\dot{U}_{\mathrm{ce}}} \right|_{\dot{U}_{\mathrm{be}} = 0}$$

Y_{re} 是晶体管输入端短路时的反向传输导纳（下标"r"表示反向）。Y_{re} 反映了晶体管输出

电压对输入电流的影响，即晶体管内部的反馈作用。Y_{re} 对放大器来讲是一种有害的影响。在实际应用中应该尽量减小或消除。Y_{re} 参数是复数，因此，可表示为 $Y_{re} = |Y_{re}| < \Psi_{re}$。

Y_{oe} 是晶体管输入端短路时的输出导纳(下标"o"表示输出)。Y_{oe} 反映了晶体管输出电压对输出电流的作用，其倒数是电路的输出阻抗。Y_{oe} 是复数，因此，可表示为 $Y_{oe} = g_{oe} + j\omega C_{oe}$。其中 g_{oe}、C_{oe} 分别称为晶体管的输出电导和输出电容。

根据以上分析，并由晶体管的 Y 参数的网络方程式(2-16)，可得晶体管 Y 参数等效电路，见图 2.23(a)。图中 Y_{ie}、Y_{oe} 可用 g_{ie}、C_{ie}、g_{oe}、C_{oe} 表示：

$$Y_{ie} = g_{ie} + j\omega C_{ie}$$
$$Y_{oe} = g_{oe} + j\omega C_{oe}$$

在实际应用中，将 g_{ie}、C_{ie}、g_{oe}、C_{oe} 都画在 Y 参数等效电路中，得图 2.23(b)。

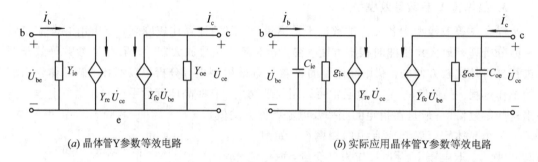

(a) 晶体管Y参数等效电路   (b) 实际应用晶体管Y参数等效电路

图 2.23 晶体管 Y 参数等效电路

(a) 晶体管 Y 参数等效电路；(b) 实际应用晶体管 Y 参数等效电路

通常 $C_{b'c} \ll C_{b'e}$，共发射极放大电路混合 π 等效电路参数和 Y 参数等效电路近似转换式如下：

$$Y_{ie} \approx \frac{g_{b'e} + j\omega C_{b'e}}{1 + r_{b'b}(g_{b'e} + j\omega C_{b'e})} \qquad (2-17)$$

$$Y_{re} \approx \frac{-j\omega C_{b'c}}{1 + r_{b'b}(g_{b'e} + j\omega C_{b'e})} \qquad (2-18)$$

$$Y_{fe} \approx \frac{g_m}{1 + r_{b'b}(g_{b'e} + j\omega C_{b'e})} \qquad (2-19)$$

$$Y_{oe} \approx \frac{j\omega C_{b'c} r_{b'b} g_m}{1 + r_{b'b}(g_{b'e} + j\omega C_{b'e})} + j\omega C_{b'c} \qquad (2-20)$$

由此可见，Y 参数不仅与静态工作点的电压、电流有关，而且与工作频率有关，是频率的复函数。

4. 晶体管频率特性

在分析由高频小功率管组成的交流放大电路时，其重要的交流特性就是电路频率特性，也就是电路所具有的频带。电路的频率特性与高频管频率特性有着密切的关系。尽管在上述分析中使用等效模型的概念，但实际的电路由于三极管频率特性的限制以及输入和输出端电容的存在，都会引起电路频率特性的改变。同时，为了确定电路的正常工作条件，保证模型成立，也必须对电路进行频率分析。

分析频率特性有两种方法：一种是傅里叶变换分析方法，另一种是波特图方法。这里将讨论如何利用 PSpice 仿真软件分析电路的频率特性。

仿真分析的方法比较简单，就是通过输入信号的激励，观察输出信号的频率范围。在输入信号幅度不变的条件下，观察输出信号不同频率成分的幅度变化（同一频率下输入和输出信号的比值）。在工程实际中，这个比值采用对数测量方法，即

$$dB = 20 \log \left| \frac{u_{om}}{u_{im}} \right| \qquad (2-21)$$

式中，u_{om} 是输出信号电压幅度；u_{im} 是输入信号电压幅度。式（2-21）描述了信号电压幅度之间的比例关系，所以叫做电路的幅频特性。

用 PSpice 仿真软件分析三极管共射极交流放大电路的幅频特性。选用 2N2222 三极管，其仿真测量电路如图 2.24 所示，幅频特性如图 2.25 所示。

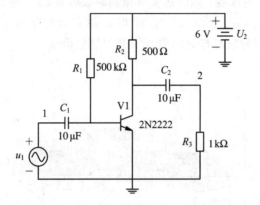

图 2.24　共射极交流放大电路

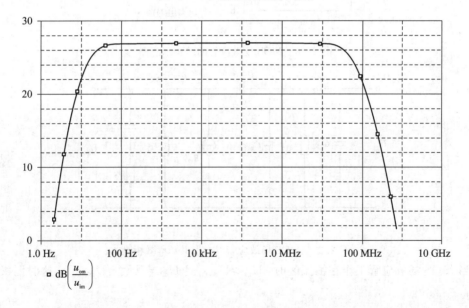

图 2.25　幅频特性

从图 2.25 可以看出，当输入信号频率大于 10 Hz 时，电路的增益是 22.3 dB，电压放大倍数为 13.03 倍。放大倍数随频率的增加而增加。在直流信号输入时，电路的放大倍数为 0，无法通过共射极交流放大电路，原因就是输入端加入了一个电容。当信号的频率高于 13 MHz 后，其放大倍数随着信号频率增加而减少，直到接近 0。这是因为当信号超过

三极管的允许工作频率后，输出电压受到三极管等效模型中分布电容的影响。有关三极管的频率特性问题，请参考集成电路设计和半导体元件方面的书籍。

2.2.3 场效应管

1. MOS 场效应管混合 π 等效模型

从控制方式和信号相互作用的角度看，场效应管的分析模型与三极管的电路分析模型相似。所不同的是，MOS 场效应管栅极的输入电流几乎为零，因此，可以认为 MOS 场效应管的输入电阻无限大。在分析有 MOS 场效应管的电路时，主要考虑输出电流 I_d 受输入电压 U_{gs} 和衬底电压 U_{bs} 的控制，同时还要考虑栅漏极电容 C_{gd}、栅源极电容 C_{gs}，以及衬底与各极的电容 C_{gb}、C_{sb}、C_{db}。图 2.26 为 MOS 场效应管的结构示意图，图 2.27 给出了 MOS 场效应管的源极和衬底相连时的混合 π 共源等效模型。

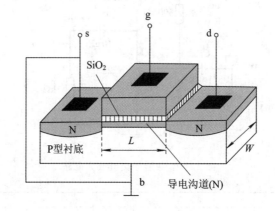

图 2.26　MOS 场效应管的结构示意图

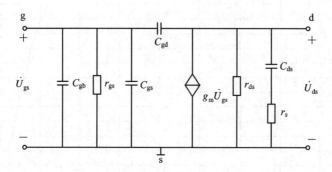

图 2.27　MOS 场效应管混合 π 共源等效模型

当 MOS 场效应管工作在恒流区时，$U_{gs} > U_{gs(th)}$ 且 $U_{ds} > (U_{gs} - U_{gs(th)})$，这时漏极电流 i_d 为

$$i_d \approx \frac{1}{2}\beta_n(U_{gs} - U_{gs(th)})^2(1 + \lambda U_{ds}) \tag{2-22}$$

式中：β_n 是管子增益系数，单位为 mA/V^2；$U_{gs(th)}$ 是门限电压；λ 是沟道调制系数。有：

$$\beta_n = \mu_n C_{ox} \frac{W}{L} \tag{2-23}$$

式中：μ_n 是 MOS 管沟道中电子的迁移率；C_{ox} 是氧化层单位面积电容量；W/L 是沟道宽度与长度之比，称宽长比。

MOS 场效应管混合 π 共源等效模型中各元件的物理意义介绍如下。

（1）跨导 g_m。g_m 反映了 g - s 电压 U_{gs} 对漏极电流的控制能力。在 U_{ds} 为常数时，漏极电流增量和栅源电压增量之比表示为 g_m，即

$$g_m = \frac{\partial i_d}{\partial U_{gs}} = \beta_n (U_{gs} - U_{gs(th)})(1 + \lambda U_{ds}) = \frac{2i_d}{U_{gs} - U_{gs(th)}} \tag{2-24}$$

在静态工作点 $Q(U_{GS}, I_D, U_{DS})$ 附近的跨导为

$$g_m = \frac{2I_D}{U_{GS} - U_{GS(th)}} = \sqrt{2\mu_n C_{ox} \frac{W}{L}(1 + \lambda U_{DS})I_D}$$

式中

$$I_D = \mu_n C_{ox} \frac{W}{2L}(U_{GS} - U_{GS(th)})^2 (1 + \lambda U_{DS})$$

因 $\lambda U_{DS} \ll 1$，故

$$g_m \approx \sqrt{2\mu_n C_{ox} \frac{W}{L} I_D} \tag{2-25}$$

上式说明，要增大 g_m，以增强放大能力，就要增大工艺参数 $\dfrac{W}{L}$ 和工作电流 I_D。

（2）输入电阻 r_{gs}。一般 MOS 场效应管输入电阻 r_{gs} 可达 $10^9 \sim 10^{15}$ Ω，在等效电路中可不予考虑。

（3）输出电阻 r_{ds}。r_{ds} 是输出电阻，在 Q 点附近的小信号下，由式(2-22)得

$$r_{ds} = \frac{\partial U_{ds}}{\partial i_d}\bigg|_Q = \left[\frac{1}{2}\lambda\beta_n(U_{GS} - U_{GS(th)})^2\right]^{-1} \tag{2-26}$$

（4）输入电路。输入电路由栅极—衬底电容 C_{gb}、输入电阻 r_{gs}、栅极电容 C_{gs} 组成。其中，输入电阻 r_{gs} 很大，可忽略不计。

当场效应管用于高频放大电路时，极间电容的作用不能忽略，极间电容越大，则场效应管的高频特性越差。为了表示器件的高频特性，引入最高工作频率 f_m：

$$f_m = \frac{g_m}{2\pi(C_{gs} + C_{gd})} = \frac{g_m}{2\pi C_g} \tag{2-27}$$

（5）输出电路。输出电路是由漏极电阻 r_{ds}、压控电流源 $g_m \dot{U}_{gs}$、漏极—衬底电容 C_{ds}（$C_{ds} = C_{db}$）、源极—漏极之间的体电阻 r_s 组成的。

（6）在 MOS 场效应管中，C_{gd} 是跨接在输入和输出之间的反馈电容，C_{gd} 的存在是引起放大器稳定性恶化的主要因素，它将限制放大器工作频带的展宽。

2. 场效应管 Y 参数等效模型

一个场效应管可以看成有源四端网络，如图 2.28 所示。取电压 U_{gs} 和 U_{ds} 作为自变量，取电流 I_g 和 I_d 作为因变量。

根据四端网络的理论，可以得场效应管的 Y 参数网络方程：

$$\begin{aligned}\dot{I}_g &= Y_{is}\dot{U}_{gs} + Y_{rs}\dot{U}_{ds} \\ \dot{I}_d &= Y_{fs}\dot{U}_{gs} + Y_{os}\dot{U}_{ds}\end{aligned} \tag{2-28}$$

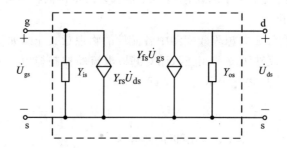

图 2.28　MOS 场效应管 Y 参数等效模型

令 $\dot{U}_{ds}=0$，由场效应管的 Y 参数网络方程得

$$Y_{is} = \frac{\dot{I}_g}{\dot{U}_{gs}}\bigg|_{\dot{U}_{ds}=0}, \qquad Y_{fs} = \frac{\dot{I}_d}{\dot{U}_{gs}}\bigg|_{\dot{U}_{ds}=0}$$

Y_{is} 是场效应管输出端短路时的输入导纳（下标"i"表示输入，"s"表示共源组态）。Y_{is} 的倒数是电路的输入阻抗。共源组态放大电路的混合 π 等效电路和 Y_{is} 参数的近似转换式为

$$Y_{is} \approx \frac{\omega^2 C_g^2 R_{on}}{1+\omega^2 C_g^2 R_{on}^2} + j\omega\left(C_{gd}+C_{gb}+\frac{C_g}{1+\omega^2 C_g^2 R_{on}^2}\right) \qquad (2-29)$$

Y_{fs} 是场效应管输出端短路时的正向传输导纳（下标"f"表示正向）。在一定条件下可把它看成场效应管混合 π 等效电路的跨导 g_m。共源组态放大电路的混合 π 等效电路和 Y_{fs} 参数的近似转换式为

$$Y_{fs} \approx \frac{g_m}{1+j\dfrac{\omega}{\omega_c}} - j\omega C_{gd} = \frac{g_m}{1+\omega^2 C_g^2 R_{on}^2} - j\omega\left(C_{gd}+\frac{C_g R_{on} g_m}{1+\omega^2 2C_g^2 R_{on}^2}\right) \qquad (2-30)$$

令 $\dot{U}_{gs}=0$，由场效应管的 Y 参数网络方程得

$$Y_{rs} = \frac{\dot{I}_g}{\dot{U}_{ds}}\bigg|_{\dot{U}_{gs}=0}, \qquad Y_{os} = \frac{\dot{I}_d}{\dot{U}_{ds}}\bigg|_{\dot{U}_{gs}=0}$$

Y_{rs} 是场效应管输入端短路时的反向传输导纳（下标"r"表示反向）。Y_{rs} 会对放大器产生有害的影响，在实际应用中应该尽量减小或消除。共源组态放大电路的混合 π 等效电路和 Y_{rs} 参数的近似转换式为

$$Y_{rs} \approx -j\omega C_{gd} \qquad (2-31)$$

Y_{os} 是场效应管输入端短路时的输出导纳（下标"o"表示输出）。Y_{os} 的倒数是电路的输出阻抗。共源组态放大电路的混合 π 等效电路和 Y_{os} 参数的近似转换式为

$$Y_{os} \approx \frac{1}{r_{ds}} + \frac{\omega^2 C_{ds}^2 r_s}{\omega^2 C_{ds}^2 r_s^2+1} + j\omega\left(C_{gd}+\frac{C_{ds}}{1+\omega^2 C_{ds}^2 r_s}\right) \qquad (2-32)$$

源极—漏极之间的体电阻 r_s 值很小，可忽略，Y_{os} 即为

$$Y_{os} \approx \frac{1}{r_{ds}} + j\omega(C_{gd}+C_{ds}) \qquad (2-33)$$

3. 场效应管频率特性

用 PSpice 仿真软件分析 MOS 管电路交流放大电路的幅频特性。选用 IRF150 场效应管，其仿真测量电路如图 2.29 所示。

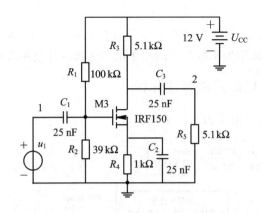

图 2.29　MOS 管交流放大电路

　　MOS 管交流放大电路的频率特性如图 2.30 所示。当输入信号频率为 22.55 kHz 时，电压增益为 18.09 dB，放大倍数随频率的增加而增加。当输入信号频率超过 485.92 kHz 时，电压增益减少。这是因为信号频率超过 MOS 管的允许工作频率后，输出电压受到 MOS 管等效模型中分布电容的影响。有关 MOS 管的频率特性问题，请参考集成电路设计和半导体元件方面的书籍。

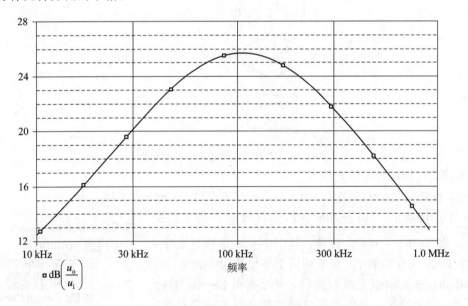

图 2.30　MOS 管电路频率特性

2.3　实训：高频电路中的电阻元件特性分析

　　随着电子技术和计算机的发展，电子产品已与计算机系统紧密相连，电子产品的智能化日益完善，电路的集成度越来越高，而产品的更新周期却越来越短。电子设计自动化（EDA）技术，使得电子线路的设计人员能在计算机上完成电路的功能设计、逻辑设计、性能分析、时序测试直至印制电路板的自动设计，彻底改变了过去"定量估算""实验调整"的传统设计方法。

　　本节利用 OrCAD10.5 版本中的 PSpice 仿真技术来完成对电阻在高频电路中的阻抗进行测试及分析，从而帮助学生掌握基本的电子电路仿真软件使用方法。

范例：高频电路中的电阻元件特性分析

　　步骤一　了解 PSpice 电路仿真的基本流程

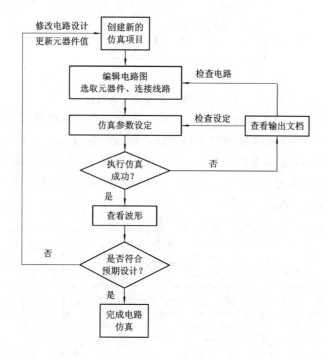

图 2.31　PSpice 电路仿真的基本流程

　　步骤二　创建新的仿真项目

　　（1）首先安装 OrCAD10.5 版本，在程序组中启动 Capture CIS。

　　（2）点选菜单：File→New→Project 或者点击工具按钮，出现 New Project 窗体。其中 Name 是项目名字，即产生 DSN 文件的名字，通常用英文字母及数字表示，本实训用 ch1。Location 是项目路径，可以点击 Browse 修改项目文件存放路径。因为本书只用该软件进行电路仿真，因此在 Create a new project using 里选择 Analog or Mixed-signal Circuit，即数/模混合仿真设计项目。点击 OK 按钮。

　　（3）弹出 Create PSpice Project 窗体，选择 Create a blank project，点击 OK 按钮。

　　（4）项目创建成功，跳出该项目的文件管理器，展开文件树如图 2.32 所示。

　　（5）双击图 2.32 中的 PAGE1 打开电路文件编辑窗

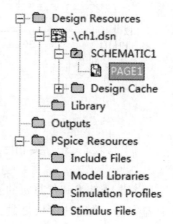

图 2.32　仿真项目文件树结构

口，可以看到新增的工具栏，如图 2.33 所示。

仿真设置　　测试笔　　电压电流功率显示

图 2.33　新增工具栏

（6）如果是新装的 OrCAD，需要添加元件库：点击工具栏中![按钮]按钮，打开 Place Part 窗口，点击 Add Library 按钮，选择库文件目录：OrCAD\OrCAD_10.5\tools\capture\library\pspice，将其中的元件库全部添加进来。此时可以看到 Libraries 窗口中出现很多库文件名称。

步骤三　编辑电路图，选取元器件，连接线路

电路图如 2.34 所示（本书实训中用 PSpice 软件绘制的电路图，其元件器绘制标准与我国国家标准略有不同，读者可参阅相关手册及标准）。

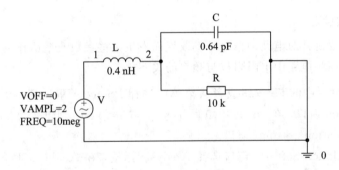

图 2.34　10 kΩ 电阻的高频等效模型（L 为引线电感，C 为寄生电容）

（1）选择元器件（以电阻为例）：点击工具栏中![按钮]按钮，打开 Place Part 窗口，在 Part 一栏输入：R，选择 Part List 的 R/ANALOG，点击 OK 按钮，即可调出一个电阻元件。注意：ANALOG 是 R 所在元件库的名称，它必须在 Libraries 列表中存在，如果列表中没有这个元件库，则点击 Add Library 按钮添加。

（2）放置元器件：选择并调出元器件后，点击鼠标左键即可放置一个元器件，连续点击鼠标可以放置多个该元器件，如要停止放置该元器件，可点击鼠标右键→End Mode（或者按键盘上的 Esc 键）。选中元器件，点击鼠标右键，可以对元器件进行水平翻转（Mirror Horizontally）、垂直翻转（Mirror Vertically）以及旋转（Rotate），也可以进行删除（Delete）。

（3）修改元器件参数：电阻 R 从元件库里调出后有默认的名称（R1）和阻值（1 kΩ），按照图 2.34 电路图要求进行修改，双击"R1"调出 Display Properties 窗口，在 Value 处将电阻的名称改为 R，双击"1k"调出 Display Properties 窗口，在 Value 处将电阻的阻值改为 10 kΩ。在设置参数时有以下几点注意事项：

① 设置各个参数时单位可以不填写。

② 仿真软件对字母大小写不敏感，即 M 和 m 都表示 10^{-3}，用 meg 表示 M 或 10^6。

③ 用 u 表示 μ 或 10^{-6}。

（4）用同样的方法调出并放置电路中其他元器件：电感（L/ANALOG）、电容（C/ANALOG）、正弦交流电压源（VSIN/SOURCE），并按照图中要求设置各元器件参数。正弦交流信号源 VSIN 各参数意义如下：

　　VOFF：直流基准电压。

　　VAMPL：幅度电压（峰值）。

　　FREQ：交流信号源频率。

（5）地线的选择：点击右侧工具栏中![GND]按钮，打开 Place Ground 窗口，在 Symbol 一栏输入 0，选择 0/SOURCE，点击 OK 按钮，即可调出一个地线。放置方法同放置元器件。

（6）连接线路：将电路图中元器件、地线放置完成后，点击右侧工具栏中![]按钮，即可进行连线。如果要停止连线，可点击鼠标右键→End Mode（或者按键盘上的 Esc 键）。连线的旋转和删除同放置元器件。

（7）根据电路图 2.34 完成元器件参数设置和连线后，点击顶端工具栏中的![]保存电路文件。在执行分析以前最好养成存档习惯，先存档一次，以防万一。

步骤四　交流分析

1. 仿真参数设定

交流分析主要是针对电路因信号频率改变而发生某些参数改变所作的分析，本实训利用交流分析观察高频电路中电阻阻抗与频率的关系。

（1）点击工具栏中的![]按钮或者从菜单中选择 PSpice→New Simulation Profile，弹出 New Simulation 窗口，在 Name 中填写 Test1，点击 Create 创建名为 Test1 的仿真配置文件，弹出 Simulation Settings 窗口。

（2）在 Simulation Settings 窗口选择 Analysis 标签，在 Analysis Type 下拉列表里面选择 AC Sweep（交流分析）→General Settings。

（3）AC Sweep Type（交流扫描类型）分为 Linear（线性扫描）和 Logarithmic（对数扫描）两种，在 Logarithmic 下又有 Octave（倍频程扫描）、Decade（十倍频程扫描）两种类型。现选用 Decade 十倍频程扫描类型。

（4）选择 Decade，设置 Start Frequency（仿真起始频率）为 0 Hz，End Frequency（仿真终止频率）为 1 THz，设置 Points/Decade（十倍频程扫描记录）1000 点。点击确定按钮保存本次仿真参数设定。

2. 执行仿真、检查错误、查看波形

（1）点击工具栏中的![]按钮执行仿真。如果电路连接和仿真参数设定都没有错误，仿真结束后会弹出波形显示窗口。由于前面步骤中忽略了一个参数设置，本次执行仿真将不会成功，点击左侧工具栏中的![]按钮，查看输出文档里面是否出现 Warning（警告）或 Error（错误）的提示，根据提示修改错误。输出文件如下：

　　　　＊＊＊＊ 06/16/15 16:50:37 ＊＊＊＊ PSpice 10.5.0 (Jan 2005) ＊＊＊＊ ID＃ 0 ＊＊＊＊

　　　　＊＊ Profile: "SCHEMATIC1-test1" [E:\gp\ch1-pspicefiles\schematic1\test1. sim]

　　　　＊＊＊＊　　　CIRCUIT DESCRIPTION　　　（以星号开头的都是注释）

　　　　＊＊＊＊＊＊＊＊＊＊＊＊＊＊＊＊＊＊＊＊＊＊＊＊＊＊＊＊＊＊＊＊＊＊＊＊＊＊＊

＊＊ Creating circuit file "test1. cir"

＊＊ WARNING：THIS AUTOMATICALLY GENERATED FILE MAY BE OVERWRIT-
TEN BY SUBSEQUENT SIMULATIONS

＊ Libraries：

＊ Profile Libraries ：

＊ Local Libraries ：

＊ From ［PSPICE NETLIST］section of C：\OrCAD\OrCAD_10. 5\tools\PSpice\PSpice. ini
file：

. lib "nom. lib"　　　（模拟元件库目前只有 nom. lib）

＊ Analysis directives：

. AC DEC 1000 1meg 100g

. PROBE V(alias(＊)) I(alias(＊)) W(alias(＊)) D(alias(＊)) NOISE(alias(＊))

. INC "..\SCHEMATIC1. net"

＊＊＊＊ INCLUDING SCHEMATIC1. net ＊＊＊＊　　（以下是描述元件的连接情况）

＊ source CH1

R_R　　0 N00758 10k

V_V　　N00081 0

＋SIN 0 2 10meg 0 0 0

C_C　　N00758 0 0.64pF

L_L　　N00081 N00758 0.4nH

＊＊＊＊ RESUMING test1. cir ＊＊＊＊

. END

下面是仿真输出结果：

＊＊＊＊ 06/16/15 16：50：37 ＊＊＊＊ PSpice 10.5.0 (Jan 2005) ＊＊＊＊ ID♯ 0 ＊＊＊＊

＊＊ Profile："SCHEMATIC1-test1"［E：\gp\ch1-pspicefiles\schematic1\test1. sim ］

＊＊＊＊ SMALL SIGNAL BIAS SOLUTION TEMPERATURE ＝ 27. 000 DEG C

＊＊＊＊＊＊＊＊＊＊＊＊＊＊＊＊＊＊＊＊＊＊＊＊＊＊＊＊＊＊＊＊＊＊

NODE VOLTAGE NODE VOLTAGE NODE VOLTAGE NODE VOLTAGE

(N00081)　　0. 0000 (N00758)　　0. 0000　　（各节点电压）

VOLTAGE SOURCE CURRENTS　　（流出电压源的电流）

NAME　　CURRENT

V_V　　0. 000E＋00

TOTAL POWER DISSIPATION 0. 00E＋00 WATTS

WARNING -- No AC sources -- AC Sweep ignored　　（警告：没有交流分析源）

　　JOB CONCLUDED

＊＊＊＊ 06/16/15 16：50：37 ＊＊＊＊＊＊ PSpice 10.5.0 (Jan 2005) ＊＊＊＊＊＊ ID♯ 0
＊＊＊＊＊＊＊

＊＊ Profile："SCHEMATIC1-test1"［E：\gp\ch1-pspicefiles\schematic1\test1. sim ］

＊＊＊＊ JOB STATISTICS SUMMARY

＊＊＊＊＊＊＊＊＊＊＊＊＊＊＊＊＊＊＊＊＊＊＊＊＊＊＊＊＊＊＊＊＊＊

Total job time (using Solver 1) ＝ 0. 00

（2）根据以上提示，可以看出没有设置交流分析的 AC 源。回到电路图窗口，双击正弦交流信号源 V，弹出 Property Editor（属性编辑器）窗口，可以看到信号源 V 的 AC 一项没有数值，现将其设置为 2 V。关闭 Property Editor 窗口，重新执行仿真。此时仿真执行成功，弹出波形窗口。在波形窗口中，X 轴变量已经按照 AC Sweep 的设置设置为 1 MHz ～ 100 GHz，而 Y 轴变量则等待着我们的选择输入。

（3）从菜单中选择 Trace→Add Trace，弹出 Add Trace 窗口，在 Trace Expression 栏处用鼠标选择或直接由键盘输入字符串"V(V：＋)/I(V：＋)"（用回路电压与电流的比值表示阻抗）。再用鼠标点击"OK"按钮退出 Add Trace 窗口。这时将出现如图 2.35(a) 所示曲线。选择菜单 Plot→Axis Settings，弹出 Axis Settings（坐标轴设置）窗口，点选 Y Axis 标签，将 Scale 设置为 Log，也就是选择对数坐标，得到图 2.35(b) 所示曲线。

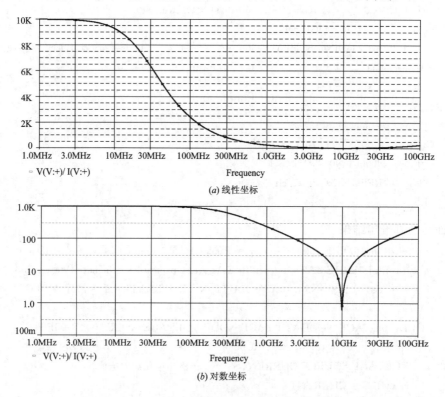

图 2.35　10 kΩ 电阻在高频电路中阻抗与频率的关系曲线

3. 分析波形、读取数值

（1）根据图 2.35 可以看出，10 kΩ 电阻在高频电路中由于存在引线电感和寄生电容，其阻抗的大小随频率变化而变化，频率较低时，阻抗以电阻 R 为主，为 10 kΩ，随着频率升高，寄生电容的影响成为主要因素，引起电阻阻抗下降，直到降到一个最低值后，随着频率继续升高，引线电感的影响成为主要因素，电阻阻抗又开始上升。图 2.35(b) 所示曲线与图 2.2 类似，仿真结果正确。

（2）读取阻抗最低值坐标：点击工具栏中的 ⬚ 按钮，我们可以看到后面的工具栏由灰色锁定状态变为可用的状态，同时也会弹出一个显示光标所在的坐标数据的小窗口（Probe

Cursor)。工具栏各个按钮的用途如下：

![按钮] ：定位波形的下一个最高点；

![按钮] ：定位波形的下一个最低点；

![按钮] ：定位波形的最大斜率点；

![按钮] ：定位波形最小值；

![按钮] ：定位波形最大值；

![按钮] ：标注波形上下一个点的信息。

点击![按钮]将光标定位在波形最小值处，Probe Cursor 显示如图 2.36 所示，其中 A1 表示最小值的横纵坐标，A2 表示最左下角参考点的横纵坐标，dif 表示两个坐标之间的差值。因此可以读出，波形的最小值表示当电路频率在 9.954 GHz 时，10 k 电阻的阻抗值为 71.4 mΩ。

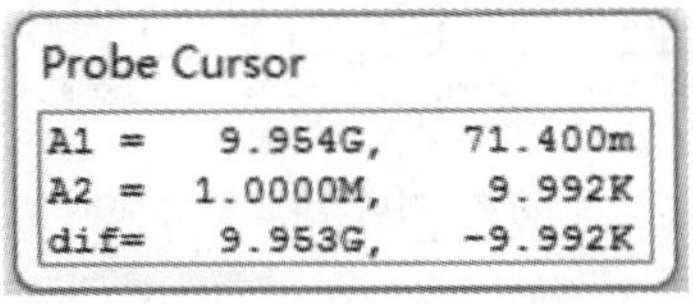

```
Probe Cursor

A1 =    9.954G,    71.400m
A2 =    1.0000M,     9.992K
dif=    9.953G,    -9.992K
```

图 2.36 Probe Cursor 窗口

步骤五 瞬态分析

瞬态分析用于观察电路中各信号与时间的关系，它可在给定激励信号情况下，求电路输出的时间响应、延迟特性；也可在没有任何激励信号的情况下，求振荡波形、振荡周期等。瞬态分析运用最多，也最复杂，而且耗费计算机资源。本实训利用瞬态分析观察高频电路中电阻上电压随时间的变化。

1. 仿真参数设定

（1）点击工具栏中的![按钮]按钮或者从菜单中选择 PSpice→New Simulation Profile，弹出 New Simulation 窗口，在 Name 中填写 Test2，点击 Create 创建名为 Test2 的仿真配置文件，弹出 Simulation Settings 窗口。

（2）在 Simulation Settings 窗口选择 Analysis 标签，在 Analysis Type 下拉列表里面选择 Time Domain(Transient)（瞬态分析）→General Settings。

（3）将 Run to time(仿真运行时间)设置为 2 μs，Start saving data after(开始存储数据时间)设置为 1 μs，Maximum step size(最大时间增量)设置为 100 ns。点击确定按钮保存本次仿真参数设定。

2. 执行仿真、查看波形

（1）点击工具栏中的![按钮]按钮执行仿真。如果没有错误，仿真执行成功，将弹出波形窗口。在波形窗口中，X 轴变量已经按照我们前面的参数设置为 1 μs ~2 μs，Y 轴变量则等待我们的选择输入。

　　(2) 从菜单中选择 Trace→Add Trace，弹出 Add Trace 窗口，在 Trace Expression 栏处用鼠标选择或直接由键盘输入字符串"V(R:1,R:2)"。再用鼠标点击"OK"按钮退出 Add Trace 窗口。这时将出现如图 2.37(a)所示曲线，它表示信号源的时域波形。但仔细观察该波形，发现有一定程度的失真，这是由于最大时间增量设置过大造成的，点击左侧 按钮，弹出 Simulation Settings 窗口，修改 Maximum step size(最大时间增量)为 1ns。重新运行仿真，查看波形，得到图 2.37(b)所示曲线，此时的时域波形几乎没有失真。

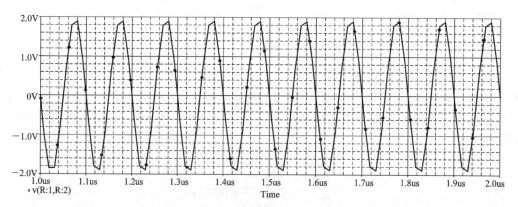

(a) 最大时间增量设置为 100 ns

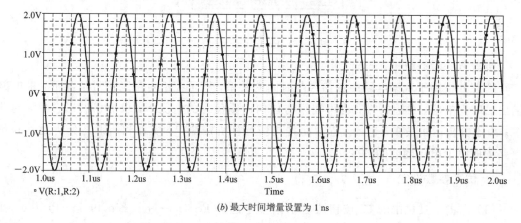

(b) 最大时间增量设置为 1 ns

图 2.37　10 kΩ 电阻上电压的时域波形

3. 分析波形、读取数值

　　(1) 根据图 2.37 可以看出，10 kΩ 电阻在固定频率的高频电路中其上的电压不会随时间发生变化。

　　(2) 读取电压波峰值：点击工具栏中的 按钮，选择 按钮将光标定位在下一个最大值即波峰位置，通过 Probe Cursor 窗口读出此时波峰值为 1.9990 V，与电压源 2 V 基本相等，仿真完成。

　　本节以电阻在高频电路中的等效模型为载体，介绍了利用 PSpice 进行高频电路仿真的基本步骤及软件使用方法，了解比较常用的一些仿真功能，如交流分析、瞬态分析。在后续各章中将会对该软件的其它仿真功能进行学习。

思考题与习题

2-1 高频电路中的各种有源器件与用于低频或其它电子线路的器件有什么根本不同?

2-2 分别画出高频电路中的电阻器、电容器和电感器的电路模型,指出与理想电阻、理想电容和理想电感比较,它们的电路性能有何不同,为什么?

2-3 参考电阻器、电容器和电感器的高频模型,指出这三种模型的异同。

2-4 画出两个不同阻值的电阻器串联(并联)电路的高频模型,与理想电阻串联(并联)电路性能进行比较。

2-5 画出电阻器与电感器串联(并联)电路的高频模型,与理想电阻与理想电感串联(并联)电路的性能进行比较。

2-6 画出电阻器与电容器串联(并联)电路的高频模型,与理想电阻与理想电容串联(并联)电路的性能进行比较。

2-7 画出电感器与电容器串联(并联)电路的高频模型,与理想电感与理想电容串联(并联)电路性能进行比较。

2-8 为什么非线性器件具有频率变换作用?

2-9 二极管和晶体管的极间电容主要影响它的什么工作特性?

2-10 试述双极型晶体管和场效应管噪声的主要来源,并比较两者的噪声大小。

2-11 影响二极管、双极型晶体管和场效应管高频应用的主要因素有哪些,为什么?

2-12 已知二极管的静态电流为 1 mA,测得 PN 结电容为 100 pF,判断该二极管能否在 100 MHz 条件下正常工作在单向导电状态? 为什么? 如果测得 PN 结电容为 20 pF,则二极管可能正常工作的最高频率为多少?

2-13 已知晶体管共射放大电路如题 2-13 图所示。三极管在静态电流 $I_{CQ}=1$ mA 时,其参数 $\beta_0=50$, $C_{b'c}\approx2$ pF, $r_{ce}=100$ kΩ, $f_T=500$ MHz,画出 Y 参数等效电路,计算各 Y 参数值。

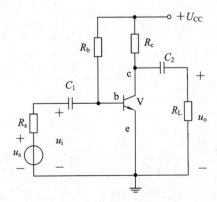

题 2-13 图 晶体管共射放大电路

2-14 场效应管高频小信号等效电路模型如题 2-14 图所示。已知 $C_{gs}=30$ pF,

$C_{gd} = 5$ pF，$C_{ds} = 15$ pF，$g_m = 10$ mS，推导该场效应管 Y 参数的计算公式，计算各 Y 参数值，并画出 Y 参数等效电路。

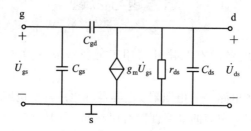

题 2 - 14 图　场效应管高频等效电路模型

2 - 15　用 PSpice 或 Multisim 仿真软件对 2 - 4、2 - 5、2 - 6、2 - 7 题进行仿真分析。改变元件参数值，观察其电路性能的变化。

第三章　通信信号的接收

3.1　概　　述

在无线通信中，发射与接收的信号应当适合于空间传输。所以，被通信设备处理和传输的信号是经过调制处理过的高频信号，这种信号具有窄带特性。而且，通过长距离的通信传输，信号受到衰减和干扰，到达接收设备的信号是非常弱的高频窄带信号，在做进一步处理之前，应当经过放大和限制干扰的处理，这就需要通过高频小信号放大器来完成。这种小信号放大器是一种谐振放大器。混频器输出端也接有这种小信号放大器，作为中频放大器对已调信号进行放大。

高频小信号放大器广泛用于广播、电视、通信、测量仪器等设备中。高频小信号放大器可分为两类：一类是以谐振回路为负载的谐振放大器；另一类是以滤波器为负载的集中选频放大器。它们的主要功能都是从接收的众多电信号中，选出有用信号并加以放大，同时对无用信号、干扰信号、噪声信号进行抑制，以提高接收信号的质量和抗干扰能力。

谐振放大器常由晶体管等放大器件与 LC 并联谐振回路或耦合谐振回路构成。它可分为调谐放大器和频带放大器，前者的谐振回路需调谐于需要放大的外来信号的频率上，后者谐振回路的谐振频率固定不变。集中选频放大器把放大和选频两种功能分开，放大作用由多级非谐振宽频带放大器承担，选频作用由 LC 带通滤波器、晶体滤波器、陶瓷滤波器和声表面波滤波器等承担。目前广泛采用集中宽频带放大器。

高频小信号放大器主要性能指标有：谐振增益、通频带、选择性及噪声系数等。

1. 谐振增益

放大器的谐振增益是指放大器在谐振频率上的电压增益，记为 A_{u0}，其值可用分贝 (dB)表示。放大器的增益具有与谐振回路相似的谐振特性，如图 3.1 所示。图中 f_0 表示放大器的中心谐振频率，A_u/A_{u0} 表示相对电压增益。当输入信号的频率恰好等于 f_0 时，放大器的增益最大。

2. 通频带

通频带是指信号频率偏离放大器的谐振频率 f_0，放大器的电压增益 A_u 下降到谐振电压增益 A_{u0} 的 $1/\sqrt{2}\approx0.707$ 时所对应的频率范围，一般用 $\mathrm{BW}_{0.7}$ 表示，如图 3.1 所示。

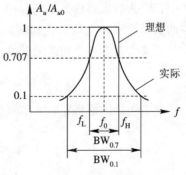

图 3.1　谐振放大器的幅频特性曲线

$$BW_{0.7} = f_H - f_L$$

3. 选择性

选择性是指谐振放大器从输入信号中选出有用信号成分并加以放大,而将无用的干扰信号加以有效抑制的能力。为了准确地衡量小信号谐振放大器的选择性,通常选用"抑制比"和"矩形系数"两个技术指标。

1) 抑制比

抑制比可定义为:谐振增益 A_{u0} 与通频带以外某一特定频率上的电压增益 A_u 的比,用 $d(\mathrm{dB})$ 表示,记为

$$d(\mathrm{dB}) = 20\lg\left(\frac{A_{u0}}{A_u}\right)$$

2) 矩形系数

假设谐振放大器是理想放大器,其特性曲线是图 3.1 中所示的理想矩形。该图表明在通频带内放大器的电压增益保持不变,而在通频带外电压增益为零。若干扰信号频率在放大器的频带之外,那么,它将被全部抑制。实际谐振放大器的特性曲线是图 3.1 中所示的钟形曲线。为了评价实际放大器的谐振曲线与理想曲线的接近程度,引入矩形系数,定义为

$$K_{0.1} = \frac{BW_{0.1}}{BW_{0.7}}$$

式中,$BW_{0.7}$ 是放大器的通频带;$BW_{0.1}$ 是相对电压增益值下降到 0.1 时的频带宽度。$K_{0.1}$ 值越小越好($K_{0.1} \geqslant 1$),在接近 1 时,说明放大器的谐振特性曲线就愈接近于理想曲线,放大器的选择性就愈好。

4. 噪声系数

放大器的噪声系数是指输入端的信噪比 P_i/P_{ni} 与输出端的信噪比 P_o/P_{no} 两者的比值,即

$$F = \frac{(S/N)_i}{(S/N)_o} = \frac{P_i/P_{ni}}{P_o/P_{no}}$$

或

$$(N_F)_{dB} = 10\lg\left(\frac{P_i/P_{ni}}{P_o/P_{no}}\right)$$

式中,P_i 为放大器输入端的信号功率;P_{ni} 为放大器输入端的噪声功率;P_o 为放大器输出端的信号功率;P_{no} 为放大器输出端的噪声功率。

若放大器是一个理想的无噪声线性网络,那么,噪声系数

$$(N_F)_{dB} = 10\lg\left(\frac{P_i/P_{ni}}{P_o/P_{no}}\right) = 10\lg 1 = 0 \ \mathrm{dB}$$

有关噪声问题将在 3.4 节讨论。

3.2　小信号谐振放大器

小信号谐振放大器类型很多,按调谐回路区分,有单调谐回路放大器、双调谐回路放

大器和参差调谐回路放大器。按晶体管连接方法区分，有共基极、共发射极和共集电极放大器等。本节讨论一种常用的调谐放大器——共发射极单调谐放大器。

3.2.1　单级单调谐放大器

单调谐放大器是由单调谐回路作为交流负载的放大器。图 3.2 所示为一个共发射极单调谐放大器。它是接收机中一种典型的高频放大器电路。

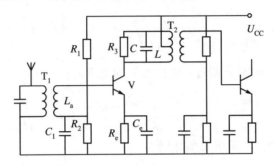

图 3.2　共射单调谐放大器

图中 R_1、R_2 是放大器的偏置电阻，R_e 是直流负反馈电阻，C_1、C_e 是旁路电容，它们起到稳定放大器静态工作点的作用。LC 组成并联谐振回路，它与晶体管共同起着选频放大作用。为了防止三极管的输出与输入导纳直接并入 LC 谐振回路，影响回路参数，以及为防止电路的分布参数影响谐振频率，同时也为了放大器的前后级匹配，本电路采用部分接入方式。R_3 的作用是降低放大器输出端调谐回路的品质因数 Q 值，以加宽放大器的通频带。

当直流工作点选定以后，图 3.2 可以简化成只包括高频通路的等效电路，如图 3.3 所示。由图 3.3 可以看出，电路分为三部分：晶体管本身、输入电路和输出电路。晶体管是谐振放大器的重要组件，在分析电路时，可用 Y 参数等效电路来说明它的特性。输入电路由电感 L_a 与天线回路耦合，将天线来的高频信号通过它加到晶体管的输入端。输出电路

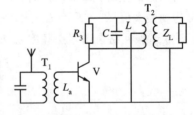

图 3.3　交流通路

是由 L 与 C 组成的并联谐振回路，通过互感耦合将放大后的信号加到下一级放大器的输入端。本电路的晶体管输出端与负载输入端采用了部分接入的方式。

如果把 LC 并联谐振回路调谐在放大器的工作频率上，则放大器的增益就很高；偏离这个频率，放大器的放大作用就下降。这样，放大器能放大的频带宽度，就局限于 LC 并联谐振回路的谐振频率附近。可见调谐放大器频带响应，在很大程度上决定于 LC 谐振回路的特性。因此在研究单调谐放大器之前，我们首先分析 LC 并联谐振回路的特性。

1. LC 并联谐振回路

信号源与电感线圈和电容器并联组成的电路，叫做 LC 并联回路，如图 3.4 所示。图中与电感线圈 L 串联的电阻 R 代表线圈的损耗，电容 C 的损耗不考虑。$\dot{I}_s$ 为信号电流源。为了分析方便，在分析电路时也暂时不考虑信号源内阻的影响。

1）并联谐振回路阻抗的频率特性

如图 3.4 所示，其阻抗表达式为

$$Z = \frac{Z_1 \cdot Z_2}{Z_1 + Z_2}$$

式中　　　　　　　　　$Z_1 = R + j\omega L,\ Z_2 = \dfrac{1}{j\omega C}$

即　　　　$Z = \dfrac{(R + j\omega L)\ \dfrac{1}{j\omega C}}{R + j\left(\omega L - \dfrac{1}{\omega C}\right)}$　　　　(3 - 1)

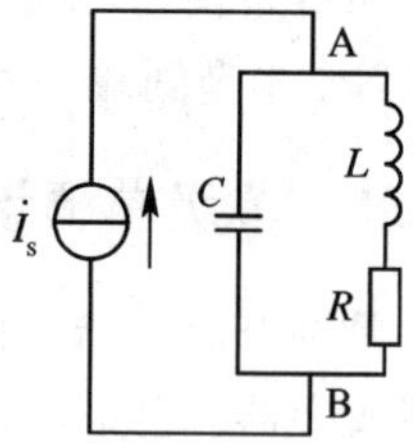

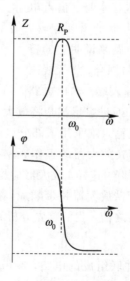

图 3.4　LC 并联回路

在实际应用中，在谐振频率 ω_0 附近，通常满足 $\omega L \gg R$，故

$$Z \approx \frac{L/C}{R + j\left(\omega L - \dfrac{1}{\omega C}\right)} = \frac{1}{\dfrac{CR}{L} + j\left(\omega C - \dfrac{1}{\omega L}\right)} \qquad (3 - 2)$$

由式(3 - 2)得，阻抗的模和阻抗相角分别为

$$|Z| = \frac{1}{\sqrt{\left(\dfrac{CR}{L}\right)^2 + \left(\omega C - \dfrac{1}{\omega L}\right)^2}} \qquad (3 - 3)$$

$$\varphi = -\arctan \frac{\omega C - \dfrac{1}{\omega L}}{\dfrac{CR}{L}} \qquad (3 - 4)$$

下面讨论并联回路阻抗的频率特性。

当回路谐振时，即 $\omega = \omega_0$ 时，$\omega_0 L - 1/(\omega_0 C) = 0$。并联谐振回路的阻抗为一纯电阻，数值可达到最大值 $|Z| = R_P = L/CR$，R_P 称为谐振电阻，阻抗相角为 $\varphi = 0$。从图 3.5 可以看出，并联谐振回路在谐振点频率 ω_0 时，相当于一个纯电阻电路。

图 3.5　并联谐振回路的特性曲线

当回路的角频率 $\omega < \omega_0$ 时，并联回路总阻抗呈电感性。当回路的角频率 $\omega > \omega_0$ 时，并联回路总阻抗呈电容性。

利用导纳分析并联谐振回路及等效电路是比较方便的,为此引入并联谐振回路的导纳 Y。由(3 - 2)式得

$$Y = \frac{CR}{L} + \mathrm{j}\left(\omega C - \frac{1}{\omega L}\right) = G_P + \mathrm{j}B = \frac{1}{Z} \tag{3 - 5}$$

式中, $G_P = \dfrac{CR}{L} = \dfrac{1}{R_P}$,为电导; $B = \omega C - \dfrac{1}{\omega L}$,为电纳。

图 3.6 就是由式(3 - 5)得出的。式(3 - 5)是我们常用的并联振荡回路的表达形式。

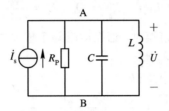

图 3.6　并联振荡回路

2）并联谐振回路端电压频率特性

谐振回路两端的电压为

$$U_{AB} = U = I_s \mid Z \mid = \frac{I_s}{\sqrt{\left(\dfrac{CR}{L}\right)^2 + \left(\omega C - \dfrac{1}{\omega L}\right)^2}} \tag{3 - 6}$$

$$\varphi = -\arctan \frac{\omega C - \dfrac{1}{\omega L}}{\dfrac{CR}{L}} \tag{3 - 7}$$

当谐振回路谐振时

$$U_{AB} = U_0 = I_s \frac{L}{RC} = I_s R_P \tag{3 - 8}$$

由此可见,在信号源电流 I_s 一定的情况下,并联回路端电　图 3.7　电压-频率特性曲线
压 U_{AB} 的频率特性与阻抗频率特性相似,如图 3.7 所示。

3）并联谐振回路谐振频率

在实际应用中,并联谐振回路频率可以由式(3 - 2)近似求出

$$\omega_0 L - \frac{1}{\omega_0 C} = 0$$

$$\omega_0 = \frac{1}{\sqrt{LC}} \quad \text{或} \quad f_0 = \frac{1}{2\pi \sqrt{LC}} \tag{3 - 9}$$

并联回路准确的谐振角频率可以从式(3 - 1)求出:

$$\omega_0 = \sqrt{\frac{1}{LC} - \frac{R^2}{L^2}} = \frac{1}{\sqrt{LC}} \sqrt{1 - \frac{1}{Q^2}} \tag{3 - 10}$$

由于我们不研究低 Q 并联回路,因此这个公式很少使用。Q 值较高时,式(3 - 10)近似与式(3 - 9)一致,因此只要记住式(3 - 9)就可以了。

4）品质因数

由图 3.4，并联回路谐振时的感抗或容抗与线圈中串联的损耗电阻 R 之比，定义为回路的品质因数，用 Q_0 表示：

$$Q_0 = \frac{\omega_0 L}{R} = \frac{1}{\omega_0 CR} = \frac{1}{R}\sqrt{\frac{L}{C}} = \frac{\rho}{R} \tag{3-11}$$

式中，$\rho = \sqrt{L/C}$，称为特性阻抗；Q_0 为 LC 并联谐振回路的空载 Q 值。

而图 3.6 中，并联谐振回路的谐振电阻可以用 Q_0 表示为

$$R_P = \frac{L}{CR} = Q_0\omega_0 L = \frac{Q_0}{\omega_0 C} \tag{3-12}$$

上式说明并联谐振回路在谐振时，谐振电阻等于感抗或容抗的 Q_0 倍。

5）谐振曲线、通频带及选择性

将式（3-6）与式（3-8）相比，得

$$\frac{U}{U_0} = \frac{1}{\sqrt{1 + \left(\dfrac{\omega L - 1/(\omega C)}{R}\right)^2}} \tag{3-13}$$

令 $\xi = \dfrac{\omega L - 1/(\omega C)}{R}$ 为广义失谐，则上式可简写成

$$\frac{U}{U_0} = \frac{1}{\sqrt{1+\xi^2}} \tag{3-14}$$

由式（3-14）可以绘出并联回路谐振曲线，如图 3.8 所示。这曲线适用于任何 LC 并联谐振回路。

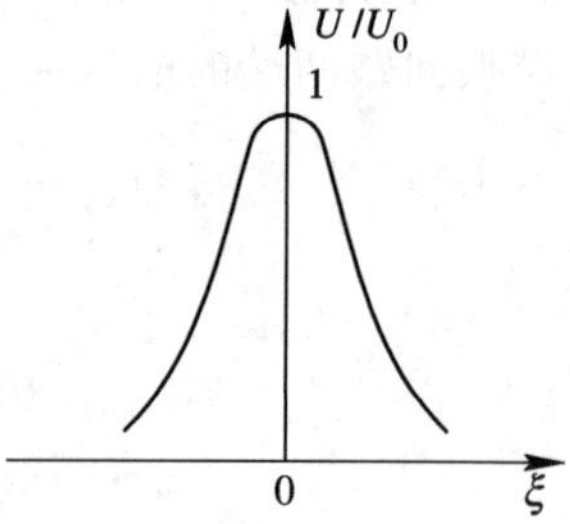

对 ξ 进行如下变换：

$$\xi = \frac{\omega L - \dfrac{1}{\omega C}}{R} = \frac{\omega_0 L \dfrac{\omega}{\omega_0} - \dfrac{1}{\omega_0 C}\dfrac{\omega_0}{\omega}}{R} = Q_0\left(\frac{\omega}{\omega_0} - \frac{\omega_0}{\omega}\right)$$

图 3.8 并联回路谐振曲线

在谐振频率附近，可近似地认为，$\omega \approx \omega_0$，$\omega + \omega_0 = 2\omega$，则

$$\xi = Q_0\frac{(\omega+\omega_0)(\omega-\omega_0)}{\omega\omega_0} \approx Q_0\frac{2(\omega-\omega_0)}{\omega_0}$$

$$= Q_0\frac{2\Delta\omega}{\omega_0} = Q_0\frac{2\Delta f}{f_0} \tag{3-15}$$

式中，$\Delta f = f - f_0$，得

$$\frac{U}{U_0} = \frac{1}{\sqrt{1 + \left(Q_0\dfrac{2\Delta f}{f_0}\right)^2}} \tag{3-16}$$

从式（3-16）可以看出，在谐振点，$\Delta f = 0$，$U/U_0 = 1$。随着 $|\Delta f|$ 的增大，U/U_0 将减小。对于同样的偏离值 Δf，Q_0 越高，U/U_0 衰减就越多，谐振曲线就越尖锐，如图 3.9 所示。

下面利用谐振曲线求出通频带。

由式（3-16），令 $U/U_0 = 0.707$，如图 3.10 所示，可得回路的通频带 $\mathrm{BW}_{0.7}$ 为

$$\mathrm{BW}_{0.7} = 2\Delta f_{0.7} = \frac{f_0}{Q_0} \tag{3-17}$$

由上式可见，回路的通频带与空载 Q 值成反比，Q 越高，通频带就越窄，曲线越尖锐，回路的选择性越好，如图 3.9 所示。

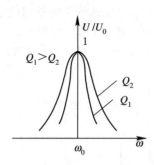

图 3.9 不同 Q 值的谐振曲线

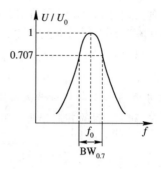

图 3.10 通频带

下面利用例题来说明选择性。

例 1 已知并联谐振回路谐振频率 $f_0 = 1$ MHz，$Q_0 = 100$。求频率偏离 10 kHz 时，电压相对于谐振点的衰减比值 U/U_0。又若 $Q_0 = 50$，求 U/U_0。

解 （1）$Q_0 = 100$ 时，

$$\frac{U}{U_0} = \frac{1}{\sqrt{1 + \left(Q_0 \dfrac{2\Delta f}{f_0}\right)^2}} = \frac{1}{\sqrt{1 + (100 \times 0.02)^2}} = 0.445$$

（2）$Q_0 = 50$ 时，

$$\frac{U}{U_0} = \frac{1}{\sqrt{1 + \left(Q_0 \dfrac{2\Delta f}{f_0}\right)^2}} = \frac{1}{\sqrt{1 + (50 \times 0.02)^2}} = 0.707$$

根据上面计算结果可画得图 3.11，它说明在相同的频率偏离值 Δf 下，Q 越高，谐振曲线越尖锐，选择性越好，但通频带窄了。我们希望谐振回路有一个很好的选择性，同时要有一个较宽的通频带，这是矛盾的。为了保证较宽的通频带，只能牺牲选择性。

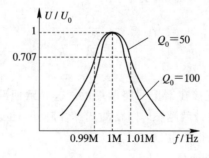

图 3.11 例 1 图

6）并联谐振回路中的电流

并联回路谐振时，流过 R_P、C、L 中的电流如下：

$$\dot{I}_{R_P}(\omega_0) = \frac{\dot{U}}{R_P} = \dot{U}G_P = \dot{I}_s(\omega_0) \tag{3-18}$$

$$\dot{I}_L(\omega_0) = \frac{\dot{U}}{\mathrm{j}\omega_0 L} = \frac{\dot{U}}{R_P}\frac{R_P}{\mathrm{j}\omega_0 L} = -\mathrm{j}\dot{I}_s(\omega_0)Q_0 \tag{3-19}$$

$$\dot{I}_C(\omega_0) = \frac{\dot{U}}{(j\omega_0 C)^{-1}} = \frac{\dot{U}}{R_P}\frac{R_P}{(j\omega_0 C)^{-1}} = j\dot{I}_s(\omega_0)Q_0 \qquad (3-20)$$

由上面三式可见,并联回路谐振时,谐振电阻 R_P 上的电流就等于信号源的电流。电感支路上的电流和电容支路上的电流,等于信号源电流的 Q_0 倍。因此,在谐振时,信号源电流 I_s 不大,但电感、电容支路上电流却很大,是信号源电流的 Q_0 倍,所以说并联谐振也叫电流谐振。

7) 信号源内阻及负载对谐振回路的影响

考虑 R_s 和 R_L 后的并联谐振回路如图3.12 所示。

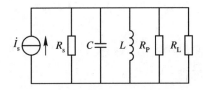

图 3.12 考虑 R_s 和 R_L 后的并联谐振回路

下面利用电导的形式来分析电路。

$$g_s = \frac{1}{R_s}, \quad g_P = \frac{1}{R_P}, \quad g_L = \frac{1}{R_L}$$

谐振回路的总电导为

$$G_\Sigma = g_s + g_P + g_L$$

谐振回路的空载 Q_0 值,即为

$$Q_0 = \frac{1}{\omega_0 L g_P}$$

谐振回路的有载 Q_L 值为

$$Q_L = \frac{1}{\omega_0 L G_\Sigma} = \frac{1}{\omega_0 L(g_s + g_P + g_L)}$$

根据上两式,可以得 Q_L 与 Q_0 的关系

$$Q_L = \frac{Q_0}{1 + \frac{R_P}{R_s} + \frac{R_P}{R_L}} \qquad (3-21)$$

由于 $G_\Sigma > g_P$,所以 $Q_L < Q_0$。

由于 R_s 和 R_L 是并联连接在谐振回路两端的,这导致回路的 Q 值降低。R_s 和 R_L 越小,则 Q 值下降越多,通频带就越宽,回路的选择性越差,也就是说,信号源内阻和负载电阻对回路的旁路作用越显得严重。

8) 并联谐振回路的耦合连接

信号源内阻或负载并联在回路两端,将直接影响回路的 Q 值,影响负载上的功率输出及回路的谐振频率。为解决这个问题,可用阻抗变换电路,将它们折算到回路两端,以改善对回路的影响。

(1) 变压器的耦合连接。图 3.13(a) 为变压器的耦合连接电路。变压器的初级是一个谐振回路的电感线圈,次级接到负载 R_L 上,将负载折合到谐振回路后的等效负载为 R_L',见图3.13(b)。设初级线圈数为 N_1,次级线圈数为 N_2。在变压器紧耦合时,负载电阻 R_L

与等效负载 R_{L}' 的关系为

$$R_{\mathrm{L}}' = \left(\frac{N_1}{N_2}\right)^2 R_{\mathrm{L}} \qquad (3-22)$$

例如：已知 $R_{\mathrm{L}}=1\ \mathrm{k\Omega}$，$N_1/N_2=2$，则 $R_{\mathrm{L}}'=4\ \mathrm{k\Omega}$。这说明，如果 $1\ \mathrm{k\Omega}$ 的电阻直接接到谐振回路，对回路影响较大。如果将 $1\ \mathrm{k\Omega}$ 的电阻通过变压器再折合到回路中，就相当于一个 $4\ \mathrm{k\Omega}$ 的电阻，它对并联谐振回路的影响就显著减弱了。

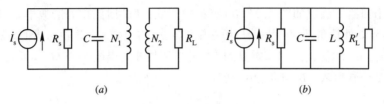

图 3.13 变压器的耦合连接

（2）自耦变压器的耦合连接。如图 3.14(a) 所示，N_{13} 是总线圈数，N_{23} 是自耦变压器的抽头部分线圈数。负载电阻 R_{L} 折合到谐振回路后的等效电阻为 R_{L}'，如图 3.14(b) 所示。

$$R_{\mathrm{L}}' = \left(\frac{N_{13}}{N_{23}}\right)^2 R_{\mathrm{L}} = \frac{1}{n^2} R_{\mathrm{L}} \qquad (3-23)$$

式中，$n = N_{23}/N_{13}$ 为接入系数。

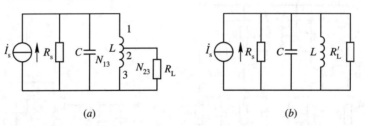

图 3.14 自耦变压器的耦合连接

（3）变压器自耦变压器的耦合连接。如图 3.15(a) 所示，该电路可以将信号源内阻和负载电阻折合到谐振回路中，如图 3.15(b) 所示（注意接入系数的正确选择）。

$$n_1 = \frac{N_{12}}{N_{13}}, \quad n_2 = \frac{N_{45}}{N_{13}} \qquad (3-24)$$

R_{L} 和 R_{s} 折合到谐振回路后的电阻为 R_{L}' 和 R_{s}' 分别为

$$R_{\mathrm{L}}' = \left(\frac{1}{n_2}\right)^2 R_{\mathrm{L}}, \quad R_{\mathrm{s}}' = \left(\frac{1}{n_1}\right)^2 R_{\mathrm{s}} \qquad (3-25)$$

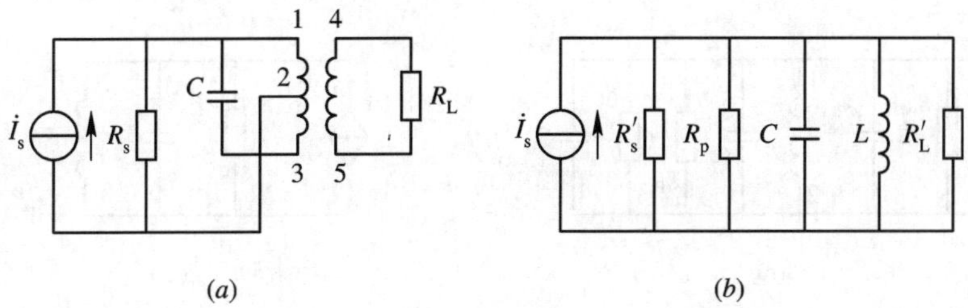

图 3.15 变压器自耦变压器的耦合连接

2. 单调谐放大器

单调谐放大器如图 3.16(a)所示。将图 3.16(a)化为交流等效电路，可得图 3.16(b)。根据晶体管 Y 参数等效电路，并考虑到为保证实用的单调谐放大器稳定地工作，采取了一定的措施，使内部反馈很小。因此，为了简化电路，常略去内部反馈的影响，即假定 $Y_{re}=0$，则得如图 3.16(c)所示形式。在图 3.16(c)中，晶体管输出端可以用电流源为 $\dot{I}_s = Y_{fe}\dot{U}_{be}$ 与输出导纳 Y_{oe} 并联表示。将 Y_{oe} 用输出电导 g_{oe} 和输出电容 C_{oe} 并联表示，单调谐放大器的输出回路可画成如图 3.16(d)所示的形式。LC 回路中，谐振电阻可用谐振电导 $g_P = 1/R_P$ 表示，外接负载 Y_L 可以认为是由电导 g_L 与电容 C_L 并联而成的。根据部分接入关系，可将 I_s、g_{oe}、C_{oe}、g_L、C_L 折算到 LC 并联回路中，得图 3.16(e)。可见，这个图的形式完全是一个并联形式。在图 3.16(e)中，

$$\begin{cases} \dot{I}_s' = n_1\dot{I}_s = n_1 Y_{fe}\dot{U}_{be} \\ g_{oe}' = n_1^2 g_{oe}, \qquad C_{oe}' = n_1^2 C_{oe} \\ g_L' = n_2^2 g_L, \qquad C_L' = n_2^2 C_L \end{cases} \qquad (3-26)$$

上式中 n_1、n_2 是接入系数：

$$n_1 = \frac{N_{12}}{N_{13}}, \quad n_2 = \frac{N_{45}}{N_{13}}$$

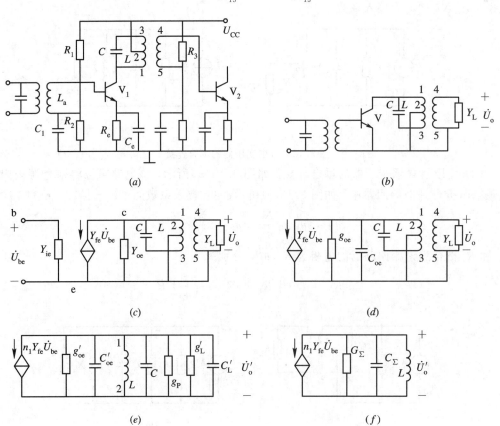

图 3.16　单调谐放大器的等效电路

将图 3.16(e)中的 g'_{oe}、g'_{L}、g_P 合并，得 G_Σ；将 C'_{oe}、C、C'_L 合并，得 C_Σ。这样可进一步将图 3.16(e)简化成如图 3.16(f)所示的形式。

在图 3.16(f) 中，

$$\begin{cases} G_\Sigma = g'_{oe} + g_P + g'_L \\[4pt] C_\Sigma = C'_{oe} + C + C'_L \\[4pt] Y_\Sigma = G_\Sigma + \mathrm{j}\omega C_\Sigma + \dfrac{1}{\mathrm{j}\omega L} \qquad \text{导纳} \\[8pt] \dot{U}_o = -\dfrac{\dot{I'}_s}{Y_\Sigma} = \dfrac{1}{n_2}\dot{U}_o \qquad \text{输出电压} \end{cases} \tag{3-27}$$

下面对电路性能进行计算。

1）单调谐放大器电压增益

放大器的电压增益：

$$\dot{A}_u = \frac{\dot{U}_o}{\dot{U}_{be}} = \frac{-n_1 n_2 Y_{fe}}{G_\Sigma + \mathrm{j}\omega C_\Sigma + \dfrac{1}{\mathrm{j}\omega L}} \approx \frac{-n_1 n_2 Y_{fe}}{G_\Sigma\left[1 + \mathrm{j}\dfrac{2Q_L \Delta f}{f_0}\right]} \tag{3-28}$$

式中

$$Q_L = \frac{1}{G_\Sigma \omega_0 L} = \frac{\omega_0 C_\Sigma}{G_\Sigma}$$

为有载品质因数；

$$f_0 = \frac{1}{2\pi \sqrt{LC_\Sigma}}$$

为有载时并联回路的谐振频率。其电压增益的模为

$$|\dot{A}_u| = \frac{n_1 n_2 Y_{fe}}{G_\Sigma \sqrt{1 + \left(\dfrac{2Q_L \Delta f}{f_0}\right)^2}} \tag{3-29}$$

当回路谐振时，$f = f_0$，$\Delta f = 0$ 时，放大器谐振电压增益为

$$\dot{A}_{u0} = \frac{-n_1 n_2 Y_{fe}}{G_\Sigma} \tag{3-30}$$

其模为

$$|\dot{A}_{u0}| = \frac{n_1 n_2 Y_{fe}}{G_\Sigma} \tag{3-31}$$

谐振放大器谐振时的电压增益最大。式中的负号，表示放大器输入电压与输出电压反相（有 $180°$ 的相位差）。谐振放大器的电压增益与接入系数 n_1、n_2 有关。在回路 Q 值一定的条件下，适当选择接入系数，可满足阻抗匹配，即 $n_2^2 g_L = n_1^2 g_{oe} + g_P$，此时，谐振放大器可获得最大电压增益。但是，在实际工作中，考虑到放大器工作的稳定性，为了避免过高的增益和寄生反馈所造成的寄生振荡，通常选择的接入系数常使电路处于失配状态，即 $n_2^2 g_L \neq n_1^2 g_{oe} + g_P$，此时电压增益下降，但却能保证放大器稳定工作。

2）单调谐放大器的通频带

式(3-29)与式(3-31)相比，可得单调谐放大器的谐振曲线数学表达式：

$$\left|\frac{\dot{A}_u}{\dot{A}_{u0}}\right| = \frac{1}{\sqrt{1 + \left(\frac{2Q_L \Delta f}{f_0}\right)^2}} \tag{3-32}$$

单调谐放大器的谐振曲线如图 3.17 所示。

令 $|\dot{A}_u / \dot{A}_{u0}| = 0.707$，可求得单调谐放大器的通频带 $\mathrm{BW}_{0.7}$：

$$\mathrm{BW}_{0.7} = 2\Delta f_{0.7} = \frac{f_0}{Q_L} \tag{3-33}$$

显然，单调谐谐振放大器的通频带取决于回路的谐振频率 f_0 以及有载品质因数 Q_L。当 f_0 确定时，Q_L 越低，通频带愈宽，如图 3.18 所示。可见，减小 Q_L 可加宽单调谐放大器的通频带。具体地说，减小 R_P、R_L 均可降低 Q_L，从而展宽单调谐放大器的通频带，如图 3.18 所示。电阻 R_3 正是为加宽放大器的通频带而设的。R_3 的并接意味着调谐回路的外接负载加重，Q_L 值下降，$\mathrm{BW}_{0.7}$ 加宽。因此，称 R_3 为降 Q 电阻。在回路两端并联一个电阻以加宽放大器的频带是以降低放大器的电压增益为代价的。

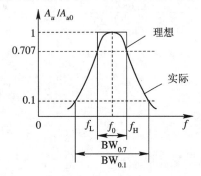

图 3.17　单调谐放大器的幅频特性曲线　　　图 3.18　不同 Q 值的谐振曲线

由式(3-31)可得

$$|\dot{A}_{u0}| \, \mathrm{BW}_{0.7} = \frac{n_1 n_2 Y_{fe}}{G_\Sigma} \cdot \frac{f_0}{Q_L} = \frac{n_1 n_2 Y_{fe}}{2\pi C_\Sigma} \tag{3-34}$$

当 Y_{fe}、n_1、n_2、C_Σ 均为定值时，谐振放大器的增益与通频带的乘积为一常数，也就是说，通频带越宽，增益越小；反之则增益越大。

3) 单调谐放大器的选择性

令

$$\left|\frac{\dot{A}_u}{\dot{A}_{u0}}\right| = \frac{1}{\sqrt{1 + \left(\frac{2Q_L \Delta f_{0.1}}{f_0}\right)^2}} = 0.1$$

得

$$\mathrm{BW}_{0.1} = 2\Delta f_{0.1} = \sqrt{10^2 - 1}\,\frac{f_0}{Q_L}$$

上式与式(3-33)相比，得矩形系数

$$K_{0.1} = \frac{\mathrm{BW}_{0.1}}{\mathrm{BW}_{0.7}} = \sqrt{10^2 - 1} = \sqrt{99} \approx 9.95 \tag{3-35}$$

上式说明，单调谐放大器的矩形系数远大于 1，谐振曲线与矩形相差太远，故单调谐谐振放大器的选择性较差。

4）功率增益

单调谐放大器的功率增益可由下式表示：

$$G_P = \frac{P_o}{P_i}$$

或

$$G_P(dB) = 10\lg\frac{P_o}{P_i}$$

式中，P_i 为放大器的输入功率；P_o 为输出端负载 g_L 上所获得的功率。

在满足匹配 $n_1^2 g_{oe} = n_2^2 g_L$ 的条件下，并考虑到回路的固有损耗，可由下式计算实际的功率增益：

$$G_{Po} = G_{Po\,max}\left(1 - \frac{Q_L}{Q_0}\right)^2 \qquad (3-36)$$

式中，$G_{Po\,max} = \dfrac{|Y_{fe}|^2}{4g_{oe}g_{ie}}$ 是回路无损耗又匹配时，晶体管能给出的最大功率；$\left(1 - \dfrac{Q_L}{Q_0}\right)^2$ 称为电路的插入损耗，它表示回路存在损耗时增益下降的程度。

3.2.2　多级单调谐回路谐振放大器

在图 3.19 中晶体管 V_2 集电极上加一个谐振回路，就可得双级单调谐放大电路，如图 3.20 所示。

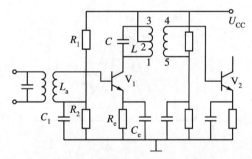

图 3.19　单调谐放大电路

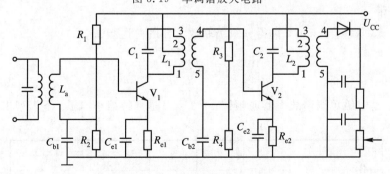

图 3.20　双级单调谐放大器

下面分析多级单调谐回路谐振放大器的性能指标。

1. 电压增益

设有 n 级单调谐放大器相互级联，且各级的电压增益相同，即

$$A_{u1} = A_{u2} = A_{u3} = \cdots = A_{un}$$

则级联后放大器的总电压增益为

$$|A_n| = |A_{u1} \cdot A_{u2} \cdot A_{u3} \cdots A_{un}| = |A_{un}|^n$$

$$= \frac{(n_1 n_2)^n Y_{\text{fe}}^n}{\left[G_\Sigma \sqrt{1 + \left(\dfrac{2Q_L \Delta f}{f_0} \right)^2} \right]^n} \tag{3-37}$$

谐振时，电压增益为

$$|A_{n0}| = \left(\frac{n_1 n_2}{G_\Sigma} Y_{\text{fe}} \right)^n \tag{3-38}$$

电压增益谐振曲线数学表达式为

$$\left| \frac{A_n}{A_{n0}} \right| \approx \frac{1}{\left[\sqrt{1 + \left(\dfrac{2Q \Delta f}{f_0} \right)^2} \right]^n} \tag{3-39}$$

从式(3-38)可以看出，级联后总电压增益是单级电压增益的 n 次方。在图 3.21 中，$n=1$ 是单级单调谐放大器电压增益谐振曲线；$n=2$ 是双级单调谐放大器电压增益谐振曲线；$n=3$ 是三级单调谐放大器电压增益谐振曲线。

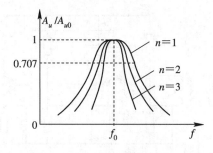

图 3.21 级联放大器谐振曲线

2. 通频带

令式(3-39)等于 0.707，可得 n 级级联放大器的总通频带

$$\text{BW}_{0.7} = \sqrt{2^{\frac{1}{n}} - 1} \, \frac{f_0}{Q_L} \tag{3-40}$$

式中，f_0/Q_L 是单级单调谐放大器通频带；$\sqrt{2^{\frac{1}{n}} - 1}$ 是频带缩小因子。下表列出不同 n 值时缩小因子的大小：

n	1	2	3	4	5	$\cdots$
$\sqrt{2^{\frac{1}{n}} - 1}$	1	0.64	0.51	0.43	0.39	$\cdots$

可见，级联后通频带按 $\sqrt{2^{\frac{1}{n}} - 1}$ 倍数减小。

3. 选择性

令式(3-39)等于0.1，可得 n 级级联放大器总通频带 $\mathrm{BW}_{0.1}$ 为

$$\mathrm{BW}_{0.1} = \sqrt{100^{\frac{1}{n}} - 1} \frac{f_0}{Q_L}$$

将上式与式(3-40)相比，得矩形系数为

$$K_{0.1} = \frac{\mathrm{BW}_{0.1}}{\mathrm{BW}_{0.7}} = \frac{\sqrt{100^{\frac{1}{n}} - 1}}{\sqrt{2^{\frac{1}{n}} - 1}} \tag{3-41}$$

下表列出了不同 n 值时矩形系数的大小。由表可以看出，级数越大，矩形系数越接近1。

n	1	2	3	4	5	6
$K_{0.1}$	9.95	4.66	3.75	3.4	3.2	3.1

总之，在多级级联放大器中，级联后放大器的总电压增益比单级放大器的电压增益大，选择性好，但总通频带比单级放大器通频带窄。如果要保证总的通频带与单级时的一样，则必须通过减小每级回路有载 Q 值，以加宽各级放大器的通频带的方法来弥补。对于图3.21所示的曲线，级数增加，选择性有所提高，但是当 $n > 3$ 时，选择性改善程度不明显。所以说，靠增加级数来改善选择性是有限的。

3.2.3　双调谐回路谐振放大器

双调谐回路放大器具有较好的选择性、较宽的通频带，并能较好地解决增益与通频带之间的矛盾，因而它被广泛地用于高增益、宽频带、选择性要求高的场合。但双调谐回路放大器的调整较为困难。

双调谐回路放大器如图3.22(a)所示，图中，$L_1 C_1$ 与 $L_2 C_2$ 组成双调谐耦合回路，作为晶体管 V_1 的集电极交流负载。晶体管 V_1 的集电极在初级线圈的接入系数为 n_1；晶体管 V_2 的基极在次级线圈的接入系数为 n_2。假设初、次级回路本身的损耗都很小，可以忽略，则双调谐放大器的等效电路如图3.22(b)所示。为了讨论方便，将晶体管 V_1 中的 $Y_{fe}\dot{U}_i$、g_{oe}、C_{oe} 折算到 $L_1 C_1$ 中；将晶体管 V_2 中的 g_{ie}、C_{ie} 折算到 $L_2 C_2$ 中，可得图3.22(c)。

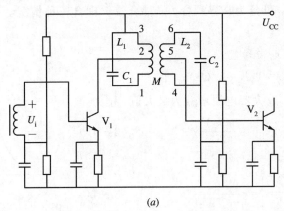

(a)

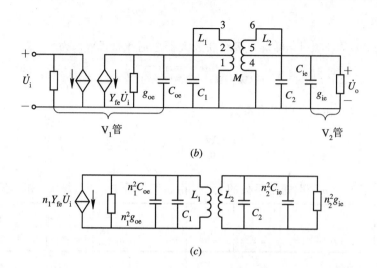

(b)

(c)

图 3.22　双调谐回路放大器

设初、次级回路都调谐在同一个中心频率 f_0 上，并且两个回路中的组件都取相同值，即 $L_1 = L_2 = L$、$C_1 = C_2 = C$、$G_1 = G_2 = G$。这样可以方便地计算双调谐回路放大器的主要参数。

1. 电压增益 $\dot{A}_u$

$$|\dot{A}_u| = \left| \frac{\dot{U}_o}{\dot{U}_i} \right| = \frac{n_1 n_2 Y_{fe}}{G_\Sigma} \cdot \frac{\eta}{\sqrt{(1-\xi^2+\eta^2)^2+4\xi^2}} \qquad (3-42)$$

式中

$$\xi = Q_L \frac{2\Delta f}{f_0}$$

为广义失调量；

$$\eta = \frac{\omega M}{r} = K Q_L$$

为耦合因子，其中的

$$K = \frac{M}{\sqrt{L_1 L_2}} = \frac{M}{L}$$

为 L_1、L_2 之间的耦合系数。

对耦合回路来讲，可分为临界耦合、强耦合及弱耦合三种情况。下面对不同耦合时的电压增益进行讨论。

1) 临界耦合时的电压增益

临界耦合条件是 $\eta = 1 (K = 1/Q_L)$。

在谐振时，$\xi = 0$，放大器电压增益为最大值，记为

$$|\dot{A}_{u0}| = \frac{n_1 n_2 Y_{fe}}{2 G_\Sigma} \qquad (3-43)$$

电压增益谐振曲线关系式为

$$\left| \frac{\dot{A}_u}{\dot{A}_{u0}} \right| = \frac{2}{\sqrt{4+\xi^4}} \qquad (3-44)$$

可得 $|A_u/A_{u0}| \sim \xi$ 曲线如图 3.23 所示。

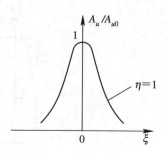

图 3.23　临界耦合时放大器电压
增益谐振曲线

2）强耦合及弱耦合时电压增益

强耦合条件：$\eta>1$；

弱耦合条件：$\eta<1$。

放大器在强耦合及弱耦合条件下的电压增益谐振曲线关系式为

$$\left|\frac{\dot{A}_u}{\dot{A}_{u0}}\right| = \frac{2\eta}{\sqrt{(1-\xi^2+\eta^2)^2+4\xi^2}} \tag{3-45}$$

它们对应的谐振曲线如图 3.24 所示。

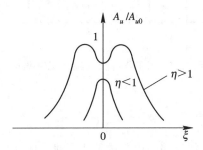

图 3.24　$\eta>1$ 及 $\eta<1$ 时放大器电压增益谐振曲线

从图 3.23 和图 3.24 可以看出，弱耦合时谐振曲线为单峰值；强耦合时谐振曲线为双峰值；临界耦合时，谐振曲线为单峰值且最大。

2. 通频带

令式(3-44)$|\dot{A}_u/\dot{A}_{u0}|=0.707$，得双调谐放大器的通频带

$$BW_{0.7} = \sqrt{2}\,\frac{f_0}{Q_L} \tag{3-46}$$

上式表明双调谐放大器在临界耦合状态时，通频带为单调谐放大器通频带的 $\sqrt{2}$ 倍。

3. 选择性

令式(3-44)$|\dot{A}_u/\dot{A}_{u0}|=0.1$，得

$$BW_{0.1} = \sqrt[4]{100-1}\,\sqrt{2}\,\frac{f_0}{Q_L}$$

将上式与(3-46)式相比，得临界耦合时双调谐放大器的矩形系数：

$$K_{0.1} = \frac{BW_{0.1}}{BW_{0.7}} = \sqrt[4]{100-1} \approx 3.16 \tag{3-47}$$

上式表明双调谐放大器在临界耦合状态时，选择性比单调谐放大器选择性好。

综上所述，双调谐放大器在弱耦合时，其放大器的谐振曲线和单调谐放大器相似，通频带窄，选择性差；在强耦合时，通频带显著加宽，矩形系数变好，但不足之处是谐振曲线的顶部出现凹陷，这就使回路通频带、增益的兼顾较难。解决的方法通常是在电路上采用双—单—双的方式，即用双调谐回路展宽频带，又用单调谐回路补偿中频段曲线的凹陷，使其增益在通频带内基本一致。但在大多数情况下，双调谐放大器是工作在临界耦合状态的。

3.2.4　谐振放大器的稳定性

在讨论放大器的稳定性之前，先分析一下放大器的输入导纳。

1. 放大器的输入导纳

如图 3.25 所示，求放大器输入导纳 Y_i。图中，Y_s 是信号源导纳；Y_L 是集电极总负载导纳。

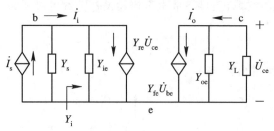

图 3.25 计算 Y_i 的调谐放大器等效电路

放大器输入导纳：

$$Y_i = \frac{\dot{I}_i}{\dot{U}_i} = Y_{ie} - Y_{re}\frac{Y_{fe}}{Y_{oe} + Y_L} = Y_{ie} - Y_i' \tag{3-48}$$

式中，Y_i' 是输出电路通过 Y_{re} 的反馈而引起的输入导纳，称反馈等效导纳；Y_{ie} 是晶体管的输入导纳。

当反向传输导纳 $Y_{re} = 0$ 时，反馈等效导纳 $Y_i' = 0$，放大器的输入导纳等于晶体管的输入导纳，即 $Y_i = Y_{ie}$。显然在这种情况下，放大器输出电路中晶体管的参量 Y_{fe}、Y_{oe} 和集电极负载导纳 Y_L 对放大器输入导纳没有影响。

当反向传输导纳 $Y_{re} \neq 0$ 时，反馈等效导纳 $Y_i' \neq 0$，放大器输入导纳不等于晶体管的输入导纳。这时放大器输出电路中晶体管的参量 Y_{fe}、Y_{oe} 和集电极负载导纳 Y_L 都对放大器的输入导纳有影响。显然，Y_{re} 起到了放大电路的输出回路与输入回路的连接作用。在条件合适时，放大器输出电压可通过 Y_{re} 把一部分信号反馈到输入端，形成自激振荡。即使不发生自激振荡，由于内部反馈随频率变化而变化，它对某些频率可能是正反馈，而对另一些频率则是负反馈，其总结果是使放大器频率特性受到影响，通频带和选择性都有所改变，如图 3.26 所示。从上面的简单分析可以看出，晶体管 Y_{re} 的存在对放大器的稳定性起着不良影响，要设法尽量把它减小或消除。

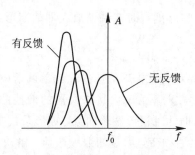

图 3.26 内反馈对谐振曲线的影响

2. 稳定性

从式(3-48)看出，如果加大负载导纳 Y_L，则放大器输入导纳

$$Y_i = Y_{ie} - \frac{Y_{fe}Y_{re}}{Y_{oe} + Y_L} \approx Y_{ie}$$

这样可以认为输出电路对输入电路没有影响，从而消弱了 Y_{re} 的作用。即使 Y_L 有一点变化，它对 Y_i 的影响也是很小的。在实际应用中，应尽量选用增益不太高、Y_{re} 小的晶体管，同时在电路上可采用失配法来减小内反馈的影响。

失配是指：信号源内阻不与晶体管输入阻抗匹配；晶体管输出端负载阻抗不与本级晶体管的输出阻抗匹配。

失配法的典型电路是共发射极—共基极级联放大器。图 3.27 是寻呼机的射频放大电路，图中两个晶体管 V_1、V_2 组成共发射极—共基极级联电路，其等效电路如图 3.28 所示。前一级是共射电路，后一级是共基电路。该电路是利用共基电路输入导纳很大，使得 V_1、V_2 管之间严重失配来减小内反馈的影响，来达到电路稳定的。

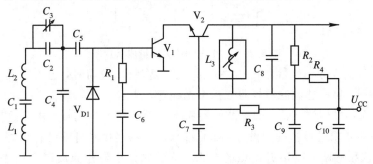

图 3.27　寻呼机的射频放大电路

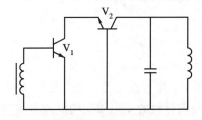

图 3.28　共发射极—共基极级联放大器等效电路

当 V_2 与 V_1 连接时，V_2 管的输入导纳可作为 V_1 管的负载，由于 V_2 的输入导纳很大，晶体管 V_1 的输入导纳 Y_i 中的 Y_L 可以为很大，这时 $Y_i = Y_{ie}$。可见，共射极—共基极级联电路的输出电路对输入端的影响很小。即晶体管内反馈的影响相应地减小，甚至可以不考虑内反馈的影响，因此，放大器的稳定性就得到了提高。

对于共射极—共基极级联电路，虽然共射极电路在负载导纳很大的情况下，电压增益很小，但电流增益仍比较大；共基极电路虽然电流增益小于1，但电压增益却较大。因此，它们相互补充，可使整个级联放大器有较高的功率增益。

必须指出：在此，我们只讨论了内部反馈引起的放大器不稳定，并没有考虑外部其它途径反馈的影响。这些影响有输入、输出之间的空间电磁耦合，公共电源的耦合等。外部反馈的影响在理论上是很难讨论的，必须在去耦电路和工艺结构上采取措施。

3.3　集中选频放大器

前面介绍了几种类型的调谐放大器，它们的线路和性能虽有所不同，但仍有一些共同的特点。在线路上，放大器的每一级都包含有晶体管和调谐回路，即它们既有放大器件，又有选择性电路，后者对指定频率调谐，以保证获得所需的选择性。当放大器的级数较少时，采用这种线路是合适的。但是，在要求放大器的频带宽、增益高时，采用多级调谐放大器，就会暴露出一些缺点。因为每一级都要有调谐回路，元件多，调整麻烦，工作也不容易稳定。采用集中放大和滤波的集中滤波选频放大器，则可以在比较方便地获得高增益的同时，提供一个良好的选频特性。由于集成电路的迅速发展，尤其是在宽频带、高增益线性集成电路出现以后，高增益的集中选频放大器性能有了很大的提高，因此被广泛地应用。

集中选频放大器构成如图 3.29 所示，它由两部分组成，一部分是宽频带放大器，另一部分是集中选频滤波器。

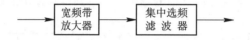

图 3.29　集中选频放大器组成示意图

宽频带放大器一般由线性集成电路构成，当工作频率较高时，也可用其它分立元件宽频带放大器构成。集中选频滤波器可以由多节电感、电容串并联回路构成的 LC 滤波器构成，也可以由石英晶体滤波器、陶瓷滤波器和声表面波滤波器构成。由于这些滤波器可以根据系统的性能要求进行精确的设计，而且在与放大器连接时可以设置良好的阻抗匹配电路，因此，其选频特性可以接近理想的要求。下面先介绍陶瓷滤波器和声表面波滤波器，然后介绍集中选频放大器的应用。

3.3.1　集中选频滤波器

1. 陶瓷滤波器

在通信、广播等接收设备中，陶瓷滤波器有着广泛的应用。

陶瓷滤波器是利用某些陶瓷材料的压电效应构成的滤波器，常用的陶瓷滤波器是由锆钛酸铅 $[Pb(ZrTi)O_3]$ 压电陶瓷材料（简称 PZT）制成的。

在制造时，陶瓷片的两面涂以银浆（一种氧化银），加高温后还原成银，且牢固地附着在陶瓷片上，形成两个电极；再经过直流高压极化后，便具有和石英晶体相类似的电压效应。因此，它可以代替石英晶体作滤波器用。与其它滤波器相比，陶瓷容易焙烧，可制成各种形状，适合滤波器的小型化；而且耐热性、耐湿性好，很少受外界条件的影响。它的等效品质因数 Q_L 值为几百，比 LC 滤波器的高，但比石英晶体滤波器的低。因此，它作滤波器时，通频带没有石英晶体的那样窄，选择性也比石英晶体滤波器的差。

所谓压电效应，就是指当陶瓷片发生机械变形时，例如拉伸或压缩，它的表面就会出现电荷；而当陶瓷片两电极加上电压时，它就会产生伸长或压缩的机械变形。这种材料和其它弹性体一样，具有惯性和弹性，因而存在着固有振动频率。当固有振动频率与外加信号频率相同时，陶瓷片就产生谐振，这时机械振动的幅度最大，相应地，在陶瓷片表面上产生的电荷量也最大，因而外电路中的电流也最大。这表明压电陶瓷片具有串联谐振的特性，其等效电路和电路符号如图 3.30(a)、(b) 所示。图中 C_0 为压电陶瓷片的固定电容值，L_q、C_q、r_q 分别相当于机械振动时的等效质量、等效弹性系数和等效阻尼。压电陶瓷片的厚度、半径等尺寸不同时，其等效电路参数也就不同。

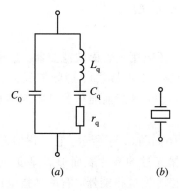

图 3.30　压电陶瓷片等效电路和电路符号

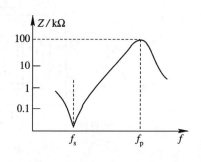

图 3.31　陶瓷片的阻抗频率特性

从图 3.30 电路可见，陶瓷片具有两个谐振频率，一个是串联谐振频率 f_s，另一个是并联谐振频率 f_p，

$$f_s = \frac{1}{2\pi \sqrt{L_q C_q}} \qquad (3-49)$$

$$f_p = \frac{1}{2\pi \sqrt{L_q \dfrac{C_0 C_q}{C_0 + C_q}}} \qquad (3-50)$$

在串联谐振频率时，陶瓷片的等效阻抗最小；在并联谐振频率时，陶瓷片的等效阻抗为最大。其阻抗频率特性如图 3.31 所示。

如将陶瓷滤波器连成如图 3.32 所示的形式，即为四端陶瓷滤波器。图 3.32(a) 为由两个陶瓷片组成的四端陶瓷滤波器，图 (b) 和 (c) 分别为由五个陶瓷片和九个陶瓷片组成的四端陶瓷滤波器。陶瓷片数目愈多，滤波器的性能愈好。图 3.33 所示为四端陶瓷滤波器的电路符号。

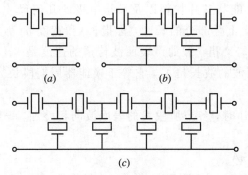
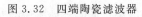

图 3.32　四端陶瓷滤波器

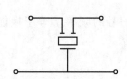

图 3.33　四端陶瓷滤波器的电路符号

在使用四端陶瓷滤波器时，应注意输入、输出阻抗必须与信号源、负载阻抗互相匹配，否则其幅频特性将会变坏，通频带内的响应起伏增大，阻带衰减值变小。陶瓷滤波器的工作频率可以从几百千赫兹到几十兆赫兹，带宽可以做得很窄。其缺点是频率特性曲线较难控制，生产一致性较差，通频带也往往不够宽。采用石英压电晶体片做滤波器可取得更好的频率特性，其等效品质因数比陶瓷片高得多，但由于石英晶体片滤波器价格比较高，只

有在质量要求较高的通信设备中才使用。

2. 声表面波滤波器

目前，在高频电子线路中，还应用声表面波滤波器。这种滤波器具有体积小、重量轻、性能稳定、工作频率高（几兆赫兹～1吉赫兹）、通频带宽、特性一致性好、制造简单、适于批量生产等特点，近年来发展很快，是当前通信、广播等接收设备中主要采用的一种选择性滤波器。

声表面波滤波器结构示意图如图 3.34 所示。它以铌酸锂、锆钛酸铅或石英等压电材料为基片，利用真空蒸镀法，在抛光过的基片表面形成厚度约为 10 μm 的铝膜或金膜电极，称其为叉指电极。左端叉指电极为发端换能器，右端叉指电极为收端换能器。

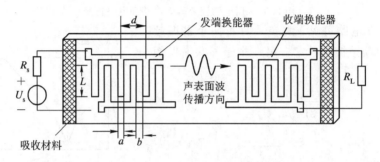

图 3.34　声表面波滤波器结构示意图

声表面波滤波器工作原理是：当把输入信号加到发端换能器上时，叉指间便产生交变电场，在基片表面和不太深的内部便会产生弹性变形，形成声表面波，它沿着垂直于电极轴向的两个方向传播。向左传播的声表面波将被涂于基片左端的吸收材料所吸收；向右传播的声表面波沿着图中箭头方向，从发端到达收端，并通过压电效应作用，在收端换能器的叉指电极对其产生电信号，并传送给负载。

声表面波滤波器的中心频率、通频带等性能与基片材料以及叉指电极的几何尺寸和形状有关。图 3.34 所示是一种长度 L（两叉指重叠部分的长度，称指长）和宽度 a（称指宽）以及指距 b 均为一定值的结构，称其为均匀叉指。假如声表面波传播的速度是 v，可得 $f_0 = v/d$，即换能器的频率为 f_0 时，声表面波的波长是 λ_0，它等于换能器周期段长 d，$d = 2(a+b)$。

当输入信号的频率 f 等于换能器的频率 f_0 时，各节所激发的表面波同相叠加，振幅最大，可写成

$$A_s = nA_0 \tag{3-51}$$

式中，A_0 是每节所激发的声波强度振幅值，n 是叉指条数（有 $N = n/2$ 个周期段），A_s 是总振幅值。这时的信号频率为换能器的频率 f_0，称为谐振频率。当信号频率偏离 f_0 时，换能器各节电极所激发的声波强度振幅值基本不变，但相位有变化。这时振幅—频率特性曲线如图 3.35 所示。

为了获得理想矩形频率特性的滤波器，可采用非均匀叉指换能器，如图 3.36 所示。图中发端换能器的指宽相等，各指的指距也相等，但重叠部分的指长按一定函数规律变化。这种根据某一函数变化规律设计出的指长分布不同的叉指换能器，称为长度加权结

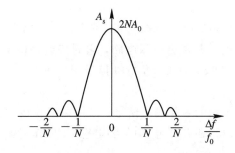

图 3.35 均匀叉指换能器的振幅—频率特性曲线

构。也可以维持各叉指电极长度不变，而使其宽度随某一函数规律而变化，称为宽度加权结构。

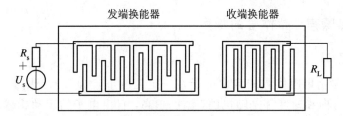

图 3.36 非均匀叉指换能器

为了保证对信号的选择性要求，声表面波滤波器接入实际电路时，必须实现良好的阻抗匹配。

3.3.2 集中选频放大器的应用

图 3.37 是寻呼机射频接收电路的一部分原理图。

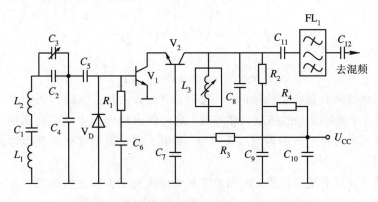

图 3.37 寻呼机射频接收电路的一部分原理图

1）天线

L_1、L_2 是一个双环路金属板天线，C_1、C_2 和微调电容 C_3 为其调谐电容，其作用是提高接收机的选择性。从天线接收到的射频信号通过由 C_4 和 C_5 组成的阻抗匹配网络耦合到射频放大器输入端。

2）射频放大器

从天线输入的射频信号由射频放大器放大。放大器是包含 V_1 和 V_2 及有关元件的级联电路。V_1 和 V_2 组成共射极—共基极级联电路，它的特点是稳定且反馈最小，因此，在电路中无需中和。V_D 是保护二极管，防止负脉冲信号损坏 V_1。

3）带通滤波器

带通滤波器用来滤除无用的射频输入信号，以提高接收机的抗扰性。其电路包括声表面波射频带通滤波器 FL_1、C_8 和 L_3。电容 C_8 和电感 L_3 用作射频放大器和滤波器之间的阻抗匹配。

3.4 放大器的噪声

3.4.1 电阻热噪声、晶体管的噪声

1. 电阻热噪声

电阻热噪声是由电阻体内的自由电子在一定温度下，处于无规则的热运动状态引起的。这种运动的方向和速度都是随机的，温度越高，自由电子的运动就越剧烈。电阻内大量自由电子进行无规则的热运动，产生的窄脉冲电流相叠加，这形成了电阻的噪声电流。由于这种噪声是自由电子的热运动所产生的，通常把它称为电阻热噪声。在足够长的时间内，其电流平均值等于零，而瞬时值是上下波动的，称为起伏电流。起伏电流流经电阻 R 时，电阻两端就会产生噪声电压 u_n 和噪声功率。图3.38 所示为电阻噪声电压波形。

图 3.38 电阻噪声电压波形

电阻的起伏噪声具有极宽的频谱，从零频率开始，一直延伸到 $10^{13} \sim 10^{14}$ Hz 以上的频率，而且它的各个频率分量的强度是相等的。这种频谱和光学中的白色光谱类似，因为后者为一个包括所有可见光谱的均匀连续光谱，所以人们也就把这种具有均匀连续频谱的噪声叫作白噪声。

由于起伏噪声具有随机性质，因而对它只能用统计的方法进行研究，即描述其统计特性。这里我们只研究它的宏观表现，即用均方值的方法进行研究。

在单位频带内，电阻所产生的热噪声电压的均方值为

$$S(f) = 4kTR \quad (\text{V}^2/\text{Hz}) \qquad (3-52)$$

式中，k 为玻耳兹曼常数，为 1.38×10^{-23} J/K；T 为热力学温度，单位为 K，绝对温度 $T(\text{K})$ 与摄氏温度 $T(℃)$ 间的关系为

$$T(\text{K}) = T(℃) + 273$$

$S(f)$ 称为噪声功率谱密度。

电阻热噪声频谱很宽，但只有位于放大器通频带 Δf 内那一部分噪声功率才能通过放大器得到放大。能通过放大器的电阻热噪声电压的均方值为

$$\overline{U_n^2} = 4kTR\Delta f_n \tag{3-53}$$

因此，噪声电压的有效值（噪声电压）为

$$U = \sqrt{\overline{U_n^2}} = \sqrt{4kTR\Delta f_n} \tag{3-54}$$

上面所讨论的是以金属导体作电阻（如金属膜电阻、线绕电阻）产生热噪声的情况，但对于碳膜电阻、碳质电阻等除会产生上述热噪声外，还会因碳粒之间的放电和表面效应等产生噪声，因而这类电阻的噪声较大。

一个实际电阻在电路中，可以用一个理想的电阻和一个均方值为 $\overline{U_n^2}$ 的噪声电压源相串联的电路来等效，如图 3.39(b) 所示。也可以用一个理想的电导和一个均方值为 $\overline{I_n^2}$ 的噪声电流源相并联的电路来等效，如图 3.39(c) 所示。

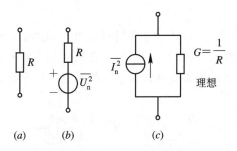

图 3.39　电阻热噪声等效电路

在图 3.39 中，

$$\overline{U_n^2} = 4kTR\Delta f_n, \qquad \overline{I_n^2} = 4kTG\Delta f_n$$

在由多个电阻组成的电路中，每个电阻都将引入一个噪声源，每个电阻噪声源都是独立的，并且所有电阻都处在同一温度。当几个电阻串联时，总噪声电压的均方值就等于各个电阻产生的噪声电压均方值之和。当几个电阻并联时，总噪声电流均方值等于各个电阻产生的噪声电流均方值之和。

2. 晶体管的噪声

晶体管的噪声一般比电阻热噪声大，它有四种形式。

1）热噪声

和电阻相同，在晶体管中，电子不规则的热运动也会产生热噪声。其中基极电阻 $r_{bb'}$ 所引起的热噪声最大，发射极和集电极电阻的热噪声一般很小，可以忽略。所以 $r_{bb'}$ 产生的热噪声电压均方值为

$$\overline{U_{bb'n}^2} = 4kTr_{bb'}\Delta f_n \tag{3-55}$$

2）散粒噪声

散粒噪声是晶体管的主要噪声源。散粒噪声这个词是沿用电子管噪声中的词。在二极管和三极管中都存在散粒噪声。

当 PN 结加上正向电压后，电流流通。这种电流是由于载流子运动而形成的。在单位时间内通过 PN 结的载流子数目随机起伏，使得通过 PN 结的电流在平均值上下作不规则的起伏变化而形成噪声，我们把这种噪声叫做散粒噪声。

晶体三极管是由两个 PN 结构成的,当晶体管处于放大状态时,发射结为正向偏置,发射结所产生的散粒噪声较大;集电结为反向偏置,集电结所产生的散粒噪声可忽略不计。发射结散粒噪声电流均方值为

$$\overline{I_{en}^2} = 2qI_E \Delta f_n \qquad (3-56)$$

式中,q 为电子的电量。

3)分配噪声

晶体管发射区注入到基区的多数载流子,大部分到达集电极,成为集电极电流,而小部分在基区内被复合,形成基极电流。这两部分电流的分配比例是随机的,因而造成通过集电结的电流在静态值上下起伏变化,引起噪声,把这种噪声称为分配噪声。晶体管集电极分配噪声电流均方值为

$$\overline{I_{cn}^2} = 2qI_C \Delta f \left(1 - \frac{|a|^2}{a_0}\right) \qquad (3-57)$$

4)闪烁噪声

闪烁噪声又称低频噪声。一般认为这种噪声是由于晶体管清洁处理不好或有缺陷造成的。其特点是频谱集中在低频(约 1 kHz 以下),在高频工作时通常可不考虑它的影响。

综合上述讨论,可画出晶体管共基极接法时噪声的等效电路,如图 3.40 所示。

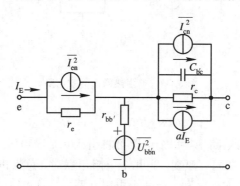

图 3.40　晶体管共基极接法时噪声等效电路

3. 场效应管的噪声

场效应管的噪声主要是由场效应管沟道电阻产生的热噪声、栅极漏电流产生的散粒噪声、表面处理不当引起的闪烁噪声。一般说来,场效应管的噪声比晶体管的噪声低。

3.4.2　噪声系数

研究噪声的目的在于设法减少它对信号的影响。因此,离开信号谈噪声是无意义的。噪声对信号影响的效果,不在于噪声电平绝对值的大小,而在于信号功率与噪声功率的相对值,即信噪比,记为 S/N(信号功率/噪声功率)。即使噪声电平绝对值很高,但只要信噪比达到一定要求,噪声影响就可忽略。否则,即使噪声绝对电平低,由于信号电平更低,即信噪比低于 1,则信号仍然会被淹没在噪声中而无法辨别。因此,信噪比是描述信号抗噪声质量的一个物理量。

1. 噪声系数的定义

要描述放大系统固有噪声的大小，就要用到噪声系数。噪声系数定义为

$$N_\mathrm{F} = \frac{\text{输入端信噪比}}{\text{输出端信噪比}}$$

研究放大系统噪声系数的等效图如图 3.41 所示。其中，U_s 为信号源电压；R_s 为信号源内阻；$\overline{U_\mathrm{n}^2}$ 为 R_s 热噪声等效电压均方值；R_L 为负载。

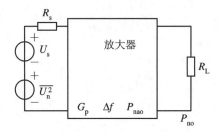

图 3.41　描述放大器噪声系数的等效图

设 P_i 为信号源的输入信号功率，P_ni 为信号源内阻 R_s 产生的噪声功率，设放大器的功率增益为 G_p、带宽为 Δf，其内部噪声在负载上产生的功率为 P_nao；P_o 和 P_no 分别为信号和信号源内阻在负载上所产生的输出信号功率和输出噪声功率。

任何放大系统都是由导体、电阻、电子器件等构成的，其内部一定存在噪声。由此不难看出，放大器以功率增益 G_p 放大信号功率 P_i 的同时，它也以同样的功率增益放大输入噪声功率 P_ni。此外，由于放大器系统内部有噪声，它必然在输出端造成影响。因此，输出信噪比要比输入信噪比低。N_F 反映出放大系统内部噪声的大小。噪声系数可由下式表示：

$$N_\mathrm{F} = \frac{(S/N)_\mathrm{i}}{(S/N)_\mathrm{o}} = \frac{P_\mathrm{i}/P_\mathrm{ni}}{P_\mathrm{o}/P_\mathrm{no}}$$

或

$$N_\mathrm{F}(\mathrm{dB}) = 10\,\lg\left(\frac{P_\mathrm{i}/P_\mathrm{ni}}{P_\mathrm{o}/P_\mathrm{no}}\right)$$

(3-58)

噪声系数通常只适用于线性放大器，因为非线性电路会产生信号和噪声的频率变换，噪声系数不能反映系统附加的噪声性能。由于线性放大器的功率增益

$$G_\mathrm{p} = \frac{P_\mathrm{o}}{P_\mathrm{i}}$$

所以式(3-58)可写成

$$N_\mathrm{F} = \frac{P_\mathrm{i}/P_\mathrm{ni}}{P_\mathrm{o}/P_\mathrm{no}} = \frac{P_\mathrm{i}}{P_\mathrm{o}}\,\frac{P_\mathrm{no}}{P_\mathrm{ni}} = \frac{P_\mathrm{no}}{G_\mathrm{p}P_\mathrm{ni}}$$

(3-59)

式中，$G_\mathrm{p}P_\mathrm{ni}$ 为信号源内阻 R_s 产生的噪声经放大器放大后，在输出端产生的噪声功率；而放大器输出端的总噪声功率 P_no 应等于 $G_\mathrm{p}P_\mathrm{ni}$ 和放大器本身噪声在输出端产生的噪声功率 P_nao 之和，即

$$P_\mathrm{no} = P_\mathrm{nao} + G_\mathrm{p}P_\mathrm{ni}$$

(3-60)

显然，$P_\mathrm{no} > G_\mathrm{p}P_\mathrm{ni}$，故放大器的噪声系数总是大于 1 的。理想情况下，$P_\mathrm{nao} = 0$，噪声系数 N_F 才可能等于 1。

将式(3-60)代入式(3-59)，则得

$$N_F = 1 + \frac{P_{nao}}{G_p P_{ni}} \qquad (3-61)$$

2. 信噪比与负载的关系

设信号源内阻为 R_s，信号源的电压为 U_s（有效值），当它与负载电阻 R_L 相接时，在负载电阻 R_L 上的信噪比计算如下：

信号源在 R_L 上的功率

$$P_o = \left(\frac{U_s}{R_s + R_L}\right)^2 R_L$$

信号源内阻噪声在 R_L 上的功率

$$P_{no} = \left(\frac{\overline{U_n^2}}{(R_s + R_L)^2}\right) R_L$$

在负载两端的信噪比

$$\left(\frac{S}{N}\right)_o = \frac{P_o}{P_{no}} = \frac{U_s^2}{\overline{U_n^2}}$$

结论：信号源与任何负载相接并不影响其输入端信噪比，即无论负载为何值，其信噪比都不变，其值为负载开路时的信号电压平方与噪声电压均方值之比。

3. 用额定功率和额定功率增益表示的噪声系数

放大器输入信号源电路如图 3.42 所示。

任何信号源加上负载后，其信噪比与负载大小无关，信噪比均为信号均方电压（或电流）与噪声均方电压（或电流）之比。为了方便地计算噪声系数，可设放大器输入端和输出端阻抗匹配，即 $R_s = R_i$，$R_o = R_L$；放大器输入噪声功率和信号功率均为最大，输出端噪声功率和信号功率也均为最大，称为额定功率。故放大器的噪声系数 N_F 为

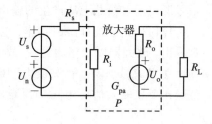

图 3.42　以额定功率表示的噪声系数

$$N_F = \frac{\text{输入端额定功率信噪比}}{\text{输出端额定功率信噪比}} = \frac{P_{ai}/P_{ani}}{P_{ao}/P_{ano}} = \frac{P_{ano}}{G_{pa} P_{ani}}$$

式中，P_{ai} 和 P_{ao} 分别为放大器的输入和输出额定信号功率，P_{ani} 和 P_{ano} 分别为放大器的输入和输出额定噪声功率，G_{pa} 为放大器的额定功率增益。

信号源输入额定噪声功率为

$$P_{ani} = \frac{\overline{U_n^2}}{4R_s} = \frac{4kTR_s\Delta f}{4R_s} = kT\Delta f \qquad (3-62)$$

由此看出，不管信号源内阻如何，它产生的额定噪声功率是相同的，均为 $kT\Delta f$，与阻值大小无关，只与电阻所处的环境温度 T 和系统带宽有关。但信号源额定功率为 $P_{asi} = \frac{U_s^2}{4R_s}$，它随 R_s 增加而减小，这也就是为什么接收机采用低内阻天线的原因。

4. 多级放大器噪声系数的计算

已知各级的噪声系数和各级功率增益，求多级放大器的总噪声系数，如图 3.43 所示。

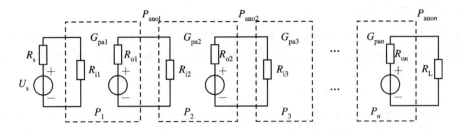

图 3.43　多级放大器噪声系数计算等效图

由噪声系数定义可得

$$P_{\text{ano1}} = N_{\text{F1}} G_{\text{pa1}} kT \Delta f$$

在第二级输出端，由第一级和第二级产生的总噪声

$$P_{\text{ano2}} = G_{\text{pa2}} P_{\text{ano1}} + G_{\text{pa2}} kT \Delta f N_{\text{F2}} - kT \Delta f G_{\text{pa2}}$$
$$= G_{\text{pa2}} G_{\text{pa1}} N_{\text{F1}} kT \Delta f + (N_{\text{F2}} - 1) G_{\text{pa2}} kT \Delta f$$

由于由 R_{o1} 产生的噪声已在 P_{ano1} 中考虑，故这里应减掉，所以第一、二两级的噪声系数为

$$N_{\text{F1-2}} = \frac{G_{\text{pa1}} G_{\text{pa2}} kT \Delta f N_{\text{F1}}}{G_{\text{pa1}} G_{\text{pa2}} kT \Delta f} + \frac{(N_{\text{F2}} - 1) G_{\text{pa2}} kT \Delta f}{G_{\text{pa1}} G_{\text{pa2}} kT \Delta f}$$

$$= N_{\text{F1}} + \frac{N_{\text{F2}} - 1}{G_{\text{pa1}}} \qquad (3-63)$$

同理，可以导出多级放大器的总噪声系数计算公式为

$$N_{\text{F1-}n} = N_{\text{F1}} + \frac{N_{\text{F2}} - 1}{G_{\text{pa1}}} + \frac{N_{\text{F3}} - 1}{G_{\text{pa1}} G_{\text{pa2}}} + \frac{N_{\text{F4}} - 1}{G_{\text{pa1}} G_{\text{pa2}} G_{\text{pa3}}}$$

$$+ \cdots + \frac{N_{\text{F}n} - 1}{G_{\text{pa1}} G_{\text{pa2}} \cdots G_{\text{pa}(n-1)}} \qquad (3-64)$$

上式表明，在多级放大器中，各级噪声系数对总噪声系数的影响是不同的，第一级的噪声系数起决定性作用，越往后影响就越小。因此，要降低整个放大器的噪声系数，最主要的是降低前级(尤其是第一级)的噪声系数，并提高它们的额定功率增益。

5. 等效噪声温度

在某些通信设备中，用等效噪声温度 T_{e} 表示更方便、更直接。热噪声功率与绝对温度成正比，所以可用等效噪声温度来代表设备噪声的大小。噪声温度可定义为：把放大器本身产生的噪声功率折算到放大器输入端时，使噪声源电阻所升高的温度称为等效噪声温度 T_{e}。

设放大器的噪声系数为 N_{F}，噪声源的温度为 T_0，则折算到放大器输入端的噪声功率为 $N_{\text{F}} kT_0 \Delta f$，相当于新的温度为 $N_{\text{F}} T_0$，则它的温升

$$T_{\text{e}} = N_{\text{F}} T_0 - T_0 = (N_{\text{F}} - 1) T_0 \qquad (3-65)$$

可得

$$N_{\text{F}} = 1 + \frac{T_{\text{e}}}{T_0} \qquad (3-66)$$

T_{e} 只代表放大器本身的热噪声温度，与噪声功率大小无关。由上式可知：多级放大器的等效噪声温度为

$$T_{\text{e}} = T_{\text{e1}} + \frac{T_{\text{e2}}}{G_{\text{pa1}}} + \frac{T_{\text{e3}}}{G_{\text{pa1}} G_{\text{pa2}}} + \cdots + \frac{T_{\text{e}n}}{G_{\text{pa1}} G_{\text{pa2}} \cdots G_{\text{pa}n}} \qquad (3-67)$$

6. 晶体管放大器的噪声系数

根据图 3.44 所示的共基极放大器噪声等效电路，可求出各噪声源在放大器输出端所产生的噪声电压均方值总和，然后根据噪声系数的定义，可得到放大器的噪声系数的计算公式

$$N_F = 1 + \frac{r_{bb'}}{R_s} + \frac{r_e}{2R_s} + \frac{(R_s + r_{bb'} + r_e)^2}{2a_0 R_s r_e}\left(\frac{I_{CO}}{I_e} + \frac{1}{\beta_0} + \frac{f^2}{f_0^2}\right) \qquad (3-68)$$

式中，I_{CO} 为集电结的反向饱和电流；其它符号的意义在前面均已介绍过。由式(3-68)可知，放大器噪声系数 N_F 是 R_s 的函数。所以，在低频工作时，选用共发射极电路作为输入级比较有利。在高频工作时，则选用共基极电路作为输入级更好。

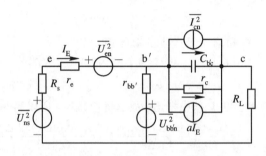

图 3.44　共基极放大器噪声等效电路

3.4.3　降低噪声系数的措施

通过以上分析，我们对电路产生噪声的原因以及影响噪声系数大小的主要原因有了基本了解。现对降低噪声系数的有关措施归纳如下。

1. 选用低噪声元器件

对晶体管而言，应选用 $r_{bb'}$ 和噪声系数小的管子。对电阻元件，则应选用结构精细的金属膜电阻。

2. 选择合适的直流工作点

晶体管放大器的噪声系数与晶体管的直流工作点有较大的关系，选择合适的直流工作点，可降低噪声系数。

3. 选择合适的信号源内阻

信号源内阻与放大电路输出噪声及噪声系数有着密切关系。在较低工作频率时，由于最佳内阻为 $500\sim2000\ \Omega$，与共发射极放大器的输入电阻相近，因而这时宜选用共发射极放大器作为前级放大器，这样可获得最小噪声系数。在较高频率时，最佳内阻为几十到三四百欧姆，此时选用共基极放大器更为合适，这是因为共基极放大器输入电阻较低，与最佳内阻相近。

4. 选择合适的工作带宽

噪声电压与通带宽度有着密切关系，适当减小放大器的带宽，有助于降低噪声系数。要使系统的噪声系数小，就应使前级放大器增益大，本级噪声系数小。例如，卫星信号的接收系统将低噪声放大器置于室外等措施，就是降低系统噪声的方法。

3.5　实训：高频小信号谐振放大器的仿真与性能分析

利用 PSpice 仿真技术来完成对高频小信号谐振放大器的测试及性能分析。

范例：分析并观察高频小信号谐振放大器的输出波形

步骤一　绘出电路图

(1) 请建立一个项目 CH2，然后绘出如图 3.45 所示的电路图。其中 V1 为正弦交流电压源(VSIN/SOURCE)，V2 为直流电源(VDC/SOURCE)，Q1 为晶体管(2N2222/BJN)。

(2) 将图中的其它元件编号和参数按图中设置。

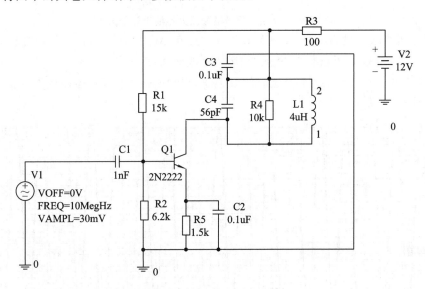

图 3.45　高频小信号谐振放大器电路

步骤二　瞬态分析

(1) 创建瞬态分析仿真配置文件，设定瞬态分析参数：Run to time(仿真运行时间)设置为 6 μs，Start saving data after(开始存储数据时间)设置为 4 μs，Maximum step size(最大时间增量)设置为 1 ns。

(2) 启动仿真，观察瞬态分析输出波形。

① 设计的电路图形文件若是可以顺利地完成仿真，就会自动打开波形窗口。这是一个空图，X 轴变量已经按照我们前面的参数设置为 4 μs ～6 μs，Y 轴变量则等待着我们的选择输入。

② 在波形窗口中选择 Trace→Add Trace 打开 Add Trace 对话框。请在窗口下方的 Trace Expression 栏处用鼠标选择或直接由键盘输入字符串"V(L1:1,L1:2)"。再用鼠标选"OK"退出 Add Trace 窗口。这时的波形窗口应和图 3.46 相似。这个图反应了高频小信号谐振放大器输出端的波形。

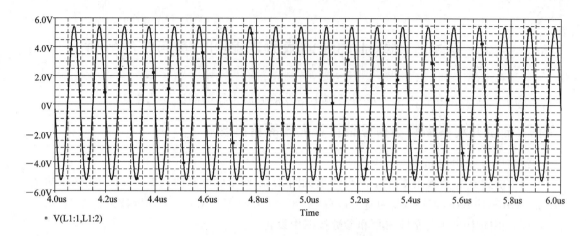

图 3.46　高频小信号谐振放大器输出端的波形

③ 在波形窗口中选择 Trace→Add Trace 打开 Add Trace 对话框。请在窗口下方的 Trace Expression 栏处用鼠标选择或直接由键盘输入字符串"V（V1：＋)"。再用鼠标选 "OK"按钮退出 Add Trace 窗口。这时的波形窗口出现高频小信号谐振放大器输入信号的波形,如图 3.47 所示。

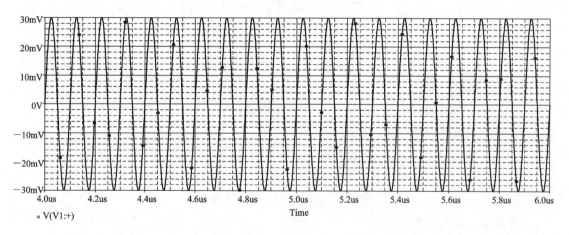

图 3.47　高频小信号谐振放大器输入信号的波形

④ 根据图 3.46、图 3.47 可读取波形峰值,并计算出高频小信号谐振放大器的电压增益。

步骤三　交流分析

（1）创建交流分析仿真配置文件,设置交流分析参数:选择 Logarithmic→Decade,设置 Start Frequency（仿真起始频率）为 1 MHz, End Frequency（仿真终止频率）为 100 MHz,设置 Points→Decade（十倍频程扫描记录）1000 点。

（2）启动仿真,观察交流分析输出波形。

① 设计的电路图形文件若是可以顺利地完成仿真,就会自动打开波形窗口。在波形窗口中,X 轴变量已经按照我们前面的参数设置为 1 MHz～100 MHz,Y 轴变量则等待着我们的选择输入。

② 在波形窗口中选择 Trace→Add Trace 打开 Add Trace 对话框。请在窗口下方的

Trace Expression 栏处用鼠标选择或直接由键盘输入字符串"V(L1:1,L1:2)"。再用鼠标选"OK"按钮退出 Add Trace 窗口。这时的波形窗口应和图 3.48 相似。这个图反应了高频小信号谐振放大器的幅频特性曲线。

③ 由图 3.48 可读出高频小信号谐振放大器的中心频率。

④ 计算通频带：从菜单中选择 Trace → Evaluate Measurement（评估测量），弹出 Evaluate Measurement 窗口。选择右边第一个功能函数 Bandwidth(1,db_level)，第一个参数填 V(L1:1,L1:2)，第二个参数填 3，或者直接在最下方 Trace Expression 栏处输入 "Bandwidth(V(L1:1,L1:2),3)"。再用鼠标选"OK"按钮退出 Evaluate Measurement 窗口。此时将弹出 Measurement Results（测量结果）窗口，即可读出通频带的值。

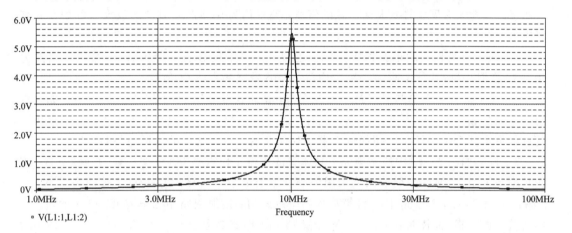

图 3.48　高频小信号谐振放大器的幅频特性曲线

思考题与习题

3-1　高频小信号放大器的主要性能指标有哪些？各技术指标之间的相关关系是什么？如何综合考虑各技术指标？

3-2　对小信号谐振放大器的主要要求是什么？小信号谐振放大器有哪些类型？

3-3　高频谐振放大器中，造成工作不稳定的主要因素是什么？它有哪些不良影响？为使放大器稳定工作应采取哪些措施？

3-4　相对于单级小信号谐振放大器，多级小信号谐振放大器的总通频带如何变化？总放大倍数如何变化？

3-5　为了降低多级放大器的噪声系数，一般对第一级放大器有何要求？

3-6　晶体管的噪声一般由几部分组成，分别是什么？有什么特点？

3-7　采用双调谐回路的优缺点是什么？

3-8　说明集中选频放大器的特点。

3-9　影响谐振放大器稳定性的因素是什么？反馈导纳的物理定义是什么？

3-10　解决小信号选频放大器通频带与选择性之间矛盾的途径有哪些？

3-11　已知并联谐振回路的 $L=1\ \mu H$，$C=20\ pF$，$Q_0=100$，求该并联回路的谐振频率 f_P、谐振电阻 R_P 及通频带 $BW_{0.7}$。

3-12　已知并联谐振回路的 $f_0=10\ MHz$，$C=50\ pF$，通频带 $BW_{0.7}=150\ kHz$，求电感 L 和品质因数 Q_0，以及 $\Delta f=600\ kHz$ 时的电压衰减倍数。若把 $BW_{0.7}$ 加宽至 $300\ kHz$，应在回路两端再并联上一个多大的电阻？

3-13　对于收音机的中频放大器，中心频率 $f_0=465\ kHz$，$BW_{0.7}=8\ kHz$，回路电容 $C=200\ pF$，试计算回路电感 L 和有载品质因数 Q_L。若电感线圈的 $Q_0=100$，在回路上应并联多大的电阻才能满足要求？

3-14　某谐振放大器为四级级联，已知谐振时单级增益均为 40，通频带为 $60\ kHz$，求四级总增益及带宽。若要求保持总的带宽不变，仍为 $60\ kHz$，则单级放大器的增益和带宽应如何调整？

3-15　三级相同的单调谐中频放大器级联，工作频率 $f_0=450\ kHz$，总电压增益为 $60\ dB$，总带宽为 $8\ kHz$，求每一级的增益、$3\ dB$ 带宽和有载 Q_L 值。

3-16　设有一级单调谐回路中频放大器，其通频带 $BW_{0.7}=4\ MHz$，$A_{u0}=10$。如果再用一级完全相同的放大器与之级联，这时两级中放总增益和通频带各为多少？若要求级联后总频带宽度为 $4\ MHz$，问每级放大器应如何改变？改变之后的总增益是多少？

3-17　如题 3-17 图所示电路，晶体管的直流工作点是 $U_{CE}=+8\ V$、$I_E=2\ mA$，工作频率 $f_0=10.7\ MHz$；调谐回路采用中频变压器 $L_{13}=4\ \mu H$、$Q_0=100$，其抽头为 $N_{23}=5$ 圈，$N_{13}=20$ 圈，$N_{45}=5$ 圈，计算放大器下列各值：谐振回路中的电容 C、电压增益、功率增益、通频带。晶体管在 $U_{CE}=8\ V$、$I_E=2\ mA$ 时参数是：$g_{ie}=2860\ \mu S$，$C_{ie}=19\ pF$，$g_{oe}=200\ \mu S$，$C_{oe}=7\ pF$，$\varphi_{fe}=-45°$，$|Y_{fe}|=45\ mS$，$|Y_{re}|=0.31\ mS$，$\varphi_{re}=-88.5°$。

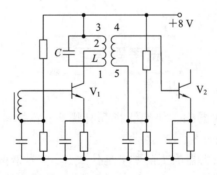

题 3-17 图

3-18　有 A、B、C 三个匹配放大器，放大器 A 的功率增益为 $6\ dB$，噪声系数为 1.7；放大器 B 的功率增益为 $12\ dB$，噪声系数为 2.0；放大器 C 的功率增益为 $20\ dB$，噪声系数为 4.0。试将这三个放大器级联，用于放大小信号。以怎样的顺序连接才能保证总噪声系数最小？其数值是多少？

3-19　小信号单调谐放大器交流通路如题 3-19 图所示。若要求谐振频率 $f_0=10.7\ MHz$，通频带 $BW_{0.7}=500\ kHz$，谐振时电压放大倍数 $A_{u0}=100$，在静态工作点和谐振频率点测得三极管的 Y 参数为：$y_{ie}=(2+j0.5)mS$，$y_{re}\approx0$，$y_{fe}=(20-j5)mS$，$y_{oe}=(20+j40)\mu S$，若线圈 $Q=60$，试计算谐振回路参数 L、C 和外接电阻 R 的值。

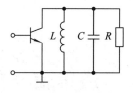

题 3-19 图

3-20　设计同步调谐多级单调谐谐振放大器，要求：$f_0 = 10.7$ MHz，中心频率处的电压增益 $A_{u0} \geqslant 60$ dB，通频带 $BW_{0.7} \geqslant 100$ kHz，失谐在 ± 250 kHz 时的衰减不小于 10 倍，已知谐振回路空载品质因数 $Q = 100$，当 $I_{CQ} = 0.8$ mA，$U_{CEQ} = 12$ V 时，测得三极管的 Y 参数为 $y_{fe} = 30$ mS，$y_{re} \approx 0$，$g_{oe} = 150$ μS，$C_{oe} = 4$ pF，$g_{ie} = 1$ mS，$C_{ie} = 50$ pF。

3-21　某中频放大器线路如题 3-21 图所示。已知放大器工作频率为 $f_0 = 10.7$ MHz，回路电容 $C = 50$ pF，中频变压器接入系数 $p_1 = N_1/N = 0.35$，$p_2 = N_2/N = 0.03$，线圈品质因数 $Q_0 = 100$。晶体管的 Y 参数（在工作频率下）如下：$g_{ie} = 1.0$ mS，$C_{ie} = 41$ pF，$Y_{re} = -j180$ μS，$Y_{fe} = 40$ mS，$C_{oe} = 4.3$ pF，$g_{oe} = 45$ μS，设后级输入电导也为 g_{ie}，求：（1）回路有载 Q_L 值和通频带 $BW_{0.7}$；（2）稳定工作所需的负载电导；（3）放大器电压增益；（4）中和电容 C_N 的值。

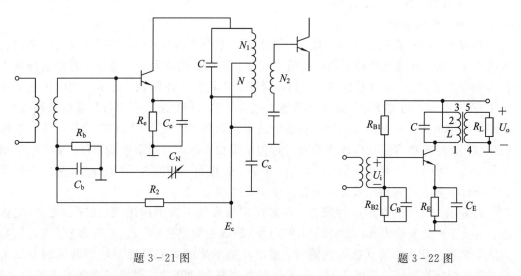

题 3-21 图　　　　　　　　　　　题 3-22 图

3-22　单调谐放大器如题 3-22 图所示。中心频率 $f_0 = 30$ MHz，晶体管工作点电流 $I_{EQ} = 2$ mA，回路电感 $L_{13} = 1.4$ μH，$Q = 100$，匝比 $n_1 = N_{13}/N_{12} = 2$，$n_2 = N_{13}/N_{45} = 3.5$，$g_L = 1.2$ mS，$g_{oe} = 0.4$ mS，$r_{bb'} \approx 0$，试求该放大器的谐振电压增益及通频带。

3-23　用 PSpice 仿真软件分析题 3-17 图所示小信号谐振放大器性能，并求出结果，与计算结果进行比较。

第四章　通信信号的发送

4.1　通信信号的功率放大

　　无论是广播通信，还是其它通信，发射机发射信号都需要有一定的功率。特别是传送信号的距离越远，需要的发送功率越大。在高频电路中，为使待发送的高频信号获得足够的功率，需要设置高频功率放大器。高频功率放大器有三个主要任务：

① 输出足够的功率；

② 具有高效率的功率转换；

③ 减小非线性失真。

　　高频功率放大器的输出功率是从电源供给功率中转换而来的，所以在满足功率输出要求的同时，必须注意提高功率的转换效率。为了提高功率放大器的效率，通常选择放大元件工作在丙类状态。在这种状态下，晶体管处于非线性工作区域，晶体管集电极电流通角小于 90°。工作在丙类状态下的晶体管输出电流与输入信号之间存在着严重的非线性失真，在高频功率放大器中采用谐振选频负载方法来滤除非线性失真，以获得接近正弦波的输出电压波形，这一类高频功率放大器通常称为窄带功率放大器或谐振功率放大器。窄带信号是指带宽远小于中心频率的信号。例如，中波广播电台的带宽为 10 kHz，如果中心频率为 1000 kHz，则它的相对频带宽度只相当于中心频率的 1%。

　　在要求非线性失真很小的场合，高频功率放大器不宜采用丙类（或丁、戊类）工作状态。为了不产生波形失真，就要采用甲类（前级）或乙类推挽（后级）工作状态。当高频功率放大器侧重于获得不失真放大性能时，输出功率不足的缺陷可通过功率合成的办法来补偿。对已调幅波进行功率放大时，通常选择本级高频功率放大器为乙类工作状态。这时，既可避免波形出现失真，又能输出一定的功率电平。

　　根据采用的负载不同，高频功率放大器可分为窄带功率放大器和宽带功率放大器两类。窄带功率放大器以选频网络作负载，功率放大器可工作在丙类状态。宽带功率放大器以宽带传输线变压器作负载，它可解决窄带放大器难于迅速变换选频网的中心频率的问题，宽带放大器的负载不具有滤除谐波的能力。

　　功率放大器不论工作在哪一类状态，对谐波辐射这项指标来说，通常要求不论输出功率多大，在距离发射机 1 km 处的谐波辐射功率不得大于 25 mW。

　　本章首先讨论工作在丙类状态的谐振功率放大器，然后讨论宽带功率放大器——传输线变压器的工作原理，最后讲述倍频器。

4.2　谐振功率放大器

4.2.1　谐振功率放大器的基本工作原理

1. 工作原理

谐振功率放大器的原理电路如图 4.1 所示。

图 4.1 中要求晶体管发射结为零偏置或负偏置。这时电路在输入余弦信号电压 $u_b = U_{bm} \cos\omega t$ 的激励下，晶体管基极和集电极电流为图 4.2(c)、(d) 所示的余弦脉冲波形，其中 θ 是指一个信号周期内集电极电流导通角 2θ 的一半，称之为通角，θ 出现范围在 $-2n\pi-\theta \leqslant \theta \leqslant \theta+2n\pi$。根据通角大小的不同，晶体管工作状态可分为

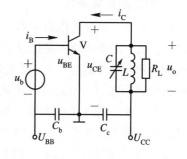

$\theta = 180°$，为甲类工作状态

$\theta = 90°$，为乙类工作状态

$\theta < 90°$，为丙类工作状态

图 4.1　谐振功率放大器的原理电路

图 4.2 所示工作波形表示了功率放大器工作在丙类状态。在丙类工作状态下，$u_{BE} = U_{BB} + U_{bm} \cos\omega t$ 较小，且 $u_{BE} > U_{on}$ 时才有集电极电流流过，故集电极耗散功率小、效率高。

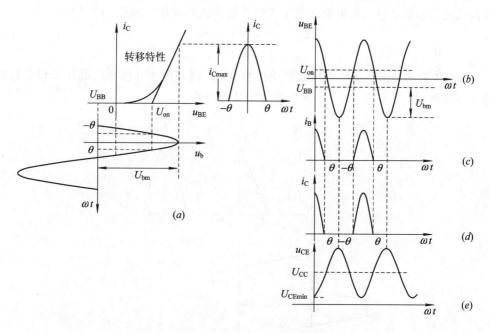

图 4.2　谐振功率放大器各级电压和电流波形

图 4.1 中，输出回路中用 LC 谐振电路作选频网络。这时，谐振功率放大器的输出电压接近余弦波电压，如图 4.2(e) 所示。由于晶体管工作在丙类状态，晶体管的集电极电流 i_C

是一个周期性的余弦脉冲,用傅氏级数展开 i_C,则得

$$i_C = I_{c0} + I_{c1m}\cos\omega t + I_{c2m}\cos2\omega t + \cdots + I_{cnm}\cos n\omega t \qquad (4-1)$$

式中 I_{c0}、I_{c1m}、I_{c2m}、$\cdots$、I_{cnm} 分别为集电极电流的直流分量、基波分量以及各高次谐波分量的振幅。当输出回路的选频网络谐振于基波频率时,输出回路只对集电极电流中的基波分量呈现很大的谐振电阻,而对其它各次谐波分量呈现很小的电抗并可看成短路。这时余弦脉冲形状的集电极电流 i_C 流经选频网络时,只有基波电流才产生电压降,因而输出电压仍近似为余弦波形,并且与输入电压 u_b 同频、反相,如图 4.2(b)、(e)所示。

2. 电路的性能分析

在工程上,对于工作频率不是很高的谐振功率放大器的分析与计算,通常采用准线性折线分析法。准线性放大是指仅考虑集电极输出电流中的基波分量在负载两端产生输出电压的放大作用。所谓折线法,是指用几条直线段来代替晶体管的实际特性曲线,然后用简单的数学解析式写出它们的表示式。将器件的参数代入表示式中,就可进行电路的计算。折线法在分析谐振功率放大器工作状态时,物理概念清楚,方法简便,但其准确度比较差,不过作为工程近似估算已满足要求。

准线性折线分析法的条件如下:

(1)忽略晶体管的高频效应。在此条件下,可以认为功率晶体管在工作频率下只显示非线性电阻特性,而不显示电抗效应。因此,可以近似认为,功率晶体管的静态伏安特性就能代表它在工作频率下的特性。

(2)输入和输出回路具有理想滤波特性。在此条件下,在图 4.1 所示电路中,基极-发射极间电压和集电极-发射极之间电压仍是余弦波形且相位相反,可写为:

$$u_{BE} = U_{BB} + U_{bm}\cos\omega t \qquad (4-2)$$

$$u_{CE} = U_{CC} - U_{cm}\cos\omega t \qquad (4-3)$$

(3)晶体管的静态伏安特性可近似用折线表示。例如图 4.3 所示的晶体管转移特性就采用了折线表示。图中 U_{on} 表示晶体管的起始导通电压。

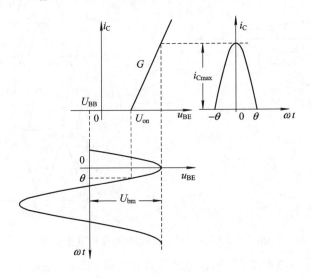

图 4.3   晶体管折线化后的转移特性曲线及 i_C 电流

1）余弦脉冲分解

图 4.3 所示是用晶体管折线化后的转移特性曲线绘出的丙类工作状态下的集电极电流脉冲波形，折线的斜率用 G 表示。

设输入信号为 $u_b = U_{bm} \cos\omega t$，发射结电压为 $u_{BE} = U_{BB} + U_{bm} \cos\omega t$，晶体管折线化后的转移特性为

$$i_C = \begin{cases} 0 & u_{BE} \leqslant U_{on} \\ G(u_{BE} - U_{on}) & u_{BE} > U_{on} \end{cases} \tag{4-4}$$

将 $u_{BE} = U_{BB} + U_{bm} \cos\omega t$ 代入上式，可得

$$i_C = G(U_{BB} + U_{bm} \cos\omega t - U_{on}) \tag{4-5}$$

由图 4.3 可得，当 $\omega t = \theta$ 时，$i_C = 0$，代入式（4-5），可求得

$$0 = G(U_{BB} + U_{bm} \cos\theta - U_{on}) \tag{4-6}$$

$$\cos\theta = \frac{U_{on} - U_{BB}}{U_{bm}} \tag{4-7}$$

$$\theta = \arccos\frac{U_{on} - U_{BB}}{U_{bm}} \tag{4-8}$$

式（4-5）减式（4-6），得

$$i_C = GU_{bm}(\cos\omega t - \cos\theta) \tag{4-9}$$

当 $\omega t = 0$ 时，将 $i_C = i_{Cmax}$ 代入式（4-9），可得

$$i_{Cmax} = GU_{bm}(1 - \cos\theta) \tag{4-10}$$

式（4-9）与式（4-10）相比，可得

$$i_C = i_{Cmax}\frac{\cos\omega t - \cos\theta}{1 - \cos\theta} \tag{4-11}$$

式（4-11）是集电极余弦脉冲电流的解析表达式，它取决于脉冲高度 i_{Cmax} 和通角 θ。利用傅里叶级数将 i_C 展开

$$i_C = I_{c0} + I_{c1} \cos\omega t + I_{c2} \cos2\omega t + \cdots + I_{cn} \cos n\omega t$$

$$= I_{c0} + \sum_{n=1}^{\infty} I_{cn} \cos n\omega t \tag{4-12}$$

求得上式中各次谐波分量

$$I_{c0} = \frac{1}{2\pi}\int_{-\pi}^{\pi} i_C \, d(\omega t) = i_{Cmax}\left(\frac{1}{\pi}\frac{\sin\theta - \theta \cdot \cos\theta}{1 - \cos\theta}\right)$$

$$= \alpha_0(\theta) i_{Cmax} \tag{4-13}$$

$$I_{c1} = \frac{1}{\pi}\int_{-\pi}^{\pi} i_C \cos\omega t \, d(\omega t) = \frac{i_{Cmax}}{\pi}\frac{\theta - \sin\theta \cdot \cos\theta}{1 - \cos\theta}$$

$$= \alpha_1(\theta) i_{Cmax} \tag{4-14}$$

$$I_{cn} = \frac{1}{\pi}\int_{-\pi}^{\pi} i_C \cos n\omega t \, d(\omega t) = \frac{2i_{Cmax}}{\pi}\frac{\sin n\theta \cdot \cos\theta - n \sin\theta \cdot \cos n\theta}{n(n^2-1)(1 - \cos\theta)}$$

$$= \alpha_n(\theta) i_{Cmax} \tag{4-15}$$

式中，α 为余弦脉冲分解系数，其中，α_0 为直流分量分解系数，α_1 为基波分量分解系数，α_n

为 n 次谐波分量分解系数。由式(4 – 13)、式(4 – 14)和式(4 – 15)可见，只要知道电流脉冲的最大值 i_{Cmax} 和通角 θ，就可以计算直流分量、基波分量以及各次谐波分量。图 4.4 给出了通角 θ 与各分解系数的关系曲线。由图可清楚地看到各次谐波分量变化的趋势，谐波次数越高，振幅就越小。因此，在谐振功率放大器中只需研究直流功率及基波功率。

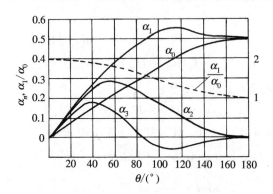

图 4.4　余弦脉冲分解系数与 θ 的关系曲线

放大器的输出功率 P_o 等于集电极电流基波分量在有载谐振电阻 R_P 上的功率，即

$$P_o = \frac{1}{2} I_{c1} U_{cm} = \frac{1}{2} I_{c1}^2 R_P = \frac{1}{2} \frac{U_{cm}^2}{R_P} \qquad (4 - 16)$$

集电极直流电源供给功率 P_{DC} 等于集电极电流直流分量与 U_{CC} 的乘积

$$P_{DC} = U_{CC} \cdot I_{c0} \qquad (4 - 17)$$

放大器集电极效率等于输出功率与直流电源供给功率之比，即

$$\eta_c = \frac{P_o}{P_{DC}} = \frac{1}{2} \frac{U_{cm} I_{c1}}{U_{CC} I_{c0}} = \frac{1}{2} \cdot \xi \frac{\alpha_1(\theta)}{\alpha_0(\theta)} = \frac{1}{2} \xi g_1(\theta) \qquad (4 - 18)$$

式中，$g_1(\theta) = \dfrac{\alpha_1(\theta)}{\alpha_0(\theta)}$ 是波形系数，它随 θ 的变化规律如图 4.4 中虚线所示；$\xi = \dfrac{U_{cm}}{U_{CC}}$ 是集电极电压利用系数；$g_1(\theta)$ 是通角 θ 的函数，θ 越小，$g_1(\theta)$ 越大，放大器的效率也就越高。在具体进行工程计算的时候，$\alpha_n(\theta)$ 的大小可以根据余弦脉冲分解系数表（见附表）查得。在 $\xi = 1$ 的条件下，由式(4 – 18)可求得不同工作状态下放大器效率分别为：

甲类工作状态，$\theta = 180°$，$g_1(\theta) = 1$，$\eta_c = 50\%$；

乙类工作状态，$\theta = 90°$，$g_1(\theta) = 1.57$，$\eta_c = 78.5\%$；

丙类工作状态，$\theta = 60°$，$g_1(\theta) = 1.8$，$\eta_c = 90\%$

可见，丙类工作状态的效率最高。

2）通角的选择

下面从等幅波功率放大、调幅波功率放大、n 次谐波倍频这三种场合来讨论通角的选择。

（1）等幅波功率放大。谐振功率放大器最基本的运用是进行等幅波功率放大。为了兼顾输出信号功率和效率的要求，在放大等幅波时，通常选择最佳通角为 $\theta = 60° \sim 70°$，当 $\xi = 1$ 时，η_c 可达 85% 左右。

（2）调幅波功率放大。当要对调幅波进行功率放大时，若将工作状态选为丙类，此时，集电极电流脉冲的基波分量幅度为

$$I_{c1} = i_{Cmax}\alpha_1(\theta) = GU_{bm}(1 - \cos\theta)\alpha_1(\theta)$$

为了满足放大器集电极效率 η_c 高及足够大的输出功率，通常也选择通角为 $\theta = 60° \sim$ $70°$。然而，调幅波的瞬时幅度是变化的，可导致 i_{Cmax} 和通角 θ 随之变化。因此，通常选择调幅波的最大幅度时，放大器处于临界状态，即避免出现过压时的集电极电路 i_C 的凹陷，造成选频电路输出谐波分量增加而引起的失真。

（3）n 次谐波倍频。当谐振功率放大器的集电极回路调谐于 n 次谐波时，输出回路就对基频和其它非 n 次谐波呈现较小阻抗，而对所要求的 n 次谐波呈现很大的谐振电阻，因此在输出回路两端能够获得 n 次谐波输出信号功率。通常称这类电路为丙类倍频器，其通角 $\theta_n < 90°$。选择的最佳倍频通角大致是：二倍频 $\theta_2 = 60°$，三倍频 $\theta_3 = 40°$。有

$$\theta_n = \frac{120°}{n}$$

这里，n 一般不大于 5。如果实际电路需要增加倍频次数，可将倍频器级联使用。

4.2.2　谐振功率放大器的工作状态分析

1. 谐振功率放大器的动态线

可以按照晶体管在信号激励的下一周期内是否进入晶体管特性曲线的饱和区来划分谐振功率放大器的工作状态。分析谐振功率放大器的工作状态的性能，一般采用在谐振功率放大器的动态线上进行。这样做比较方便和直观。当 U_{BB}、U_{CC}、U_{bm} 和负载谐振电阻 R_P 确定后，在准线性折线条件下，u_{BE} 和 u_{CE} 变化时，谐振功率放大器工作点变化的轨迹称为动态线，也可称为谐振功率放大器的交流负载线。动态线上的每一点都反映了基极电压 u_{BE}、集电极电压 u_{CE} 与集电极电流 i_C 之间的关系（即瞬时值关系）。下面以电路图 4.5 为例制作动态线。

当放大器工作在谐振状态时，由图 4.5 可得，电路的外部关系

$$u_{BE} = U_{BB} + U_{bm}\cos\omega t$$
$$u_{CE} = U_{CC} - U_{cm}\cos\omega t$$

由上两式可得

$$u_{BE} = U_{BB} + U_{bm}\frac{U_{CC} - u_{CE}}{U_{cm}} \quad (4-19)$$

将式（4-19）代入式（4-4），得动态线方程式

$$i_C = G_c\left(U_{BB} + U_{bm}\frac{U_{CC} - u_{CE}}{U_{cm}} - U_{on}\right)$$
$$(4-20)$$

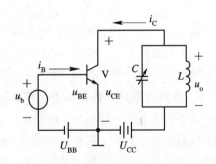

图 4.5　谐振功率放大器

令 $u_{CE} = U_{CC}$ 时，$i_C = G_c(U_{BB} - U_{on})$ 为图 4.6 中的 Q 点；再令 $i_C = 0$ 时，$u_{CE} = U_{CC} + \dfrac{U_{BB} - U_{on}}{U_{bm}}U_{cm}$ 为图 4.6 中的 B 点。

注意图 4.6 中 U_{BB} 本身是负值，所以 Q 点的 i_C 为负值。实际上不可能存在集电极电流的倒流，因此，Q 点是为了作图而虚设的一个电流点，即辅助点。

将 Q 点和 B 点连接，并向上延长与 $u_{BE} = U_{BEmax} = U_{BB} + U_{bm}$ 的输出特性曲线相交于 A

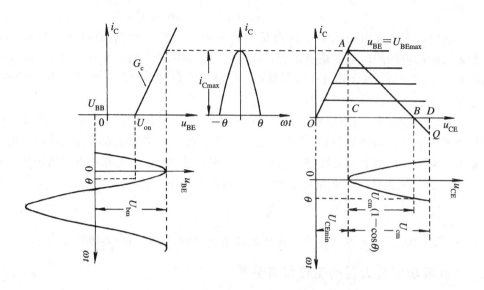

图 4.6 谐振功率放大器的动态线和集电极 i_C 电流波形

点,则直线 AB 便是谐振功率放大器的动态线,也可称为谐振动率放大器的交流负载线。

处在放大区部分的动态线与输出特性曲线的每一个交点,都是放大器的输入信号作用下的动态工作点,利用这些点可以求出不同 ωt 值的 i_C 值,从而可以画出 i_C 的脉冲波形,在这个区 i_C 是沿 AB 线移动的。而进入饱和区后 i_C 只受 u_{CE} 控制,而不再随 u_{BE} 变化,这时 i_C 是沿饱和线 OA 移动的。在电压 u_{BE} 和 u_{CE} 同时变化时,集电极电流 i_C 的动态路径沿 OA、AB、BD 变化。这三条线段称为集电极电流动态特性。

谐振功率放大器的动态负载电阻 R_c 可用动态线斜率的倒数求得:

$$R_c = \frac{U_{cm}}{G_c U_{bm}} = \frac{I_{c1} R_P}{G_c U_{bm}} = \alpha_1(\theta) R_P (1 - \cos\theta) \qquad (4-21)$$

从上式可以看出谐振功率放大器的动态电阻 R_c 与通角 θ 有关,也与谐振电阻 R_P 有关。要注意的是 R_c 与 R_P 是不同的两个量,R_c 是在 2θ 内求得的,而 R_P 是 U_{cm} 与 I_{cm} 之比值。当放大器工作在甲类状态时,$\theta = 180°$,这时 R_c 与 R_P 相等。

2. 谐振功率放大器的三种工作状态

从上面可知,不同的 R_P 有不同的动态线的斜率,因此,放大器的工作状态将随着 R_P 的不同而变化,图 4.7 作出了不同 R_P 时的三条负载线(对应于三种工作状态)及相应的集电极电流脉冲波形。谐振功率放大器三种工作状态为:欠压状态、临界状态、过压状态,分别对应的动态线为 $A_1 Q$、$A_2 Q$、$A_3 Q$。

1)欠压状态

在图 4.7 所示动态线 $A_1 Q$ 下所画得的集电极电流是余弦脉冲,余弦脉冲高度是比较大的,集电极交变电压 U_{cm1} 幅度是比较小的,我们把这种工作状态称为欠压状态。当放大器工作在欠压状态时,R_P 较小、U_{cm1} 较小;在 $u_{CE} = u_{CEmin}$ 时,负载线与 $u_{BE} = u_{BEmax}$ 所在的那条特性曲线交于 A_1 点,动态工作点摆动的上端离饱和区还有一段距离,这时的动态工作点都处在晶体管特性曲线的放大区。

2)临界状态

在如图 4.7 所示动态线 $A_2 Q$ 线下所画得的集电极电流波形仍是余弦脉冲波形。余弦

脉冲高度由 A_2 点决定。在此状态下的脉冲高度比欠压状态的略小，这时的集电极交变电压 U_{cm2} 的幅度是比较大的，我们把这种工作状态称为临界状态。当放大器工作在临界状态时，R_P 较大，U_{cm2} 较大；在 $u_{CE} = u_{CEmin}$ 时，负载线与 $u_{BE} = u_{BEmax}$ 所在的那条特性曲线交于临界点 A_2，除 A_2 点外，其余动态工作点都处在晶体管特性曲线的放大区。

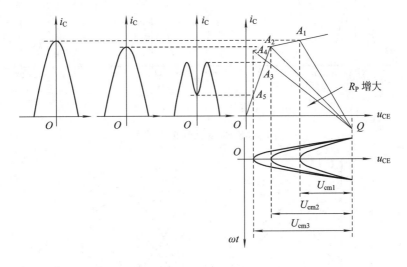

图 4.7 三种工作状态

3）过压状态

在图 4.7 所示动态线 A_3Q 线下所画的集电极电流波形出现凹陷状态。把集电极电流脉冲出现凹顶形状的工作状态称为过压状态。当放大器工作在过压状态时，R_P 很大，U_{cm3} 也很大，在 $u_{CE} = u_{CEmin}$ 时的负载线与特性曲线交于临界点 A_3，此时动态线的上端进入饱和区。在过压状态下，为什么会出现凹陷？其原因是 R_P 加大到一定程度后，可使晶体管工作点摆动到饱和区内，在这个交变电压幅度 U_{cm3} 加大时，集电极电压 u_{CE} 是减小的。当 u_{CE} 减小到超过临界点 A_3 时，集电极电流将沿饱和线 OA_3 变化，其幅度从 A_3 点起不断降低，随着 U_{cm3} 继续加大，u_{CE} 迅速减小；在 A_5 点，集电极电流降到最低值。通常把电流 i_C 沿饱和线下降的那段线称为临界线。当 u_{CE} 从最小值回升时，集电极电流也随着增大，直至脱离饱和区后，集电极电流才随 u_{CE} 的增加而减小。结果导致集电极电流顶部出现凹陷的余弦脉冲，但是集电极输出交变电压 U_{cm3} 却是最大的。（A_5 点的确定：将动态线 A_3Q 向上延伸，与 $u_{BE} = u_{BEmax}$ 输出特性的延长线相交于点 A_4，然后由 A_4 点向下作垂线与临界线相交，则得 A_5 点，交点 A_3 决定了脉冲的高度，而 A_5 点决定了脉冲下凹处的高度。）

在欠压状态时，基波电压幅度较小，电路的功放作用发挥得不充分；而在过压时，电流脉冲出现凹陷，集电极电流中的基波分量和平均分量都剧烈下降，并且其它谐波分量明显加大，这对于高频功率放大也很不利，通常高频功率放大持续选择在临界状态工作，可以获得的输出功率最大，效率也很高。

3. R_P、U_{CC}、U_{bm}、U_{BB} 变化对工作状态的影响

1）R_P 变化对工作状态的影响

当 U_{BB}、U_{CC}、U_{bm} 一定时，放大器的性能将随 R_P 改变。在 R_P 由小增大时，放大器将由欠压状态进入过压状态，相应的 i_C 由余弦脉冲变为凹陷的脉冲，如图 4.8 所示。据此可画

出 I_{c0}、I_{c1m}、U_{cm} 随 R_P 变化的性能,如图 4.9(a)所示。通过计算,又可画出 P_o、P_{DC}、P_c 和 η_c 随 R_P 变化的曲线,如图 4.9(b)所示。

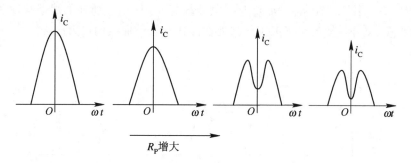

R_P 增大

图 4.8 R_P 变化时的 i_C 波形

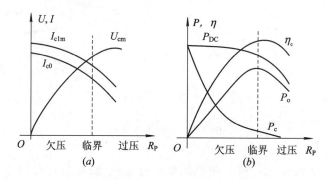

图 4.9 谐振功率放大器的负载特性

由图 4.9 可以得到以下结论:

(1) 在欠压工作状态下,R_P 较小,输出功率 P_o 和效率 η_c 都较低,集电极耗散功率 P_c 较大。当 R_P 由小增大时,相应地,I_{c0} 和 I_{c1m} 也将略有减小,U_{cm} 和 P_o 近似线性增大,P_{DC} 略有减小,结果是 η_c 增大,P_c 减小。应当注意,当 $R_P=0$,即负载短路时,集电极耗散功率达最大值,从而有使晶体管烧毁的可能。因此,在调整功率放大器的过程中,必须防止由于严重失谐而引起负载短路。

(2) 在临界工作状态下,谐振功率放大器输出功率 P_o 最大,效率 η_c 也比较高,集电极耗散功率 P_c 较小。一般发射机的末级多采用临界工作状态。这时的放大器接近最佳工作状态。在临界工作状态下的 R_P 可由下式求得:

$$R_P = \frac{1}{2}\frac{U_{cm}^2}{P_o} \approx \frac{1}{2}\frac{(U_{CC}-U_{CEmin})^2}{P_o} \tag{4-22}$$

(3) 在过压工作状态下,当负载 R_P 变化时,输出信号电压幅度 U_{cm} 变化不大,因此,在需要维持输出电压比较平稳的场合(例如中间级)可采用过压状态。

2) U_{CC} 变化对工作状态的影响

当 U_{BB}、U_{bm}、R_P 一定时,放大器的性能将随 U_{CC} 改变。在 U_{CC} 由较小值增大时,动态线由左向右平移,动态线的上端沿着 $u_{BE}=u_{BEmax}$ 的输出特性曲线自左向右平移,即放大器的工作状态由过压状态进入欠压状态,i_C 脉冲由凹顶状向尖顶脉冲变化(脉冲宽度近似不变),如图 4.10(a)所示。在过压区时,i_C 脉冲高度将随 U_{CC} 增大而增高,凹陷深度将随 U_{CC}

增大而变浅,因而 I_{c0}、I_{c1m}、U_{cm} 将随 U_{CC} 增大而增大。在欠压区时,i_C 脉冲高度随 U_{CC} 变化不大,因而 I_{c0}、I_{c1m}、U_{cm} 将随 U_{CC} 增大而变化不大,如图 4.10(b)所示。把 U_{cm} 随 U_{CC} 变化的特性称为集电极调制特性。

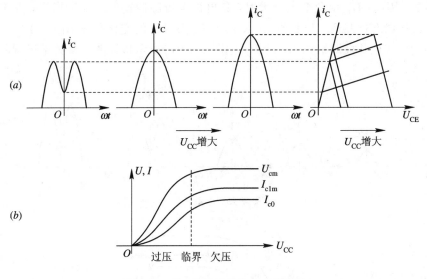

图 4.10　U_{CC} 变化对工作状态的影响

3)U_{bm} 变化对工作状态的影响

当 R_P、U_{CC}、U_{BB} 一定时,放大器的性能将随 U_{bm} 改变(把放大器性能随 U_{bm} 变化的特性称为放大特性)。在 U_{bm} 由较小值增大时,放大器的工作状态由欠压进入过压,如图 4.11(a)所示。进入过压状态后,随着 U_{bm} 增大,集电极电流脉冲出现中间凹陷,且高度和宽度增加,凹陷加深。在欠压状态时,U_{bm} 增大,i_C 脉冲高度增加显著,所以 I_{c0}、I_{c1m}、U_{cm} 随 U_{bm} 的增加而迅速增大。在过压状态时,U_{bm} 增大,i_C 脉冲高度虽略有增加,但凹陷也加深,所以 I_{c0}、I_{c1m}、U_{cm} 随 U_{bm} 增长缓慢,如图 4.11(b)所示。

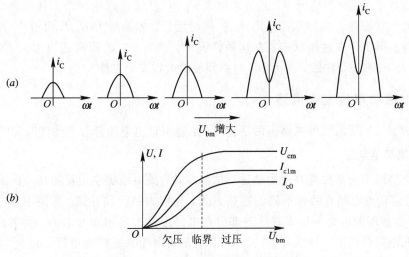

图 4.11　U_{bm} 变化对工作状态的影响

4) U_{BB} 变化对工作状态的影响

当 R_P、U_{CC}、U_{bm} 一定时，放大器的性能将随 U_{BB} 改变。放大器工作状态变化如图 4.12(a) 所示。由于 $u_{BEmax} = U_{BB} + U_{bm}$，所以 U_{bm} 不变，增大 U_{BB}，与 U_{BB} 不变，增大 U_{bm} 的情况是类似的，因此，U_{BB} 由负变正增大时，集电极电流脉冲宽度和高度增大，并出现凹陷，放大器由欠压状态过渡到过压状态。I_{c0}、I_{c1m}、U_{cm} 随 U_{BB} 的变化曲线如图 4.12(b) 所示，利用这一特性可实现基极调幅作用，所以，把图 4.12(b) 所示特性曲线称为基极调制特性。

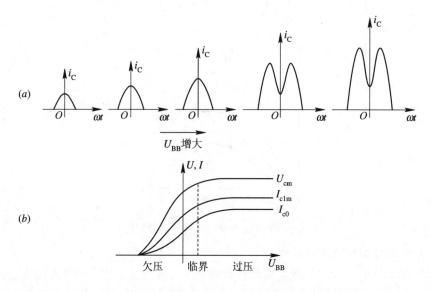

图 4.12　U_{BB} 变化对工作状态的影响

以上的讨论是非常有实用价值的，它可以指导我们调试谐振功率放大器。例如：一个丙类谐振功率放大器，其工作在临界状态。在调试中发现输出功率 P_o 和效率 η_c 均达不到设计要求，则应如何进行调整？P_o 不能达到设计要求，表明放大器没有进入临界状态，而是工作在欠压或过压状态。若增大 R_P 能使 P_o 增大，则根据负载特性可以断定放大器实际工作在欠压状态，在这种情况下，若分别增大 R_P、U_{BB}、U_{bm} 或同时增大或两两增大，可使放大器由欠压状态进入临界状态，P_o 和 η_c 同时增长。如果增大 R_P 反而使 P_o 减小，则可断定放大器实际工作在过压状态，在这种情况下，增大 U_{CC} 的同时适当增大 R_P 或 U_{bm} 或 U_{BB}，可增大 P_o 和 η_c。注意，增大 U_{CC} 时必须使放大器安全工作。

4.2.3　谐振功率放大器电路

谐振功率放大器的管外电路由两部分组成：直流馈电电路部分和滤波匹配网络部分。

1. 直流馈电电路

馈电电路用于为功放管基极提供适当的偏压，为集电极提供电源电压。在谐振功率放大器中，直流馈电电路有两种不同的连接方式，分别为串馈和并馈。所谓串馈，是指直流电源 U_{CC}、滤波匹配网络和功率管这三部分在电路形式上是串联起来的。所谓并馈，就是这三部分在电路形式上是并联起来的。图 4.13 是集电极直流馈电电路，其中，图(a) 是串馈电路，图(b) 是并馈电路。

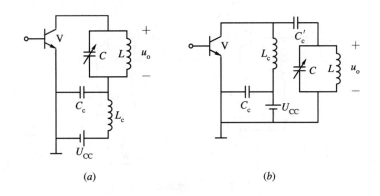

图 4.13 集电极直流馈电电路

在图(a)中，LC 是滤波匹配网络；L_c 是高频扼流圈，C_c 是高频旁路电容。L_c 与 C_c 构成电源滤波电路，在信号频率作用下，L_c 的感抗很大，接近开路；C_c 的容抗很小，接近短路。L_c 和 C_c 的作用是避免信号电流通过直流电源产生反馈。

在图(b)中，L_c 是高频扼流圈，C_c 是高频旁路电容。C_c' 为隔直流电容。在信号频率作用下，L_c 的感抗很大，接近开路；C_c 和 C_c' 的容抗很小，接近短路。L_c、C_c、C_c' 在电路中的作用与串馈电路相同。

应该指出，所谓串馈或并馈，是指电路的结构形式而言。对于电压来说，无论是串馈还是并馈，直流电压与交流电压总是串联的，因而基本关系式 $u_c = U_{CC} - U_{cm} \cos\omega t$，对于串馈或并馈电路都适用。滤波匹配网络在串馈或并馈中的接入方式有所不同，在串馈中，滤波匹配网络处于直流高电位上，网络元件不能直接接地；而在并馈中，滤波匹配网络处于直流低电位上，因而网络元件可以直接接地。

对于基极电路来说，同样也有串馈与并馈两种形式，如图 4.14 所示。其中，图(a)是串馈电路，图(b)是并馈电路。

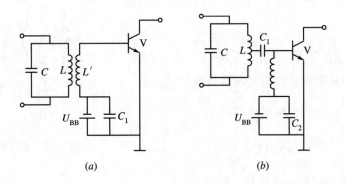

图 4.14 基极馈电电路

在实际应用中，一般不用 U_{BB} 电池供电，而是采用自给偏置电路，如图 4.15 所示。其中，图 4.15(a)是利用基极电流脉冲 i_B 中的直流分量 I_{B0} 在电阻 R_b 上的压降产生自给偏压；图 4.15(b)是利用发射极电流脉冲 i_E 中的直流分量 I_{E0} 在电阻 R_e 上的压降产生自给偏压。

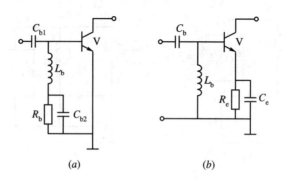

图 4.15　自给偏置电路

2. 滤波匹配网络

功率放大器通过耦合电路与前后级连接。这种耦合电路叫匹配网络，如图 4.16 所示，对它提出如下要求：

（1）匹配：使外接负载阻抗与放大器所需的最佳负载电阻相匹配，以保证放大器输出功率最大。

（2）滤波：滤除不需要的各次谐波分量，选出所需的基波成分。

（3）效率：要求匹配网络本身的损耗尽可能小，即匹配网络的传输效率要高。

匹配网络的形式有并联谐振回路型和滤波型两

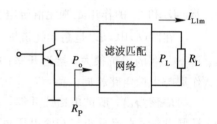

图 4.16　滤波匹配网络在电路中的位置

种。并联谐振回路型网络与小信号谐振放大器的谐振回路基本相同，这里不再讨论。实际高频功率放大器的设计主要是器件的工作点选择和常用的滤波匹配网络的设计。

为了分析方便，首先介绍串、并联阻抗转换公式。

根据等效原理，由于图 4.17(a)、(b)的端导纳相等，即

$$\frac{1}{R_P} + \frac{1}{jX_P} = \frac{1}{R_s + jX_s}$$

由上式可以得到从串联转换为并联阻抗的公式，即

$$\left. \begin{array}{l} R_P = \dfrac{R_s^2 + X_s^2}{R_s} = R_s(1 + Q_T^2) \\[3mm] X_P = \dfrac{R_s^2 + X_s^2}{X_s} = X_s\left(1 + \dfrac{1}{Q_T^2}\right) \end{array} \right\} \qquad (4-23)$$

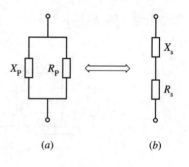

图 4.17　串并联阻抗变换

式中，Q_T 为两个网络的品质因数，其值为

$$Q_T = \frac{|X_s|}{R_s} = \frac{R_P}{|X_P|} \qquad (4-24)$$

利用式(4-23)与式(4-24)的关系，可以得出几种网络的阻抗变换特性。常用的匹配网络的基本形式有 L 型、T 型和 Ⅱ 型。其中 L 型最简单，T 型和 Ⅱ 型可以看成是由 L 型组合而成的。因此，只要把 L 型网络的匹配条件和推导过程弄清楚，其它两种网络便可以很容易地从 L 型网络演变出来。

1）L 型匹配网络

图 4.18(a)是 L 型匹配网络，其串臂为感抗 X_s，并臂为容抗 X_P，R_L 是负载电阻。X_s 和 R_L 是串联支路，根据串并联阻抗变换原理，可以将 X_s 和 R_L 变为并联元件 X'_P 和 R_P，如图 4.18(b)所示。

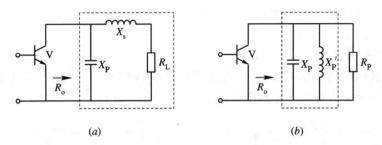

图 4.18 L 型网络的阻抗变换

令 $X_P + X'_P = 0$，即电抗部分抵消，回路两端呈现纯电阻 R_o，其值由式(4 - 23)求得为

$$R_o = R_P(1 + Q_T^2) \tag{4 - 25}$$

由式(4 - 25)求出 Q_T，再代入式(4 - 23)，便可求出 L 型网络各元件参数的计算公式(图 4.18 中的 R_L 相当于式(4 - 23)中的 R_s)：

$$\left.\begin{array}{l} |X_s| = Q_T R_L = \sqrt{R_L(R_o - R_L)} \\ |X_P| = \dfrac{R_o}{Q_T} = R_o \sqrt{\dfrac{R_L}{R_o - R_L}} \end{array}\right\} \tag{4 - 26}$$

需要说明，由于 Q_T 为正值，因而 L 型匹配网络只能适于 $R_o > R_L$ 的匹配情况。

2）T 型匹配网络

图 4.19(a)是 T 型匹配网络，其中两个串臂为同性电抗元件，并臂为异性电抗元件。为了求出 T 型匹配网络的元件参数，可以将它分成两个 L 型网络，如图 4.19(b)所示。然后利用 L 型网络的计算公式，经整理便可最终得到计算公式。

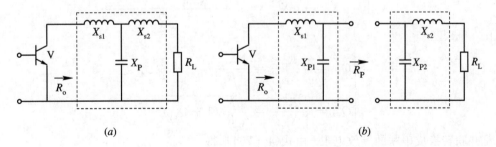

图 4.19 T 型网络的阻抗变换

图(b)中的第二个 L 型网络与图 4.18(a)完全相同，因此，可以直接得到计算公式：

$$R_P = R_L(1 + Q_{T2}^2) \tag{4 - 27}$$

$$\left.\begin{array}{l} |X_{s2}| = Q_{T2} R_L = \sqrt{R_L(R_P - R_L)} \\ |X_{P2}| = \dfrac{R_P}{Q_{T2}} = R_P \sqrt{\dfrac{R_L}{R_P - R_L}} \end{array}\right\} \tag{4 - 28}$$

图(b)中的第一个 L 型网络与图 4.18(a)的网络是相反的，因此，可以将 R_o 视为 R_L，即

$$R_P = R_o(1 + Q_{T1}^2) \tag{4-29}$$

$$\left.\begin{array}{l} |X_{s1}| = Q_{T1}R_o = \sqrt{R_o(R_P - R_o)} \\ |X_{P1}| = \dfrac{R_P}{Q_{T1}} = R_P\sqrt{\dfrac{R_o}{R_P - R_o}} \end{array}\right\} \tag{4-30}$$

假定两个串臂为同性电抗元件情况下，X_{P1} 和 X_{P2} 亦为同性电抗元件，总的 X_P 可由 X_{P1} 与 X_{P2} 并联求出。

3）Ⅱ 型匹配网络

Ⅱ 型匹配网络如图 4.20 所示，分析过程也是将 Ⅱ 型网络分成两个基本的 L 型网络，如图 4.20(b)所示，然后按 L 型网络进行求解。

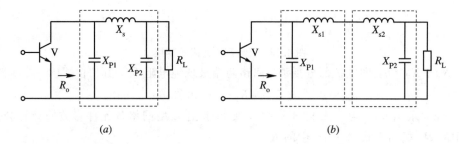

图 4.20　Ⅱ 型网络的阻抗变换

Ⅱ 型网络的分析过程可仿照 T 型网络进行，这里不再重复。其最后结果为

$$|X_{P1}| = \frac{R_o}{Q_{T1}}$$

$$|X_{P2}| = \frac{R_L}{Q_{T2}} = \frac{R_L}{\sqrt{\dfrac{R_L}{R_o}(1 + Q_{T1}^2) - 1}} \tag{4-31}$$

$$|X_s| = |X_{s1}| + |X_{s2}| = \frac{Q_{T1} + \sqrt{\dfrac{R_L}{R_o}(1 + Q_{T1}^2) - 1}}{1 + Q_{T1}^2}$$

式中

$$\left\{\begin{array}{l} Q_{T1} = \dfrac{R_o}{|X_{P1}|} = \dfrac{|X_{s1}|}{R_P} \\[3mm] Q_{T2} = \dfrac{R_L}{|X_{P2}|} = \sqrt{\dfrac{R_L}{R_o}(1 + Q_{T1}^2) - 1} \end{array}\right. \tag{4-32}$$

R_s 是并联转换成串联的等效电阻。由式(4-23)求得

$$R_s = \frac{R_L}{1 + Q_{T2}^2}$$

滤波型匹配网络已经广泛应用，实际放大的实现主要靠调整元件参数。

3. 谐振功率放大器的调谐与调配

谐振功率放大器在设计组装之后，还需要进行调整，以达到预期的输出功率和效率。谐振功率放大器的调整包括调谐与调配，下面分别进行讨论。

1）调谐

调谐是指将谐振功率放大器的负载回路调到谐振状态。前面已经分析过，谐振功率放大器工作在谐振状态时，输出电压的最大值与激励电压的最小值同时出现，即二者间相位差为 $180°$。集电极电流脉冲的最大值 i_{Cmax} 与集电极电压最小值 u_{CEmin} 出现在同一时刻。因此，功放管的损耗最小，输出功率和效率达到最大。放大器工作在谐振状态下的电压和电流波形以及其相位关系如图 4.21(a)所示。

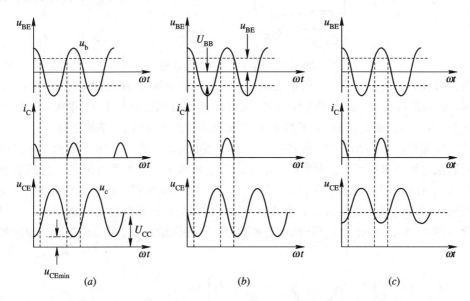

图 4.21　谐振功率放大器在不同负载状态下的电压电流波形

当功率放大器工作在失谐状态时，回路阻抗下降，输出电压 u_c 与激励电压 u_b 相位差不到 $180°$，集电极电流脉冲的最大值 i_{Cmax} 与集电极电压最小值 u_{CEmin} 不是发生在同一时刻的，其间的关系如图 4.21(b)所示。由于 u_{CEmin} 增加，集电极耗散功率增大，在严重失谐情况下，耗散功率过大，甚至有烧坏功率管的危险，相应地，输出功率和效率也降低。

2）调配

所谓功率放大器的调配，就是指放大器已经工作在谐振的状态下，再来调整负载，使回路的谐振电阻等于放大器所需的最佳负载电阻，以获得所需的输出功率和效率。谐振电阻不等于匹配电阻，会产生严重后果。例如，当负载过重，即 R_L 太小，反射到回路的等效电阻 $\dfrac{(\omega M)^2}{R_L}$ 过大，会使谐振电阻过小，输出电压降低，集电极电压最小值 $u_{CEmin}=U_{CC}-U_{cm}$ 升高，导致集电极耗散功率 P_c 剧增，如图 4.21(c)所示。反之，当负载太轻，如负载开路时，使谐振电阻过大，相应的 u_c 增大，使放大器由原来的欠压或临界状态进入过压状态，放大管的反向峰值电压 $u_{CEmax}=U_{CC}-U_{cm}$ 过大，当 $u_{CEmax}>\beta U_{CEO}$ 时，功率管有可能被击穿。因此，放大器的调配对谐振功率放大器的正常工作是十分重要和必要的。

3）调谐与调配的方法

在对放大器工作状态进行调整时，需要在电路内装入各种监测仪表。为了突出主要问题，我们只考虑直接监测调谐和调配的仪表，如图 4.22 所示。

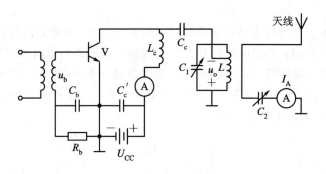

图 4.22 调谐放大器调整电路

为了保证功率管的安全,在调整之前应当减小激励电压 u_b 和电源电压 U_{CC}。因为在未调谐前,回路阻抗很小,放大器工作在欠压状态,功率管的耗散功率 P_c 很大,威胁着功率管的安全。减小 u_b 和 U_{CC} 都是为了减小 I_{c0} 的初始值,使开始的 P_c 不致于过大。

接通电源后,要迅速调可变电容 C_1。同时观察电流表中 I_{c0} 的量值,直至 I_{c0} 读数最小,这说明回路已调到谐振状态。因为回路谐振时其电阻最大,放大器可能进入过压状态,集电极电流 i_C 的脉冲凹陷加深,所以 I_{c0} 呈现最小值。由于功率管工作在深饱和的过压状态,基极电流 i_B 达到最大,基极直流分量 I_{b0} 亦最大(这可由基极回路加电流表观测)。I_{c0} 和 I_{b0} 的变化如图 4.23(a) 所示。当回路调到谐振以后,再逐渐增大 U_{CC} 值,直至达到额定的 U_{CC} 为止。

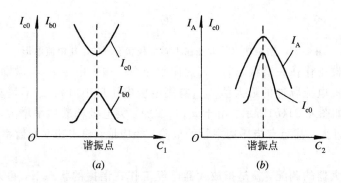

图 4.23 谐振功率放大器的调谐与调配特性

在调谐时,为了使 I_{c0} 和 I_{b0} 变化明显,可尽量减小负载回路与集电极调谐回路间的耦合,即减小 M;或将负载断开。这时回路的谐振电阻很高,放大器进入强过压状态(即深饱和),I_{c0} 最小,I_{b0} 最大。

回路谐振后,即可开始调配。调配是调负载回路的可调电容 C_2,使负载回路达到串联谐振,这时高频电流表 I_A 值达到最大,串联谐振回路的电阻最小,则反射到并联回路的等效电阻 $\dfrac{(\omega M)^2}{R_L}$ 最大,使回路的谐振电阻降低,结果使 I_{c0} 上升。调配仍需在弱耦合情况下进行,一旦达到匹配,再逐渐加强耦合即增大 M,直至 I_{c0} 上升不明显为止。

I_A 和 I_{c0} 随 C_2 的变化如图 4.23(b) 所示。调整结束时,应使放大器工作在临界状态,输出功率和效率都达到较高值。

必须注意,图 4.23(a) 和 (b) 中都有谐振点,但 I_{c0} 一个是最小值,另一个是最大值。图

(a)中最小值的谐振点是集电极回路的谐振(并联谐振),图(b)中的谐振点是负载回路的谐振(串联谐振),千万不要混淆。

4. 谐振功率放大电路

(1) 图 4.24 所示是一个工作频率为 160 MHz 的谐振功率放大电路。该电路输入端采用 C_1、C_2、L_1 构成的 T 型输入匹配网络,它可将功率管的输入阻抗在工作频率上变换为前级放大器所要求的 50 Ω 匹配电阻。L_1 除了用以抵消功率管的输入电容作用外,还与 C_1、C_2 产生谐振。C_1 用来调匹配,C_2 用来调谐振。

该电路输出端可向 50 Ω 外接负载提供 13 W 功率,功率增益达 9 dB。集电极采用并馈电路,L_c 为高频扼流圈,C_c 为旁路电容。L_2、C_3 和 C_4 构成 L 型输出匹配网络,调节 C_3 和 C_4,使得外接 50 Ω 负载电阻在工作频率上变换为放大器所要求的匹配电阻。基极采用自给偏压电路,由高频扼流圈 L_b 中的直流电阻及晶体管基区体电阻产生很小的负偏压。

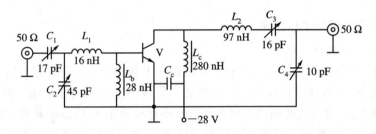

图 4.24　工作频率为 160 MHz 的谐振功率放大电路

(2) 图 4.25 所示是一个工作频率为 150 MHz 的谐振功率放大电路。其 50 Ω 外接负载提供 3 W 功率,功率增益达 10 dB。图中,基极采用由 R_b 产生负值偏置电压的自给偏置电路,L_b 为高频扼流圈,C_b 为滤波电容。集电极采用串馈电路,高频扼流圈 L_c 和 R_c、C_{c1}、C_{c2}、C_{c3} 组成电源滤波网络。放大器的输入端采用由 $C_1 \sim C_3$ 和 L_1 构成的 T 型滤波匹配网络,输出端采用由 $C_4 \sim C_8$ 和 $L_2 \sim L_5$ 构成的三级 Ⅱ 型混合滤波匹配网络。

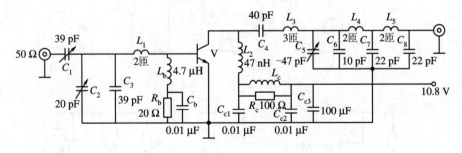

图 4.25　工作频率为 150 MHz 的谐振功率放大电路

4.3　宽频带的功率合成(非谐振高频功率放大器)

匹配网络由非谐振网络构成的放大器,称为非谐振功率放大器。非谐振匹配网络通常有普通变压器和传输线变压器两种。所谓普通变压器,就是指利用耦合原理,通过铁芯中的公共磁通的作用,将初级线圈的能量传输给次级线圈的变压器。它的相对通频带也很宽,高低端频率之比达几百倍至几千倍。但是,由于变压器线圈的漏电感和分布电容的存在,其最高工作频率受到了限制。即使采用高磁导率的磁芯制作的普通变压器,最高工作频率也只能从几百千赫至几十兆赫。这就是说,利用普通变压器的工作原理,是无法提高上限工作频率的。用传输线变压器作为匹配网络的功率放大器,上限工作频率可以扩展到几百兆赫乃至上千兆赫。因此,这种非谐振功率放大器也称为宽带高频功率放大器。由于这种放大器不需要调谐,在整个通频带内都能获得线性放大,因此,它特别适合于要求频率相对变化范围较大和要求迅速更换频率的发射机。因为改变工作频率,仅仅是改变放大器输入信号的频率,不再需要对放大器进行调谐。本节重点分析传输线变压器的工作原理,并介绍其主要应用。

4.3.1　传输线变压器

1. 传输线变压器的工作原理

1) 传输线变压器的结构

将两根等长的导线(传输线)绕在铁氧体的磁环上就构成了传输线变压器。所用导线可以是扭绞双线、平行双线或同轴线等。磁环的直径视传输功率大小而定,传输功率愈大,磁环的直径愈大。一般 15 W 的功率放大器,磁环直径为 $10\sim15$ mm 即可。图 4.26(a) 是 1∶1 传输线变压器结构的示意图。图 4.26(b) 是传输线变压器的原理电路,信号电压从 1、3 端加入,经传输线变压器的传输,在 2、4 端把能量传到负载电阻 R_L 上。图 4.26(c) 是普通变压器形式的电路,但与普通变压器又有区别。普通变压器负载电阻 2、4 两端可以与地隔离,也可以任意一端接地。作为传输线变压器必须 2、3(或 1、4)两端接地,使输出电压与输入电压极性相反,因而是一个倒相变压器。

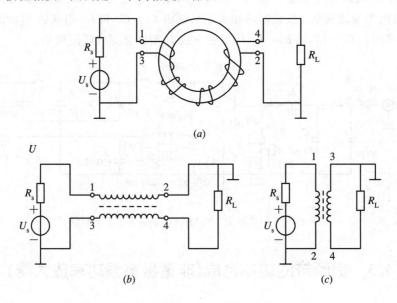

图 4.26　1∶1 传输线变压器

2）传输线变压器传输能量的特点

传输线变压器是将传输线的工作原理应用于变压器上，因此，它既有传输线的特点，又有变压器的特点。前者称为传输线模式，后者称为变压器模式。所谓传输线模式，是指由两根导线传输能量。在低频时，两根传输线就是普通导线连接线。而在所传输信号是波长可以和导线的长度相比拟的高频信号时，两根导线分布参数的影响不容忽视。由于两根导线紧靠在一起，而又同时绕在一个磁芯上，所以导线间的分布电容和导线上的电感都是很大的。它们分别称为分布电容和分布电感，如图 4.27 所示。

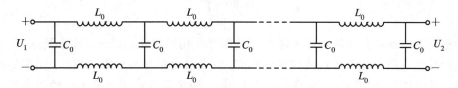

图 4.27　传输线在高频情况下的等效电路

对于传输线模式，在具有分布参数的电路中，能量的传播是靠电能和磁能互相转换实现的。如果认为 C_0 和 L_0 是理想分布参数，即忽略导线的欧姆损耗和导线间的介质损耗，则信号加入后，信号源的能量将全部被负载所吸收。这就是说，传输线间的分布电容非但不会影响高频特性，反而是传播能量的条件，从而使传输线变压器的上限工作频率提高。

对于宽带信号的低频端，由于信号的波长远大于导线的长度，单位长度上的分布电感和分布电容都很小，这就很难像高频那样利用电能和磁能相互转换的方法传输能量，于是传输线模式失效，变压器模式发挥作用。当信号加入后，变压器模式是靠磁耦合方式传输能量的。我们知道，变压器低频响应之所以下降，是因为初级电感量不够大造成的。传输线变压器的磁环具有增大初级电感量的作用，因此，它的低频响应也有很大的改善。

总之，传输线变压器对不同频率是以不同的方式传输能量的，对输入信号的高频频率分量以传输线模式为主；对输入信号的低频频率分量以变压器模式为主，频率愈低，变压器模式愈突出。

从上述传输线变压器的工作原理，可以归纳出其基本特点是：

（1）工作频带宽，频率覆盖系数可达 10^4。而普通高频变压器上限频率只有几十兆赫，频率覆盖系数只有几百或几千。

（2）通带的低频范围得到扩展，这是依靠高磁导率的磁芯获得很大的初级电感的结果。

（3）通带的上限频率不受磁芯上限频率的限制，因为对于高频它是以传输线的原理传输能量的。

（4）大功率运用时，可以采用较小的磁环也不致使磁芯饱和和发热，因而减小了放大器的体积。

3）传输线变压器的主要参数

传输线变压器的主要参数有特性阻抗和插入损耗。传输线变压器的参数用来表征传输线变压器的固有特性，它与导线长度、介质材料、线径和磁芯形式等有关，而与其传输的信号电平无关。

由传输线的理论可知，传输线的特性阻抗 Z_c 为

$$Z_c = \sqrt{\frac{r + j\omega L}{G + j\omega C}} \qquad (4-33)$$

式中，r 为传输线上单位长度的损耗电阻；L 为传输线上单位长度的分布电感；G 为传输线上单位长度的线间电导；C 为传输线上单位长度的分布电容。

对于理想无耗或工作频率很高时的传输线，有 $r \ll \omega L$，$G \ll \omega C$，则传输线的特性阻抗为

$$Z_c = \sqrt{\frac{L}{C}} \qquad (4-34)$$

由于传输线变压器是在负载与放大器之间起匹配作用的网络，因此，该系统达到匹配时，传输线始端的电阻恒等于传输线的特性阻抗，且负载电阻与特性阻抗相等。由传输线的分析可知，当信号源内阻为 R_s，负载电阻为 R_L 时，满足最佳功率传输条件的传输线特性阻抗称为最佳特性阻抗，其值为

$$Z_{copt} = \sqrt{R_s \cdot R_L} \qquad (4-35)$$

当 R_s 和 R_L 已知时，可根据上式求出传输线的最佳特性阻抗 Z_{copt}。

传输线的另一个参数是插入损耗 L_P。实际工作中，传输线变压器不可能做到理想匹配，因此，传到终端的能量不能全部被负载吸收。其中一部分被负载吸收，另一部分经终端反射又回到信号源，信号在往返途中，被传输线介质和信号源内阻损耗掉，这种损耗就称为插入损耗。

产生插入损耗的主要原因是传输线终端电压和电流对于始端产生相移。我们知道，电磁波自始端传到终端是需要一定时间的。终端电压、电流总要滞后于始端相应电压、电流一个相位 φ，这个相位与传输信号波长 λ 及传输线距离 l 的关系为

$$\varphi = \frac{2\pi}{\lambda} \cdot l = \beta l \qquad (4-36)$$

式中，$\beta = \frac{2\pi}{\lambda}$，称为相移常数。

从式(4-36)可见，工作频率愈高和传输线愈长，相位差愈大。当 $l = \lambda/2$ 时，$\varphi = \pi$，这说明终端电流与始端电流相位相反，产生全反射，负载上完全得不到功率，插入损耗为无穷大。随着 l 的减小，插入损耗减小。当 $\beta l = 0$ 时，$\varphi = 0$，表明终端电流相位与始端电流相位相同，传输能量完全被负载所吸收，插入损耗趋于零。这是理想的匹配情况，实际不可能是这样。因此，要求传输线距离尽可能短，一般规定，传输线长度取工作波段最短波长的 1/8 或更短些。l 也不能取的过短，因为 l 过短，将使初级绕组的电感量降低，低频的频率特性变坏。插入损耗 L_P 与传输线相对长度的关系如图 4.28 所示。

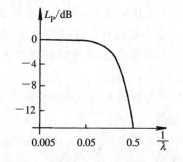

图 4.28　传输线变压器的插入损耗

2. 传输线变压器的应用

上面我们对 1:1 倒相传输线变压器的工作原理做了分析和讨论，在此基础上再来介

绍几种常用的传输线变压器。按照变压器的工作方式,传输线变压器常用作极性变换,平衡和不平衡变换以及阻抗变换等。

1) 极性变换

传输线变压器作极性变换电路,就是1:1倒相传输线变压器。为了说明它的极性变换作用,我们把1:1倒相传输线变压器电路重新绘于图4.29。其中图4.29(a)是等效为变压器的原理电路,图4.29(b)是等效为传输线的原理电路。

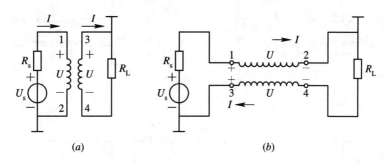

图 4.29 1:1 倒相传输线变压器

对于图4.29(a),在信号源的作用下,初级绕组1、2端有电压U,其极性为1端正、2端负;在U的作用下,通过电磁感应,在变压器次级3、4端产生等值的电压U,极性为3端正、4端负。由于3端接地,所以负载电阻上的电压与3、4端电压U的极性相反,从而实现了倒相作用。

在各种放大器中,负载电阻R_L正好等于信号源内阻的情况是很少的。因此,1:1传输线变压器很少用作阻抗匹配元件,大多数都是用作倒相器。

2) 平衡和不平衡变换

图4.30是传输线变压器用作平衡与不平衡电路的互相变换。图4.30(a)是将平衡输入电路变换为不平衡输出的电路,输入端两个信号源的电压和内阻均相等,分别接在地的两旁,这种接法称为平衡。输出负载只有单端接地,称为不平衡。图4.30(b)是将不平衡输入变为平衡输出的电路。

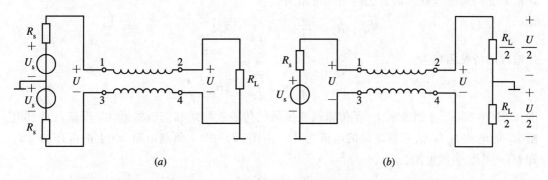

图 4.30 平衡与不平衡的互相变换

3) 阻抗变换

传输线变压器的第三个用途,是在输入端和输出端之间实现阻抗变换。由于传输线变压器结构的限制,它不能像普通变压器那样,借助匝数比的改变来实现任何阻抗比的变换，而只能完成某些特定阻抗比的变换，如 $4:1$、$9:1$、$16:1$，或者 $1:4$、$1:9$、$1:16$，等等。所谓 $4:1$，是指传输线变压器的输入电阻 R_i 是负载电阻 R_L 的四倍，即 $R_i=4R_L$；而 $R_i=R_L/4$，则称为 $1:4$ 的阻抗变换。图 4.31(a) 和 (b) 分别表示 $4:1$ 和 $1:4$ 的传输线变压器阻抗变换电路，图(c) 和 (d) 是与其相应的一般变压器形式的等效电路。

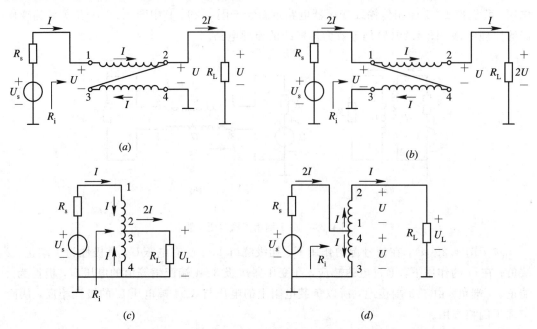

图 4.31　$4:1$ 和 $1:4$ 传输线变压器电路

对于 $4:1$ 的阻抗变换电路而言，如果设负载电阻 R_L 上的电压为 U，则传输线终端和始端的电压均为 U，因此，信号源端的电压为 $2U$。当信号源提供的电流为 I 时，则通过 R_L 的电流为 $2I$，于是负载电阻 R_L 为

$$R_L = \frac{U}{2I} \tag{4-37}$$

从信号源向传输线变压器看去的输入电阻为

$$R_i = \frac{2U}{I} = 4\,\frac{U}{2I} = 4R_L \tag{4-38}$$

传输线的特性阻抗为

$$Z_c = \frac{U}{I} = 2\,\frac{U}{2I} = 2R_L \tag{4-39}$$

图 4.31(b) 和 (d) 分别表示 $1:4$ 传输线变压器的传输线形式和变压器形式。设流过负载电阻 R_L 的电流为 I，信号源提供的电流为 $2I$，由图(d) 可见，负载电阻 R_L 上的电压为 $2U$，即 $U_L=2U$。负载电阻为

$$R_L = \frac{U_L}{I} = \frac{2U}{I} \tag{4-40}$$

从信号源向传输线变压器看去的输入电阻为

$$R_i = \frac{U}{2I} = \frac{1}{4}\,\frac{2U}{I} = \frac{1}{4}R_L \tag{4-41}$$

从而实现 1：4 的阻抗变换。传输线变压器的特性阻抗为

$$Z_c = \frac{U}{I} = \frac{1}{2}\frac{2U}{I} = \frac{1}{2}R_L \qquad (4-42)$$

根据相同的原理，可以利用多组 1：1 传输线变压器组成 9：1、16：1 或 1：9、1：16 等电路，并求出输入电阻、特性阻抗与负载电阻 R_L 的关系。可以证明，若 1：1 传输线变压器组数为 n，则由它组成的阻抗变换电路的特性阻抗和输入电阻分别为

$$Z_c = (n+1)R_L \qquad (4-43)$$

$$R_i = (n+1)^2 R_L \qquad (4-44)$$

对于变比小于 1 的阻抗变换电路，特性阻抗和输入电阻的一般公式为

$$Z_c = \frac{1}{(n+1)}R_L \qquad (4-45)$$

$$R_i = \frac{1}{(n+1)^2}R_L \qquad (4-46)$$

为了说明传输线变压器在放大器中的应用，图 4.32 给出某高频宽带功率放大电路简图。其中 T_1、T_2 和 T_3 都是 4：1 的阻抗变换传输线变压器，T_1 与 T_2 串联，其总的阻抗变比为 16：1。第二级高输出电阻与天线的低阻(50 Ω)连接，用了 4：1 的传输线变压器阻抗变换电路。为了改善放大器的频率特性，两级都加了负反馈电路，第一级的反馈电阻为 R_1 和 R_2；第二级的反馈电阻为 R_3 和 R_4。由于两级放大器都是电压并联负反馈，因此，除了改善频率特性外，还有降低输出电阻的作用。

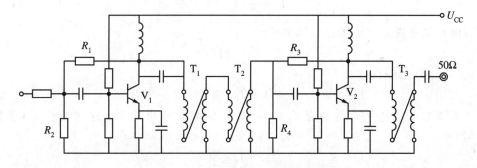

图 4.32　高频宽带功率放大电路

这种放大器在整个工作波段内，可以达到不需要调谐的目的，这是用降低放大器的效率来换取的。宽带功率放大器的效率是很低的，一般只有 20% 左右。

4.3.2　功率合成电路

利用传输线变压器构成一种混合网络，可以实现宽频带功率合成和功率分配的功能。

1. 传输线变压器在功率合成中的应用

1) 反相功率合成电路

利用传输线变压器组成的反相功率合成原理电路如图 4.33 所示。图中，T_1 为混合网络，T_2 为平衡－不平衡变换器；两个功率放大器 A 和 B 输出反相等值功率，提供等值反相电流 I_a 和 I_b；通过电阻 R_c 的电流为 I_c，通过电阻 R_d 的电流为 I_d。

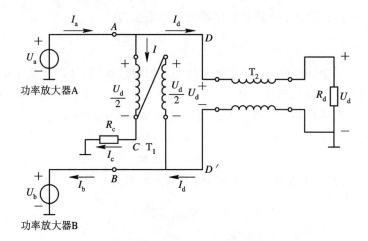

图 4.33 反相功率合成原理电路

由图 4.33 可知，通过 T_1 两绕组的电流为 I，因有

A 端 $\qquad\qquad I = I_a - I_d$

B 端 $\qquad\qquad I = I_d - I_b$

所以 $\qquad\qquad I_a - I_d = I_d - I_b$

可得 $\qquad\qquad I_d = \dfrac{1}{2}(I_a + I_b)$ $\qquad\qquad$ (4 - 47)

及 $\qquad\qquad I = \dfrac{1}{2}(I_a - I_b)$ $\qquad\qquad$ (4 - 48)

相应写出 C 端电流 I_c，由图 4.33 可知

$$I_c = 2I$$

根据式(4 - 48)，还有

$$I_c = I_a - I_b$$

如果满足 $I_a = I_b$ 时，就会有 $I_c = 0$，则在 C 端无输出功率。这时还会有(参照式 (4 - 47))

$$I_d = I_a = I_b$$

若在电阻 R_d 上的电压为 U_d，显然有

$$U_d = I_d R_d$$

传输线变压器 T_2 为 1∶1 平衡－不平衡变换器，因此在 DD' 之间电压亦为 U_d，由电压环路 $ADD'B$ 可得

$$U_a = -U_b = \frac{U_d}{2}$$

则两个功率放大器注入的功率为

$$U_a I_a + U_b I_b = U_d I_d$$

上述结果表明已在 R_d 上获得合成功率，或者说，两个功率放大器输出的反相等值功率在 R_d 上叠加起来。

每一个功率放大器的等效负载 R_L 为

$$R_L = \frac{U_a}{I_a} = \frac{U_b}{I_b} = \frac{U_d}{2I_d} = \frac{R_d}{2}$$

如果取 $R_d = 4R_c$，则当某一功率放大器(例如 B)出现故障或者 $I_a \neq I_b$ 时，A 端电压为

$$U_a = \frac{U_d}{2} + 2IR_c = \frac{I_d}{2}R_d + (I_a - I_b)R_c = \frac{I_a}{2}R_d$$

因此功率放大器 A 的等效负载仍等于

$$R_L = \frac{R_d}{2}$$

它表示 B 端出故障不会影响 A 端，反之亦然。也就是说，A 端和 B 端之间是隔离的。但注意在一个功率放大器损坏时，另一个功率放大器的输出功率将均等分配到 R_d 和 R_c 上，这时，在电阻 R_d 上所获功率减小到两功率放大器正常时的 1/4。

2）同相功率合成电路

如图 4.33 所示，若两个功率放大器 A 和 B 输出同相等值功率，提供等值同相电流 I_a 和 I_b，则可称为同相功率合成电路。采用和上面类似方法可以证明，此时两功率放大器的注入功率在 C 端 R_c 上合成，而在 D 端电阻 R_d 上无输出功率。后者所接电阻称为假负载或平衡电阻。

通过分析，在同相功率合成电路中，偶次谐波分量在输出端是叠加的，而在上面反相功率合成电路中则互相抵消。显然，这是同相功率合成的一个不足之处。

实际设计中，利用传输线变压器组成功率合成电路，能较好地解决宽频带、大功率、低损耗等一系列技术指标要求。目前，实用功率合成技术已经成熟，可获得成百上千瓦高频输出功率。由于功率合成网络结构简单，又很容易配合各种固态射频功放电路的运用，因此已在无线通信电台等诸多地方成为主要发射设备。

2. 传输线变压器在功率分配中的应用

下面举例说明分配器在共用天线系统中的应用。图 4.34 是电视接收机的共用天线系统，简称 CATV 系统。最简单的共用天线系统，包括接收天线、混合器、放大器、分支器和分配器等。天线接收各频道的电视信号，然后送入混合器，混合器的作用是将各频道的电视信号进行混合，变为一路频分制电视信号。放大器采用宽带放大器，用来补偿传输电缆和各分支系统的衰减。分支器和分配器是一些简单的无源网络，它们的主要功能是阻抗匹配和分配功率。

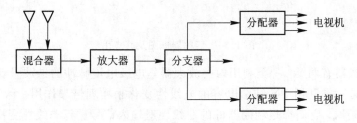

图 4.34　分配器在共用天线系统中的应用

图 4.35(a)是二分配器实际电路。它有一个输入端和两个输出端，使一路信号输入变为二路信号输出，故称为二分配器。分配器由传输线变压器 T_2 和负载电阻 R_1、R_2 以及平衡电阻 R_d 组成。T_1 是阻抗变换器，使分配器的输入阻抗与信号源的阻抗匹配。

图 4.35(b)是四分配器电路，它有一个输入端和四个输出端，工作原理与二分配器相

同，只是多了一重组合。理想情况下，每一个输出端的功率应该是输入功率的 1/4。四分配器除了均等地分配功率和各路之间相互隔离外，还有阻抗匹配功能，即负载阻抗为 75 Ω，输入阻抗也为 75 Ω。各变压器变比除 T_1 为 2∶1 外，都是 1∶2。

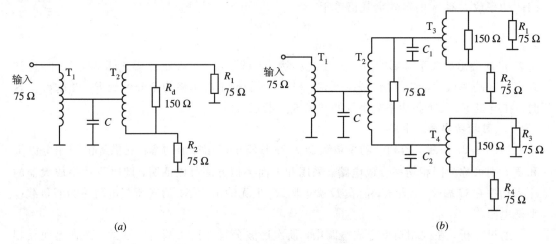

图 4.35　功率二分配器和功率四分配器

4.4　倍　频　器

倍频器是能将输入信号频率成整数倍增加的电路，如图 4.36(a) 所示。倍频器用在通信电路中，采用倍频器的主要优点是：① 可降低主振器的频率，这样可稳定频率。② 扩展发射机的波段。如果倍频器用在中间级，借助波段开关既可实现倍频又可完成放大。如图 4.36(b) 所示，主振器的频率为 2～4 MHz，经过倍频器输出频率范围为 4～8 MHz。③ 提高调制度。对调频或调相发射机，利用倍频器可以加深调制度，从而获得大的相移或频偏。

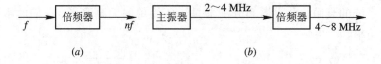

图 4.36　倍频器框图及其应用

常用的倍频器有两类：一类利用丙类放大器集电极电流脉冲的谐波来获得倍频，称为丙类倍频器；另一类利用 PN 结结电容的非线性变化来实现倍频作用，称为参量倍频器。不论哪一种倍频器，它们都是利用器件的非线性对输入信号进行非线性变换，再从谐振系统中取出 n 次谐波分量而实现倍频作用的。当倍频次数较高时，一般都采用参量倍频器。

4.4.1　丙类倍频器

工作在丙类状态的放大器，晶体管集电极电流脉冲中含有丰富的谐波分量，如果把集电极谐振回路调谐在二次或三次谐波频率上，那么放大器只有二次谐波电压或三次谐波电压输出，这样丙类放大器就成了二倍频或三倍频器。通常，丙类倍频器工作在欠压或临界状态。

在这里需要指出的是：

（1）集电极电流脉冲中包含的谐波分量幅度总是随着 n 的增大而迅速减小。因此，倍频次数过高，倍频器的输出功率和效率就会过低。

（2）倍频器的输出谐振回路需要滤除高于 n 和低于 n 的各次分量。低于 n 的分量幅度比有用分量大，要将它们滤除较为困难。因此，倍频次数过高，对输出谐振回路提出的滤波要求就会过高而难于实现。所以一般单级丙类倍频器取 $n=2,3$。若要提高倍频次数，可将倍频器级联起来使用。

图 4.37 所示为三倍频器，图中 L_3C_3 为并联回路调谐在三次谐波频率上，用以获得三倍频电压输出，而串联谐振回路 L_1C_1、L_2C_2 分别调谐在基波和二次谐波频率上，与并联回路 L_3C_3 相并联，从而可以有效地抑制它们的输出，故 L_1C_1 和 L_2C_2 回路称为串联陷波电路。

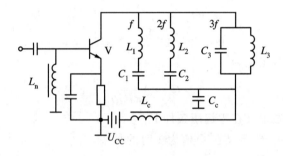

图 4.37　带有陷波电路的三倍频器

4.4.2　参量倍频器

目前广泛采用变容二极管电路作参量倍频器。这是由于变容二极管具有结构简单、工作频率高的特点。它的倍频次数可高达 40 倍以上。

1. 变容二极管的特性及原理

PN 结结电容的大小可随外加在 PN 结上的电压的大小而变，利用这一特点制成的二极管称为变容二极管。变容二极管的特性曲线如图 4.38(a)所示，图(a)反映变容二极管的结电容 C_j 与外加反向偏置电压的关系，图 4.38(b)是变容二极管的电路符号。

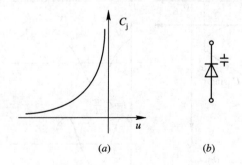

图 4.38　变容二极管的特性及符号

变容管结电容 C_j 与反向偏置电压绝对值之间的关系为

$$C_j = \frac{C_{j0}}{\left(1 + \dfrac{u}{U_D}\right)^\gamma}$$

式中，C_{j0} 为 $u=0$ 时的结电容；U_D 为 PN 结势垒电位差，硅管 $U_D=0.4\sim0.6$ V；γ 为变容指数，对突变结 γ 值接近 $1/2$，缓变结 γ 值接近 $1/3$，超突变结 γ 值在 $1/2\sim6$ 范围内（它主要用在调频电路中）。

变容二极管的等效电路如图 4.39(a) 所示。图中 C_j 是结电容，r_j 是 PN 结的反向电阻，r_s 是串联电阻。通常 r_j 很大可以忽略，这时变容二极管的等效电路可简化为图 4.39(b)。

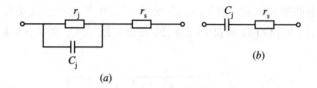

图 4.39　变容二极管的等效电路

变容管的品质因数定义为

$$Q = \frac{1}{2\pi f C_j r_s} \tag{4-49}$$

一般变容管的品质因数定义在零偏压条件下。

变容管的截止频率 f_{c0} 定义在 Q 值为 1 时的频率，

$$f_{c0} = \frac{1}{2\pi C_j r_s} \tag{4-50}$$

如图 4.40(b) 所示，若在变容管两端加上反向偏压 U_Q 及正弦波电压 $U_m\sin\omega t$ 后，变容管结电容 C_j 随交流电压变化的波形如图 4.40(c) 所示。由图可见，它们之间不是线性关系。流过变容管结电容 C_j 的电流与电容量、电压的关系为

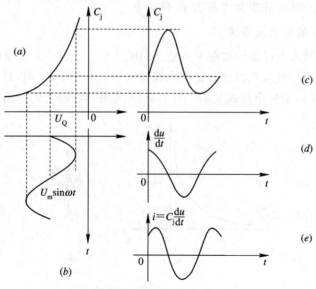

图 4.40　变容管在正弦电压作用下的电流波形

$$i = C_j \frac{\mathrm{d}u}{\mathrm{d}t}$$

$$\frac{\mathrm{d}u}{\mathrm{d}t} = \frac{\mathrm{d}(U_Q + U_m \sin\omega t)}{\mathrm{d}t} = U_m\omega \cos\omega t$$

上式的曲线如图 4.40(d)所示。将图 4.40(c)和(d)所示曲线相乘,可得变容管输出电流波形如图 4.40(e)所示。可见,输出不再是正弦波形,而是呈歪斜形状的非正弦波形,它含有许多谐波分量,可达到倍频目的。

2. 变容管倍频器

变容管倍频器可分为并联型和串联型两种基本形式,如图 4.41 所示。其中,图(a)是并联型电路(变容管、信号源和负载三者相并联),图(b)是串联型电路(变容管、信号源和负载三者相串联)。图中 F_1 和 F_n 为分别调谐于基波和 n 次谐波的理想带通滤波器。

图(a)的工作原理是:由信号源产生频率为 f_1 的正弦电流 i_1,通过 F_1 和变容管。由于变容管的非线性作用,其两端电压中的 nf_1 分量经谐振回路 F_n 选取后,在负载 R_L 上可获得 n 倍频信号输出。

图(b)的工作原理是:信号源产生的基波激励电流 i_1 通过变容管,在 C_j 上产生各次谐波的电压,其中 n 次谐波电压产生的 n 次谐波电流 i_n 通过负载 R_L,因此,倍频器输出端有 n 次谐波信号输出。串联倍频器适用于 $n>3$ 以上的高次倍频。

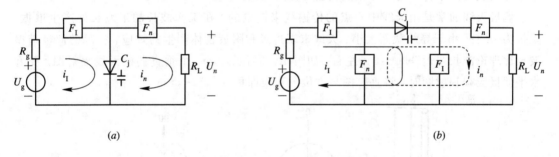

(a) (b)

图 4.41 变容管倍频器原理图

4.5 天 线

信号经发射机调制成高频电流能量,经馈线送至发射天线。发射天线将该能量转换为向空间传播的电磁波,并按它指定的方向经过一定方式的传播之后,在接收端用接收天线再将信号接收下来。

接收天线与发射天线的作用是一个可逆过程,因此,同一天线用作发射和用作接收的性能(包括方向性、阻抗特性及其它电指标)是相同的。性能良好的天线可以改善信号分布,增大信噪比,降低比特率,克服覆盖范围内的薄弱环节,甚至可以降低发射功耗。

天线的分类方法很多:按用途可分为通信天线、广播天线、雷达天线等;按使用波段可分为长波天线、中波天线、短波天线、超短波天线和微波天线等;按天线特性来分类,例如从方向性的角度分为强方向性天线和弱方向性天线，从工作频率可分为宽频带和窄频带天线，从极化形式可分为线极化或圆极化天线等；按工作原理可分为驻波天线、行波天线等；按结构形状又可分为线式天线和面式天线。无论哪一种天线，它们都是由基本类型天线组成的，比较复杂的天线则是简单类型天线的组合。

本节将扼要介绍两种常用天线：线式天线和面式天线。线式天线是指由半径远小于波长的导线构成的天线，如对称天线、单极天线等；面式天线是指用尺寸大于波长的金属或介质面构成的面状天线，如抛物面天线、微带天线等。线式天线主要用于长、中短波波段，面式天线主要用于微波波段，超短波波段则二者兼用。

天线的基本性能参数为方位(或极角)辐射图和垂直面辐射图，其它重要指标则是波束宽度、带宽、前后向比和极化。

4.5.1 对称天线、单极天线

1. 对称天线

对称天线是应用非常广泛的一种天线。它在通信、雷达等无线电设备中既可作单元天线使用，又可作面式天线的馈源或阵列天线的单元。对称天线结构如图 4.42 所示，它是由两段等长度和等粗细的直导线构成的，天线每臂的长度为 l，天线导线的半径用 α 表示。由于对称天线有两个臂，因而对称天线也可称为偶极天线。

偶极天线通常是由天线中心点的传输线来馈电的。在工作波长的半波长处产生谐振，阻抗为 72 Ω。由于导线截面大小、天线末端边缘和附近物体产生的效应，实际的偶极谐振波长比理论波长要短 3% ~5% 左右。如图 4.42 所示，是一个垂直偶极天线辐射图。要看水平偶极天线辐射图时，将垂直图与方位图互换即可。

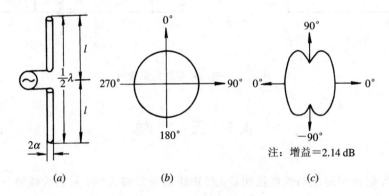

图 4.42 偶极天线示意图

(a) 垂直偶极天线；(b) 方位辐射图；(c) 垂直面辐射图

2. 单极天线

当对称天线的一个臂变为平面时，就形成单极天线。在天线工程中最常见的单极天线形式如图 4.43 所示。当平面为无限大的理想导电平面时，可用镜像法来分析天线。实践证明，当这平面的径向距离大于半个波长时，就可认为接近无限大平面的作用。单极天线的型式较多，从长、中波的铁塔天线到超短波的鞭形天线都属于这一类型。

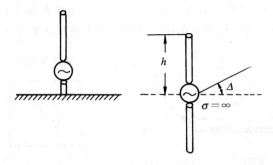

图 4.43　单极天线示意图

单极天线是一种垂直偶极天线。它的长度为 1/4 波长，阻抗是 36 Ω。需要注意的是，天线下方的导电地平面不理想或不稳定时，与理论上的圆形方向图相比，实际方位方向图由于受安装和使用因素的影响，可能并非圆形，辐射仰角也是接地平面位置和地面以上天线高度的函数。

4.5.2　抛物面天线、微带天线

1. 抛物面天线

抛物面天线具有类似光学系统的性能，如图 4.44 所示。由几何光学证明，一束平行的射线入射到一个几何形状为抛物面的反射器上时，它们将被会聚到抛物面的焦点 F 上。反之，如果把一个点源放在焦点上，则经过抛物面反射的射线将形成平行的射线。利用抛物面的这一特点构成了抛物面天线。用抛物反射面作为主体构成的抛物面天线，具有良好的电气特性，在微波中继通信、卫星通信和射电天文等方面，都得到广泛的应用。

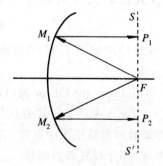

图 4.44　抛物面天线的光学性能

抛物面天线由辐射器（或馈源）和抛物反射面构成，辐射器位于抛物面的焦点上。

2. 微带天线

微带天线具有很多其它天线没有的特点。其优点是尺寸小、重量轻、价格低廉，尤其是由于它具有很小的剖面高度，及允许附着于任何金属物体表面，最适宜于某些高速运行物体，如在飞机、火箭、导弹上使用，因而近年来愈来愈受到人们的重视。但是，绝大多数微带天线都具有一个较大的缺点，即工作频带很窄。微带天线单元作为独立的天线使用时，它们的工作频带宽度都只有 1％～3％。增宽微带天线工作频带的方法是很多的，这里不作介绍。

微带天线的基本结构如图 4.45(a) 所示。在损耗和厚度都很小的介质基片两侧，分别敷设接地板和导体贴片，就构成基本的微带天线。介质基片的厚度通常只有 1 或几个毫米。

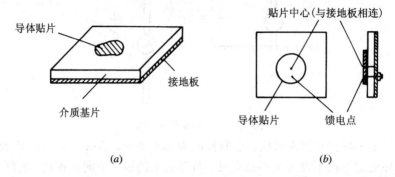

(a)   (b)

图 4.45 微带天线的基本结构

微带天线可以用微带传输线馈电，也可以用同轴线馈电。当采用同轴线馈电时，同轴线的内导体从接地板后面穿入，与导体贴片相接，而外导体与接地板相连，如图 4.45(b) 所示。

4.6 实训：高频谐振功率放大器的仿真与性能分析

本节利用 PSpice 仿真技术来完成对高频谐振功率放大器的测试、性能分析，使读者熟悉谐振功率放大器的三种工作状态及调整方法。

范例：观察输出波形及功率放大器的三种状态

步骤一 绘出电路图

(1) 请建立一个项目 CH3，然后绘出如图 4.46 的电路图。其中信号源 V1 用 VSIN，变压器 T1 用 XFRM_LINEAR 元件。

(2) 设置 T1 参数：双击 T1 打开 Property Editor 窗口，将 COUPLING(互感) 设定为 0.99；L1_VALVE 设置为 0.01 m，L2_VALVE 设置为 0.5 m，为两线圈的电感量。

(3) 将图 4.46 中的其它元件编号和参数按图中设置。注意：图中 A、B、C 是各测试点的编号(选择菜单 Place→Net Alias，用于设置各点编号)。

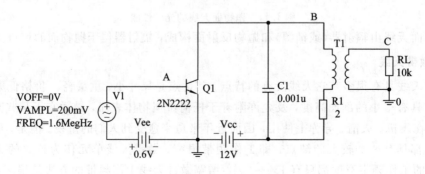

图 4.46 高频谐振功率放大器

步骤二　瞬态分析

（1）创建瞬态分析仿真配置文件，设定瞬态分析参数：Run to time（仿真运行时间）设置为 8 μs，Start saving data after（开始存储数据时间）设置为 2 μs，Maximum step size（最大时间增量）设置为 1 ns。

（2）启动仿真，观察晶体管集电极电流波形。

① 设定输入信号 V1 的峰值电压 VAMPL 为 200 mV，启动仿真。

② 在波形窗口中选择 Trace→Add Trace 打开 Add Trace 对话框。请在窗口下方的 Trace Expression 栏处用鼠标选择或直接由键盘输入字符串"I(Q1:C)"。再用鼠标点"OK"按钮退出 Add Trace 窗口。这时的波形窗口出现高频谐振功率放大器集电极电流波形（余弦尖脉冲），如图 4.47 所示。从图中可以看出高频谐振功率放大器工作在欠压状态。

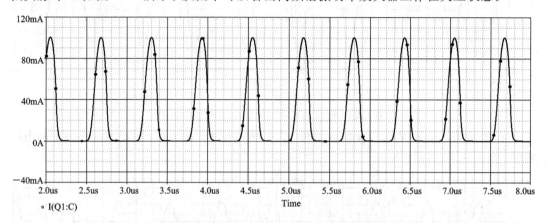

图 4.47　高频谐振功率放大器集电极电流波形

③ 增大输入信号 V1 的峰值电压，再次观察集电极电流波形。

④ 将输入信号 V1 的峰值电压设定为 230 mV。观察集电极电流波形（波形出现凹陷），如图 4.48 所示。从图中可以看出高频谐振功率放大器工作在过压状态。

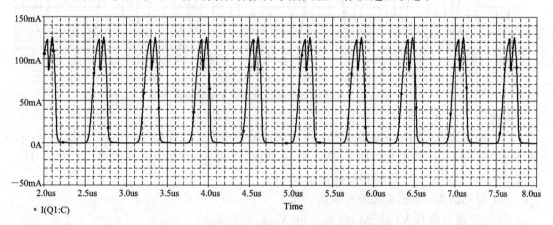

图 4.48　工作在过压状态时的集电极电流波形

⑤ 继续增大输入信号 V1 的峰值电压，再次观察集电极电流波形。

（3）启动仿真观察功率放大器负载上的电压波形。

① 设定输入信号 V1 的峰值电压 VAMPL 为 200 mV，启动仿真。

② 在波形窗口中选择 Trace→Add Trace 打开 Add Trace 对话框。请在窗口下方的 Trace Expression 栏处用鼠标选择或直接由键盘输入字符串"V(C)"。再用鼠标选"OK"按钮退出 Add Trace 窗口。这时的波形窗口出现高频谐振功率放大器负载上的电压波形，如图 4.49 所示。

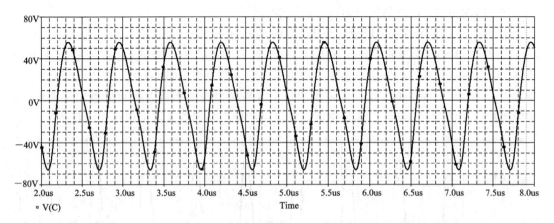

图 4.49 谐振功率放大器负载上的电压波形

③ 增大输入信号 V1，设定输入信号 V1 峰值电压为 230 mV，再次观察负载上的电压波形，如图 4.50 所示。

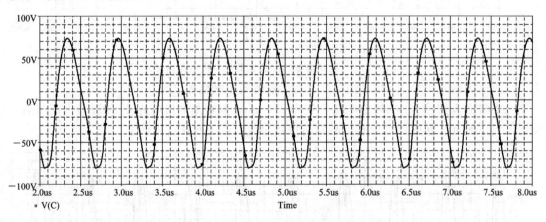

图 4.50 工作在过压状态时负载上的电压波形

步骤三 交流分析

（1）创建交流分析仿真配置文件，设置交流分析参数：选择 Logarithmic→Decade，设置 Start Frequency（仿真起始频率）为 1 kHz，End Frequency（仿真终止频率）为 200 MHz，设置 Points→Decade（十倍频程扫描记录）20 点。

（2）启动仿真，观察瞬态分析输出波形。

① 设定输入信号 V1 的 AC 源为 200mV，启动仿真。

② 在波形窗口中选择 Trace→Add Trace 打开 Add Trace 对话框。请在窗口下方的 Trace Expression 栏处用鼠标选择或直接由键盘输入字符串"V(C)"。再用鼠标选"OK"按钮退出 Add Trace 窗口。这时波形窗口出现高频谐振功率放大器的幅频特性曲线，如图 4.51所示。

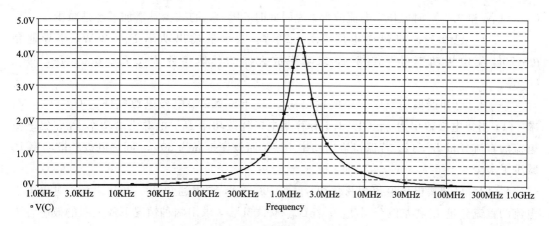

图 4.51　高频谐振功率放大器的幅频特性曲线

思考题与习题

4-1　高频功率放大器的主要任务是什么?

4-2　为什么高频谐振功率放大器能工作于丙类工作状态,而电阻性负载功率放大器不能工作于丙类工作状态?为什么高频功率放大器采用谐振回路作负载?

4-3　放大器工作于丙类工作状态比工作于甲、乙类工作状态有何优点?丙类工作状态的放大器适宜于放大哪些信号?

4-4　高频谐振功率放大器的欠压、临界和过压状态是如何区分的?各有什么特点?当 U_{CC}、U_{BB}、U_b、R_L 四个外界因素只变化其中的一个时,高频功放的工作状态如何变化?

4-5　谐振功率放大器工作在临界状态,若集电极回路稍有失谐,放大器的 I_{c0}、I_{c1m} 将如何变化?P_C 将如何变化?有何危险?

4-6　为什么要进行功率合成?如何实现功率合成?已知每个功率放大器输入功率为 5 W,输出功率为 10 W,设计一个功率合成电路,要求其总输出功率为 20 W,画出该电路。若要实现总输出功率为 40 W,画出该电路。

4-7　为了使输出电流最大,二倍频和三倍频的最佳导通角分别为多少?

4-8　非谐振功率放大器是由非谐振网络构成的放大器。非谐振匹配网络通常有普通变压器和传输线变压器两种,这两种非谐振网络在放大器中的作用及优缺点各是什么?

4-9　设两个谐振功率放大器具有相同的回路元件参数,其输出功率 P_o 分别为 1 W 和 0.6 W。现若增大两放大器的 U_{CC},发现其中 P_o 为 1 W 的放大器输出功率增加不明显,而 P_o 为 0.6 W 的放大器的输出功率增加明显,试分析其原因。若要增大 1 W 放大器的输出功率,试问还应同时采取什么措施(不考虑功率管的安全工作问题)?

4-10　谐振功率放大器晶体管的理想化转移特性的斜率 $g_C = 1$ A/V,截止偏压 $U_{th} = 0.5$ V。已知 $U_{BB} = 0.2$ V,$U_{1m} = 1$ V,做出 U_{BE}、I_C 波形,求出通角 θ 和 I_{CM}。当 U_{1m} 减少到 0.5 V 时,画出 u_{BE}、i_C 波形,说明通角 θ 是增加还是减少了?如果 $U_{BB} = 0.7$ V,画出

$U_{1m}=1$ V 和 0.5 V 时电压、电流波形，说明此时 θ 随 U_{1m} 的减少是增加了还是减少了？

4-11　已知集电极供电电压 $U_{CC}=24$ V，放大器输出功率 $P_o=2$ W，半导通角 $\theta_c=70°$，集电极功率 $\eta=82.5\%$，求功率放大器的其他参数 P_D、I_{c0}、i_{Cmax}、I_{cm1}、P_c、U_{cm} 等。

4-12　已知谐振功率放大器的输出功率 $P_o=5$ W，集电极电源电压为 $U_{CC}=24$ V，求：(1) 当集电极效率为 $\eta=60\%$ 时，计算集电极耗散功率 P_c，电源供给功率 P_D 和集电极电流的直流分量 I_{c0}；(2) 若保持输出功率不变，而效率提高为 80%，问集电极耗散功率 P_c 减少了多少？

4-13　已知集电极电流余弦脉冲 $i_{Cmax}=100$ mA，试求通角 $\theta=120°$、$\theta=70°$ 时集电极电流的直流分量 I_{c0} 和基波分量 I_{c1m}；若 $U_{cm}=0.95U_{CC}$，求出两种情况下放大器的效率各为多少？

4-14　一谐振功率放大器，要求工作在临界状态。已知 $U_{CC}=20$ V，$P_o=0.5$ W，$R_L=50$ Ω，集电极电压利用系数为 0.95，工作频率为 10 MHz。用 L 型网络作为输出滤波匹配网络，试计算该网络的元件值。

4-15　已知谐振功率放大器输出功率 $P_o=4$ W，$\eta_G=55\%$，电源电压 $U_{CC}=20$ V，试求晶体管的集电极功耗 P_c 和直流电源所供给的电流 I_{c0}。若保持 P_o 不变，将 η_G 提高到 80%，试问 P_c、I_{c0} 减少多少？

4-16　已知谐振功率放大器，其工作频率 $f=520$ MHz，输出功率 $P_o=60$ W，$U_{CC}=12.5$ V。(1) 当 $\eta_G=60\%$ 时，试求晶体管的集电极功耗 P_c 和平均电流分量 I_{c0}；(2) 若保持 P_o 不变，将 η_G 提高到 80%，试问 P_c 减少多少？

4-17　已知谐振功率放大器，输出功率 $P_o=1$ W。现增加 U_{CC}，发现放大器的输出功率 P_o 增加，为什么？如发现放大器的输出功率 P_o 增加不明显，这又是为什么？

4-18　设一理想的晶体管静特性如题 4-18 图所示，已知 $E_C=24$ V，$U_C=21$ V，基极偏压为零偏，$U_B=3$ V，试作出它的动态特性曲线。此功放工作在什么状态？并计算此功放的 θ、P_1、P_o、η 及负载阻抗的大小。

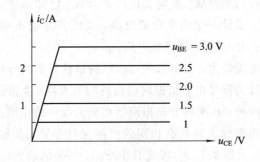

题 4-18 图

4-19　谐振功率放大器电路及晶体管的理想化转移特性如题 4-19 图所示。已知：$U_{BB}=0.2$ V，$u_i=1.1\cos\omega t$ V，$g_c=1$ A/V，回路调谐在输入信号频率上，试在转移特性上画出输入电压和集电极电流波形，并求出电流导通角 θ 及 I_{c0}、I_{c1m}、I_{c2m} 的大小。

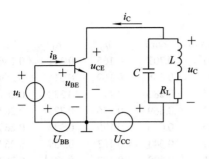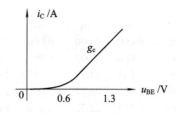

题 4-19 图

4-20　题 4-20 图所示电路是传输线变压器作为共射放大电路负载电路。图中 R_1、R_2、R_c、R_e、C_1、C_2、C_3 组成共射放大电路，T_r 是传输线变压器，R_L 是负载电阻，u_s 是信号源，R_s 是信号源内阻。试分析电路的工作原理，说明传输线变压器的阻抗变换关系。

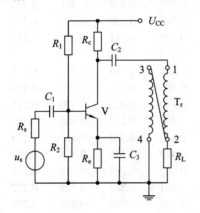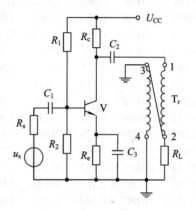

题 4-20 图

4-21　功率四分配网络如题 4-21 图所示，试分析电路的工作原理。已知 $R_L = 75\ \Omega$，试求 R_{d1}、R_{d2}、R_{d3} 及 R_s 的值。

4-22　试分析题 4-22 图所示传输线变压器的阻抗变换关系。

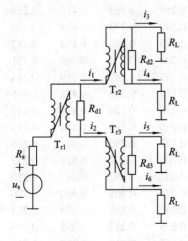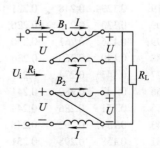

题 4-21 图　　　　　　　　　题 4-22 图

附 余弦脉冲分解系数表

$\theta(°)$	$\cos\theta$	α_0	α_1	α_2	g_1	$\theta(°)$	$\cos\theta$	α_0	α_1	α_2	g_1
0	1.000	0.000	0.000	0.000	2.00	45	0.707	0.165	0.311	0.256	1.88
1	1.000	0.004	0.007	0.007	2.00	46	0.695	0.169	0.316	0.259	1.87
2	0.999	0.007	0.015	0.015	2.00	47	0.682	0.172	0.322	0.261	1.87
3	0.999	0.011	0.022	0.022	2.00	48	0.669	0.176	0.327	0.263	1.86
4	0.998	0.014	0.030	0.030	2.00	49	0.656	0.179	0.333	0.265	1.85
5	0.996	0.018	0.037	0.037	2.00	50	0.643	0.183	0.339	0.267	1.85
6	0.994	0.022	0.044	0.044	2.00	51	0.629	0.187	0.344	0.269	1.84
7	0.993	0.025	0.052	0.052	2.00	52	0.616	0.190	0.350	0.270	1.84
8	0.990	0.029	0.059	0.059	2.00	53	0.602	0.194	0.355	0.271	1.83
9	0.988	0.032	0.066	0.066	2.00	54	0.588	0.197	0.360	0.272	1.82
10	0.985	0.036	0.073	0.073	2.00	55	0.574	0.201	0.366	0.273	1.82
11	0.982	0.040	0.080	0.080	2.00	56	0.559	0.204	0.371	0.274	1.81
12	0.978	0.044	0.088	0.087	2.00	57	0.545	0.208	0.376	0.275	1.81
13	0.974	0.047	0.095	0.094	2.00	58	0.530	0.211	0.381	0.275	1.80
14	0.970	0.051	0.102	0.101	2.00	59	0.515	0.215	0.386	0.275	1.80
15	0.966	0.055	0.110	0.108	2.00	60	0.500	0.218	0.391	0.276	1.80
16	0.961	0.059	0.117	0.115	1.98	61	0.485	0.222	0.396	0.276	1.78
17	0.956	0.063	0.124	0.121	1.98	62	0.469	0.225	0.400	0.275	1.78
18	0.951	0.066	0.131	0.128	1.98	63	0.454	0.229	0.405	0.275	1.77
19	0.945	0.070	0.138	0.134	1.97	64	0.438	0.232	0.410	0.274	1.77
20	0.940	0.074	0.146	0.141	1.97	65	0.423	0.236	0.414	0.274	1.76
21	0.934	0.078	0.153	0.147	1.97	66	0.407	0.239	0.419	0.273	1.75
22	0.927	0.082	0.160	0.153	1.97	67	0.391	0.243	0.423	0.272	1.74
23	0.920	0.085	0.167	0.159	1.97	68	0.375	0.246	0.427	0.270	1.74
24	0.914	0.089	0.174	0.165	1.96	69	0.358	0.249	0.432	0.269	1.74
25	0.906	0.093	0.181	0.171	1.95	70	0.342	0.253	0.436	0.267	1.73
26	0.899	0.097	0.188	0.177	1.95	71	0.326	0.256	0.440	0.266	1.72
27	0.891	0.100	0.195	0.182	1.95	72	0.309	0.259	0.444	0.264	1.71
28	0.883	0.104	0.202	0.188	1.94	73	0.292	0.263	0.448	0.262	1.70
29	0.875	0.107	0.209	0.193	1.94	74	0.276	0.266	0.452	0.260	1.70
30	0.866	0.111	0.215	0.198	1.94	75	0.259	0.269	0.455	0.258	1.69
31	0.857	0.115	0.222	0.203	1.93	76	0.242	0.273	0.459	0.256	1.68
32	0.848	0.118	0.229	0.208	1.93	77	0.225	0.276	0.463	0.253	1.68
33	0.839	0.122	0.235	0.213	1.93	78	0.208	0.279	0.466	0.251	1.67
34	0.829	0.125	0.241	0.217	1.93	79	0.191	0.283	0.469	0.248	1.66
35	0.819	0.129	0.248	0.221	1.92	80	0.174	0.286	0.472	0.245	1.65
36	0.809	0.133	0.255	0.226	1.92	81	0.156	0.289	0.475	0.242	1.64
37	0.799	0.136	0.261	0.230	1.92	82	0.139	0.293	0.478	0.239	1.63
38	0.788	0.140	0.268	0.234	1.91	83	0.122	0.296	0.481	0.236	1.62
39	0.777	0.143	0.274	0.237	1.91	84	0.105	0.299	0.484	0.233	1.61
40	0.766	0.147	0.280	0.241	1.90	85	0.087	0.302	0.487	0.230	1.61
41	0.755	0.151	0.286	0.244	1.90	86	0.070	0.305	0.490	0.226	1.61
42	0.743	0.154	0.292	0.248	1.90	87	0.052	0.308	0.493	0.223	1.60
43	0.731	0.158	0.298	0.251	1.89	88	0.035	0.312	0.496	0.219	1.59
44	0.719	0.162	0.304	0.253	1.89	89	0.017	0.315	0.498	0.216	1.58

$\theta(°)$	$\cos\theta$	α_0	α_1	α_2	g_1	$\theta(°)$	$\cos\theta$	α_0	α_1	α_2	g_1
90	0.000	0.319	0.500	0.212	1.57	136	−0.719	0.445	0.531	0.041	1.19
91	−0.017	0.322	0.502	0.208	1.56	137	−0.731	0.447	0.530	0.039	1.19
92	−0.035	0.325	0.504	0.205	1.55	138	−0.743	0.449	0.530	0.037	1.18
93	−0.052	0.328	0.506	0.201	1.54	139	−0.755	0.451	0.529	0.034	1.17
94	−0.070	0.331	0.508	0.197	1.53	140	−0.766	0.453	0.528	0.032	1.17
95	−0.087	0.334	0.510	0.193	1.53	141	−0.777	0.455	0.527	0.030	1.16
96	−0.105	0.337	0.512	0.189	1.52	142	−0.788	0.457	0.527	0.028	1.15
97	−0.122	0.340	0.514	0.185	1.51	143	−0.799	0.459	0.526	0.026	1.15
98	−0.139	0.343	0.516	0.181	1.50	144	−0.809	0.461	0.526	0.024	1.14
99	−0.156	0.347	0.518	0.177	1.49	145	−0.819	0.463	0.525	0.022	1.13
100	−0.174	0.350	0.520	0.172	1.49	146	−0.829	0.465	0.524	0.020	1.13
101	−0.191	0.353	0.521	0.168	1.48	147	−0.839	0.467	0.523	0.019	1.12
102	−0.208	0.355	0.522	0.164	1.47	148	−0.848	0.468	0.522	0.017	1.12
103	−0.225	0.358	0.524	0.160	1.46	149	−0.857	0.470	0.521	0.015	1.11
104	−0.242	0.361	0.525	0.156	1.45	105	−0.866	0.472	0.520	0.014	1.10
105	−0.259	0.364	0.526	0.152	1.45	151	−0.875	0.474	0.519	0.013	1.09
106	−0.276	0.366	0.527	0.147	1.44	152	−0.883	0.475	0.517	0.012	1.09
107	−0.292	0.369	0.528	0.143	1.43	153	−0.891	0.477	0.517	0.010	1.08
108	−0.309	0.373	0.529	0.139	1.42	154	−0.899	0.479	0.516	0.009	1.08
109	−0.326	0.376	0.530	0.135	1.41	155	−0.906	0.480	0.515	0.008	1.07
110	−0.342	0.379	0.531	0.131	1.40	156	−0.914	0.481	0.514	0.007	1.07
111	−0.358	0.382	0.532	0.127	1.39	157	−0.920	0.483	0.513	0.007	1.07
112	−0.375	0.384	0.532	0.123	1.38	158	−0.927	0.485	0.512	0.006	1.06
113	−0.391	0.387	0.533	0.119	1.38	159	−0.934	0.486	0.511	0.005	1.05
114	−0.407	0.390	0.534	0.115	1.37	160	−0.940	0.487	0.510	0.004	1.05
115	−0.423	0.392	0.534	0.111	1.36	161	−0.945	0.488	0.509	0.004	1.04
116	−0.438	0.395	0.535	0.107	1.35	162	−0.951	0.489	0.509	0.003	1.04
117	−0.454	0.398	0.535	0.103	1.34	163	−0.956	0.490	0.508	0.003	1.04
118	−0.469	0.401	0.535	0.099	1.33	164	−0.961	0.491	0.507	0.002	1.03
119	−0.485	0.404	0.536	0.096	1.33	165	−0.966	0.492	0.506	0.002	1.03
120	−0.500	0.406	0.536	0.092	1.32	166	−0.970	0.493	0.506	0.002	1.03
121	−0.515	0.408	0.536	0.088	1.31	167	−0.974	0.494	0.505	0.001	1.02
122	−0.530	0.411	0.536	0.084	1.30	168	−0.978	0.495	0.504	0.001	1.02
123	−0.545	0.413	0.536	0.081	1.30	169	−0.982	0.496	0.503	0.001	1.01
124	−0.559	0.416	0.536	0.078	1.29	170	−0.985	0.496	0.502	0.001	1.01
125	−0.574	0.419	0.536	0.074	1.28	171	−0.988	0.497	0.502	0.000	1.01
126	−0.588	0.422	0.536	0.071	1.27	172	−0.990	0.498	0.501	0.000	1.01
127	−0.602	0.424	0.535	0.068	1.26	173	−0.993	0.498	0.501	0.000	1.01
128	−0.616	0.426	0.535	0.064	1.25	174	−0.994	0.499	0.501	0.000	1.00
129	−0.629	0.428	0.535	0.061	1.25	175	−0.996	0.499	0.500	0.000	1.00
130	−0.643	0.431	0.534	0.058	1.24	176	−0.998	0.499	0.500	0.000	1.00
131	−0.656	0.433	0.534	0.055	1.23	177	−0.999	0.500	0.500	0.000	1.00
132	−0.669	0.436	0.533	0.052	1.22	178	−0.999	0.500	0.500	0.000	1.00
133	−0.682	0.438	0.533	0.049	1.22	179	−1.000	0.500	0.500	0.000	1.00
134	−0.695	0.440	0.532	0.047	1.21	180	−1.000	0.500	0.500	0.000	1.00
135	−0.707	0.443	0.532	0.044	1.20						

第五章 正弦波振荡器

5.1 概　　述

正弦波振荡器是一种将直流电能自动转换成所需交流电能的电路。它与放大器的区别在于这种转换不需外部信号的控制。振荡器输出的信号频率、波形、幅度完全由电路自身的参数决定。

正弦波振荡器在各种电子设备中有着广泛的应用。例如，无线发射机中的载波信号源，接收设备中的本地振荡信号源，各种测量仪器如信号发生器、频率计、f_T 测试仪中的核心部分以及自动控制环节，都离不开正弦波振荡器。

正弦波振荡器可分成两大类：一类是利用正反馈原理构成的反馈型振荡器，它是目前应用最多的一类振荡器；另一类是负阻振荡器，它将负阻器件直接接到谐振回路中，利用负阻器件的负电阻效应去抵消回路中的损耗，从而产生等幅的自由振荡，这类振荡器主要工作在微波频段。

5.2　反馈型振荡器的基本工作原理

反馈型振荡器是通过正反馈连接方式实现等幅正弦振荡的电路。这种电路由两部分组成，一是放大器，二是反馈网络，见图 5.1(a)。

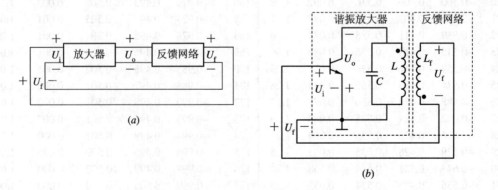

图 5.1　反馈振荡器的组成方框图及相应电路

对电路性能的要求可以归纳为以下三点：

（1）保证振荡器接通电源后能够从无到有建立起具有某一固定频率的正弦波输出。

（2）振荡器在进入稳态后能维持一个等幅连续的振荡。

（3）当外界因素发生变化时，电路的稳定状态不受到破坏。

要满足以上三个条件，就要求振荡器必须同时满足起振条件、平衡条件及稳定条件。

5.2.1　起振条件和平衡条件

下面我们以互感耦合振荡电路为例来分析振荡器的起振条件和平衡条件。

1. 起振条件

如图 5.1(b) 所示，振荡电路在刚接通电源时，晶体管的电流将从零跃变到某一数值，同时电路中还存在着各种固有噪声，它们都具有很宽的频谱，由于谐振回路的选频作用，其中只有谐振角频率为 ω_0 的分量才能在谐振回路两端产生较大的正弦电压 U_o。当通过互感耦合网络得到反馈电压 U_f，再将 U_f 加到晶体管输入端时，就形成了振荡器最初的激励信号电压 U_i。U_i 经过放大、回路选频得到，U_f 与 U_i 同相，而且 $U_f > U_i$。尽管起始输出振荡电压很微弱，但是经过反馈、放大选频、再反馈、再放大这样多次循环，一个正弦波就产生了。可见，振荡器接通电源后能够从小到大地建立振荡的条件是：

振幅起振条件：　　$U_f > U_i$　或　$T(j\omega) > 1$　　　　　　　　（5 - 1）

相位起振条件：　　$\varphi_T = 2n\pi$　　$n = 0, 1, 2, 3, \cdots$　　　　　（5 - 2）

式中，$T(j\omega)$ 表示环路增益，计算式为

$$T(j\omega) = \frac{\dot{U}_f}{\dot{U}_i} = \frac{\dot{U}_o}{\dot{U}_i} \frac{\dot{U}_f}{\dot{U}_o} = A(j\omega) F(j\omega)$$

φ_T 表示环路相移。

应当强调指出，电路只有在满足相位条件的前提下，又满足幅度条件，才能产生振荡。

2. 平衡条件

振荡器起振后，振荡幅度不会无限增长下去，而是在某一点处于平衡状态。因此，反馈振荡器既要满足起振条件，又要满足平衡条件。在接通电源后，依据放大器大振幅的非线性抑制作用，环路增益 $T(j\omega)$ 必具有随振荡器电压振幅 U_i 增大而下降的特性，如图 5.2 所示。环路增益的相角 φ_T 维持在 $2n\pi$ 上，这样起振时，$T(j\omega) > 1$，U_i 迅速增长，而后 $T(j\omega)$ 下降，U_i 的增长速度变慢，直到 $T(j\omega) = 1$ 时，U_i 停止增长，振荡器进入平衡状态，在相应的平衡振幅 U_{iA} 上维持等幅振荡。振荡器达到平衡时，其放大器件处于非线性状态，所以此时的 U_i 计算应当注意放大器件的状态。

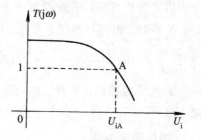

图 5.2　满足起振条件和平衡条件的
环路增益特性

由上面分析可得平衡条件：

振幅平衡条件：　　　　　$U_f = U_i$　或　$T(j\omega) = 1$　　　　　（5 - 3）

相位平衡条件：　　　　　$\varphi_T = 2n\pi$　　$n = 0, 1, 2, 3, \cdots$　　（5 - 4）

由图 5.3 可看出振荡幅度的建立和平衡过程。

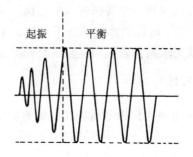

图 5.3　振荡幅度的建立和平衡过程

5.2.2　稳定条件

当振荡器满足了平衡条件建立起等幅振荡后，因多种因素的干扰会使电路偏离原平衡状态。振荡器的稳定条件是指电路能自动恢复到原来平衡状态所应具有的能力。稳定条件包括振幅稳定条件和相位稳定条件。

1. 振幅稳定条件

设振荡器在 $U_i = U_{iA}$ 满足振幅平衡条件，如图 5.4 所示。在 A 点为平衡点，$T(j\omega) = 1$。

若由于某种原因使振幅突然增大到 $U'_{iA} > U_{iA}$，则环路增益 $T(j\omega) < 1$，使振荡器减幅振荡，从而破坏已维持的平衡条件。每经过一次反馈循环，振幅衰减一些，当幅度减小到 A 点以后，又重新达到平衡。

若由于某种原因使振幅减小至 $U''_{iA} < U_{iA}$，则此点 $T(j\omega) > 1$，作增幅振荡，幅度不断增长，当幅度增长到 A 点以后又重新达到平衡。因此 A 点为一稳定平衡点。

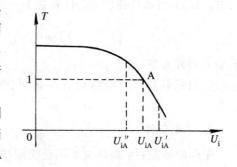

图 5.4　振荡幅度的确定

由以上分析可知，平衡点为一个稳定点的条件是，在平衡点附近环路增益 $T(j\omega)$ 应具有随 U_i 增大而减小的特性，即

$$\left. \frac{\partial T(j\omega)}{\partial U} \right|_{U_i = U_{iA}} < 0 \tag{5-5}$$

式(5-5)便是振幅稳定条件。该偏导数的绝对值愈大，曲线在平衡点的斜率愈大，其稳幅性能也愈好。

2. 相位稳定条件

外界因素的变化同样会破坏相位平衡条件，使环路相移偏离 $2n\pi$。相位稳定条件是指相位条件一旦被破坏时环路能自动恢复 $\varphi_T = 2n\pi$ 所应具有的条件。

相位 φ 与角频率 ω 之间关系是 $\omega = \dfrac{\mathrm{d}\varphi}{\mathrm{d}t}$。因此，相位的变化会引起频率的改变，而频率的改变会引起相位的变化。设振荡器在 ω_0 满足相位平衡条件 $\varphi(\omega) = 2n\pi = \omega_0 T$。当外界干扰引入相位增量 $\Delta\varphi > 0$ 时，经过时间 T 以后反馈信号 U_f 的相位将领先 $U_i\Delta\varphi$，等效角频

率 $\omega_{01}=\omega_0+\Delta\omega$；当 $\Delta\varphi<0$ 时，等效角频率 $\omega_{02}=\omega_0-\Delta\omega$，$U_f$ 的相位将滞后 $U_i\Delta\varphi$。若要使回路重新建立相位平衡，要求外界引入干扰相位后，回路应存在如下自动调节功能：$+\Delta\varphi$ 使振荡频率升高，变为 $\omega_0+\Delta\omega$，而 $\varphi_T=2n\pi-\Delta\varphi_T$，即由环路产生的附加相移 $\Delta\varphi_T$ 来抵消 $\Delta\varphi$，使 $\varphi_T=2n\pi$，振荡频率将稳定在 $\omega_0+\Delta\omega$。当 $\Delta\varphi<0$ 时，回路有相同的自动调节功能。由此可知，相位稳定条件是

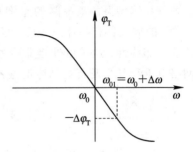

$$\left.\frac{\partial\varphi_T}{\partial\omega}\right|_{\omega=\omega_0}<0 \qquad (5-6)$$

满足相位稳定条件的 $\varphi_T(\omega)$ 特性曲线如图 5.5 所示。式(5-6)表示 $\varphi_T(\omega)$ 在 ω_0 附近具有负斜率变化，其绝对值愈大，相位愈稳定。

图 5.5　满足相位稳定条件的 $\varphi_T(\omega)$ 特性曲线

在 LC 并联谐振回路中，振荡环路 $\varphi_T(\omega)=\varphi_A(\omega)+\varphi_F(\omega)$，即 $\varphi_T(\omega)$ 由两部分组成。其中，$\varphi_F(\omega)$ 是反馈网络相移，与频率近似无关；$\varphi_A(\omega)$ 是放大器相移，主要取决于并联谐振回路的相频特性 $\varphi_Z(\omega)$，见图 5.6，$\varphi_Z(\omega)$ 的计算式为

$$\varphi_Z(\omega)=-\arctan\frac{2(\omega-\omega_0)}{\omega_0}Q_e$$

可见，振荡电路中，是依靠具有负斜率相频特性的谐振回路来满足相位稳定条件的，且 Q_e 越大，$\varphi_Z(\omega)$ 随 ω 增加而下降的斜率就越大，振荡器的频率稳定度也就越高。

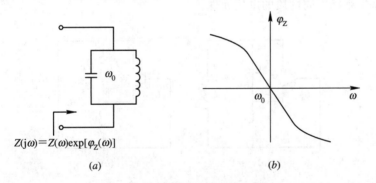

$$Z(j\omega)=Z(\omega)\exp[\varphi_Z(\omega)]$$

(a) 　　　　　　　　　　　(b)

图 5.6　谐振回路的相频特性曲线

(a) 并联谐振回路；(b) 相频特性曲线

5.2.3　正弦振荡电路的基本组成

为了产生稳定的正弦振荡，振荡器应该满足起振条件、平衡条件和稳定条件。这就要求振荡器必须具有四个基本组成部分：

（1）放大电路。它是能量转换装置。从能量观点看，振荡的本质是直流能量向交流能量转换的过程。

（2）正反馈网络。它保证了放大器的能量转换与回路损耗的同步进行。因此，正反馈网络与放大器一起构成了自激振荡的必要条件。

（3）选频网络。它是获得单一正弦波的必要条件。它应具有负斜率的相频特性，以满足相位稳定条件。

（4）稳幅环节。它是振荡器能够进入振幅平衡状态并维持幅度稳定的条件。

尽管正弦振荡器电路的结构不同，种类各异，但它们都应具备以上四种功能。这是定性判别电路能否产生正弦振荡的依据。

各种反馈型振荡器电路的差别在于放大电路的形式、稳幅的方法以及选频网络的不同。常用的放大器有晶体三极管、场效应管、差分对管、集成运放等。稳幅的方法可以利用晶体管的非线性，也可以外接非线性器件，前者称为内稳幅，后者称为外稳幅。常用的选频网络有 RC、LC 及石英晶体谐振器。

5.3　LC 正弦振荡电路

采用 LC 谐振回路作选频网络的反馈振荡器统称为 LC 正弦振荡器，其中，三点式振荡电路（电容耦合、电感耦合）应用最广。

5.3.1　三点式振荡电路

1. 三点式振荡器的原理电路

图 5.7(a)所示为电容三点式电路，又称为考毕兹电路，它的反馈电压取自 C_1 和 C_2 组成的分压器；图 5.7(b)所示为电感三点式电路，又称为哈脱莱电路，它的反馈电压取自 L_1 和 L_2 组成的分压器。从结构上可以看出，三极管的发射极相接两个相同性质的电抗元件，而集电极与基极则接不同性质的电抗元件。

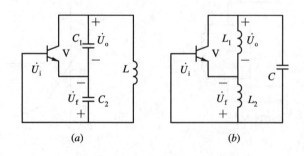

图 5.7　三点式振荡器的原理电路

2. 三点式振荡电路

1）电容耦合振荡电路

图 5.8 给出两种电容三点式振荡器电路。图(a)、(b)中，L、C_1 和 C_2 为并联谐振回路，作为集电极交流负载；R_1、R_2 和 R_3 为分压式偏置电阻；C_3、C_4 和 C_5 为旁路和隔直流电容；R_L 为输出负载电阻。图(a)中，三极管发射极通过 C_4 交流接地，因此 C_2 两端所建立的反馈电压被加到三极管基极上。图(b)中，三极管基极通过 C_3 交流接地，因此 C_2 两端所建立的反馈电压被加到三极管发射极上。两种电路的交流通路如图 5.8(c)、(d)所示，这两个电路实质上由放大器及反馈网络两部分组成。设置偏置电路的目的是保证三极管工作在放大区，以提供足够的放大增益，并满足振幅起振条件。

对电容三点式振荡电路的分析可利用 Ⅱ 型等效电路来讨论，图 5.9(a)是图 5.8(b)的等效电路。其中，为简化起见，图(a)中晶体管微变参数只用了跨导 $g_m(g_i \approx 0，g_o \approx 0)$，但是结电容不被忽略，见图 5.9(b)。

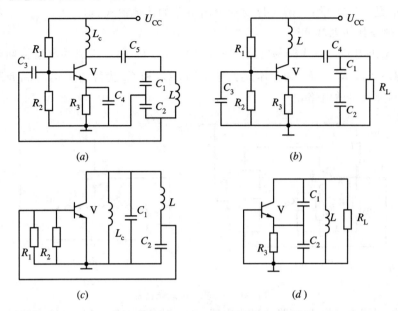

图 5.8 三点式振荡电路

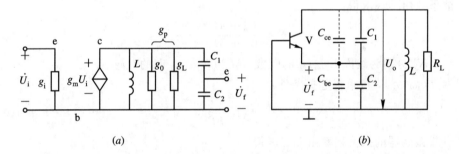

图 5.9 简化等效电路

由图(a)可求得小信号工作时的电压增益为

$$A_u = \left| \frac{\dot{U}_o}{\dot{U}_i} \right| = \frac{g_m}{g_p} \tag{5-7}$$

式中，$g_p = g_0 + g_L$，g_0 为振荡输出回路的固有电导，g_L 为负载电导。

当考虑晶体管结电容 C_{ce} 和 C_{be} 对电路的影响时，反馈系数由下式求得：

$$F = \left| \frac{\dot{U}_f}{\dot{U}_o} \right| = \frac{C_1'}{C_1' + C_2'} \tag{5-8}$$

式中，$C_1' = C_1 + C_{ce}$，$C_2' = C_2 + C_{be}$。

根据 $T(j\omega) > 1$，由式(5-7)、(5-8)可求得起振条件：

$$g_m > \frac{1}{F} g_p \tag{5-9}$$

电容三点式振荡器的振荡频率由下式求得：

$$f_0 = \frac{1}{2\pi \sqrt{LC_\Sigma}} \tag{5-10}$$

式中
$$C_\Sigma = \frac{C_1' C_2'}{C_1' + C_2'}$$

这里要指出的是，在分析和计算电路时应分清电路的接地形式。

2）电感耦合振荡电路

图 5.10 给出电感三点式振荡电路。图(a)中，L_1、L_2 和 C 组成并联谐振回路，作为集电极交流负载；R_1、R_2 和 R_3 为分压式偏置电阻；C_1 和 C_2 为隔直流电容和旁路电容。图(b)是图(a)的交流等效电路。

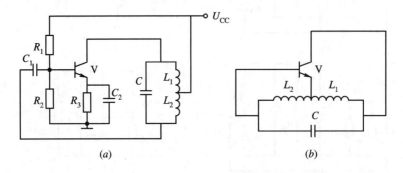

图 5.10　电感三点式振荡器

下面我们利用 Ⅱ 型等效电路来讨论电感三点式振荡电路，这里只给出结果。

反馈系数由下式求得：

$$F \approx \frac{L_2 + M}{L_1 + M} = \frac{N_2}{N_1} \tag{5-11}$$

式中，N_1、N_2 分别为线圈 L_1、L_2 的匝数；M 为 L_1、L_2 间的互感。

根据 $T(j\omega) > 1$，可求得起振条件：

$$g_m > \frac{1}{F} g_p \tag{5-12}$$

电感三点式振荡器的振荡频率由下式求得

$$f_0 = \frac{1}{2\pi \sqrt{LC}} \tag{5-13}$$

式中

$$L = L_1 + L_2 + 2M$$

5.3.2　改进型电容三点式振荡电路

为了提高频率的稳定性，目前较普遍地应用改进型电容振荡电路。

1. 串联改进型振荡电路

如图 5.11(a)所示，该电路的特点是在电感支路中串接一个容量较小的电容 C_3。此电路又称为克拉泼电路。其交流通路见图 5.11(b)。在满足 $C_3 \ll C_1$、$C_3 \ll C_2$ 时，回路总电容 C_Σ 主要取决于 C_3。在图中，不稳定电容主要是晶体管极间电容 C_{ce}、C_{be}、C_{cb}，在接入 C_3 后不稳定电容对振荡频率的影响将减小，而且 C_3 越小，极间电容影响就越小，频率的稳定性就越高。

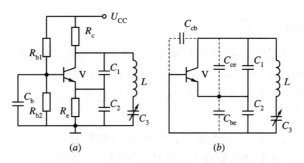

图 5.11　克拉泼电路及交流通路

回路总电容 C_Σ 为

$$\frac{1}{C_\Sigma} = \frac{1}{C_1} + \frac{1}{C_2} + \frac{1}{C_3} \approx \frac{1}{C_3}$$

该振荡电路的振荡频率为

$$f_0 = \frac{1}{2\pi \sqrt{LC_\Sigma}} \approx \frac{1}{2\pi \sqrt{LC_3}} \qquad (5-14)$$

要注意的是，减小 C_3 来提高回路的稳定性是以牺牲环路增益为代价的。如果 C_3 取值过小，振荡器就会不满足振幅起振条件而停振。

2. 并联改进型振荡电路

这种电路又称西勒电路，如图 5.12(a)所示。其交流通路如图(b)所示。其与克拉泼电路的差别仅在于电感 L 又并联了一个调节振荡频率的可变电容 C_4。C_1、C_2、C_3 均为固定电容，且满足 $C_3 \ll C_1$，$C_3 \ll C_2$。通常，C_3、C_4 为同一数量级的电容，故回路总电容 $C_\Sigma \approx C_3 + C_4$。西勒电路的振荡频率为

$$f_0 \approx \frac{1}{2\pi \sqrt{L(C_3 + C_4)}} \qquad (5-15)$$

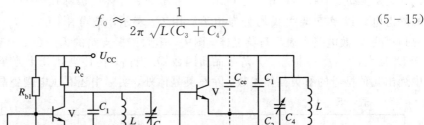
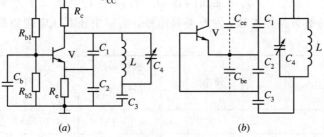

图 5.12　西勒振荡电路及交流通路

与克拉泼电路相比，西勒电路不仅频率稳定性高，输出幅度稳定，频率调节方便，而且振荡频率范围宽，振荡频率高，因此，是目前应用较广泛的一种三点式振荡电路。

5.4　晶体振荡器

如果要求频稳度超过 10^{-5} 数量级，就必须采用石英晶体振荡器，这是因为石英晶体振荡电路的频稳度可达 $10^{-9} \sim 10^{-11}$ 数量级。

5.4.1　石英谐振器的特性

　　石英谐振器(简称晶体)是利用石英晶体(二氧化硅)的压电效应而制成的一种谐振元件。它的内部结构如图5.13所示，在一块石英晶片的两面涂上银层作为电极，并从电极上焊出引线固定于管脚上，通常做成金属封装的小型化元件。

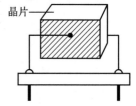

图5.13　石英谐振器

　　石英晶片是按一定方位切割而成的，它具有一固有振动频率，其值与切片形状、尺寸和切型有关，而且十分稳定；它的温度系数(温度变化1℃引起的固有振动频率相对变化量)均在 10^{-6} 或更高的数量级上。某些切型的石英晶片(AT和GT)，其温度系数在很宽的温度范围内均趋于零；而其它切型的石英片，只在某一特定温度附近的小范围内才趋于零。石英晶片的振动模式存在多谐性，除有基音振动外，还有奇次谐波的泛音振动。一般在晶体外壳上均注有振荡频率的标称值，通常，基音晶体以 kHz 为单位，泛音晶体以 MHz 为单位。

　　实践中发现，将石英晶体接入具有正反馈特性的放大电路时，由于石英晶体发生压电效应，两电极上就会产生相应振动，同时引起相应交变电荷，这样电路的工作频率就被控制和稳定在石英晶体的机械振动频率上。当外加电压频率等于晶体固有振动频率时，就会发生类似串联 LCr 电路中的共振现象，石英晶体电极上的交变电荷量达最大，也就是通过石英晶体的电流幅度最大。若石英晶体的质量相当于电感 L_q、晶体的弹性相当于电容 C_q、晶体振动的摩擦损耗相当于电阻 r_q，并考虑到晶体两极存在的静态电容以及支架引线的分布电容，用 C_0 表示，则可用图

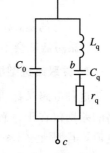

图5.14　石英晶体振荡器的
等效电路

5.14所示等效电路来表示石英晶体。图中，串联谐振支路的 L_q、C_q、r_q 都是动态参数，由于 L_q 极大，C_q 及 r_q 极小，其等效品质因数 Q_q 极高，往往高达几十万至几百万。表 5 - 1 中列出几种型号的石英晶体参数。除石英晶体外，实际中还有压电陶瓷晶体可供使用。

表　5 - 1

频率范围/MHz	型号	频稳度/d	温度系数 $\left(\dfrac{\Delta f}{f}/℃\right)$	L_q/H	C_q/pF
5	JA8	5×10^{-9}	$<1\times10^{-7}$	0.08	0.013
20~45	B04	5×10^{-9}	$<1\times10^{-7}$	0.08	0.0001
90~130	B04/L	5×10^{-9}	1×10^{-7}	依照频率定	
频率范围/MHz	r_q/Ω	C_0/pF	Q_q	负载电容/pF	振动方式
5	≤10	5	$\geq50\times10^4$	30，50，∞	基频
20~45	40	4.5	$\geq50\times10^4$	30，50，∞	三次泛音
90~130	依照频率定		$\geq50\times10^4$	30，50，∞	九次泛音

由图 5.14 可求得石英晶体的等效阻抗为（忽略 r_q）

$$Z_e \approx -j \frac{1}{\omega C_0} \cdot \frac{1 - \left(\frac{\omega_s}{\omega}\right)^2}{1 - \left(\frac{\omega_p}{\omega}\right)^2} = jX_e \qquad (5-16)$$

式中，ω_s 为晶体串联谐振角频率，$\omega_s = \dfrac{1}{\sqrt{L_q C_q}}$；

ω_p 为晶体并联谐振角频率，$\omega_p = \sqrt{\dfrac{C_q + C_0}{L_q C_q C_0}}$。

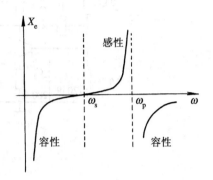

根据上式画出晶体的电抗曲线如图 5.15 所示。由图可见，在 $\omega_s \sim \omega_p$ 的频率范围内，X_e 为正值，呈感性；其它范围内，X_e 为负值，呈容性。正确使用的晶体，其频率应在 $\omega_s \sim \omega_p$ 范围内。在这样小的范围内，晶体具有陡峭的电抗频率特性，呈现很大的正电抗或接近于零的电阻，晶体可等效成高 Q 大电感元件或高 Q 短路线元件来使用。

图 5.15 晶体的阻抗频率特性

5.4.2 晶体振荡电路

1. 并联型晶体振荡电路

并联型晶振电路的工作原理和一般三点式 LC 振荡器相同，只是把其中的一个电感元件用晶体置换，目的是保证反馈电压中仅包含所需要的基音频率或泛音频率，而滤除其它的奇次谐波分量。目前应用最广的是类似电容三点式的皮尔斯晶体振荡电路，如图 5.16(a) 所示。相应的交流通路如图 5.16(b) 所示，其中晶体用等效电路表示。可以看出，它与克拉泼电路十分类似（C_q 类似于 C_3），利用晶体的高 Q_q 和极小 C_q，便可获得很高的频稳度。

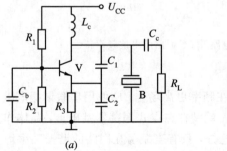
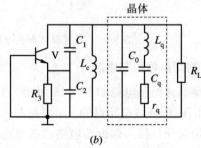

图 5.16 皮尔斯晶体振荡电路

实际上，由于生产工艺的不一致性以及老化等原因，振荡器的振荡频率往往与晶体标称频率稍有偏差。因而，在振荡频率准确度要求很高的场合，振荡电路中必须设置频率微调元件。图 5.17(a) 给出了一个实用电路。图(b) 为其等效电路，图中，晶体在电路中作为

电感元件 L；C_4 为微调电容，用来改变并接在晶体上的负载电容，从而改变振荡器的振荡频率，不过，频率调节范围是很小的。在实际电路中，除采用微调电容外，还可采用微调电感或同时采用微调电感和微调电容。

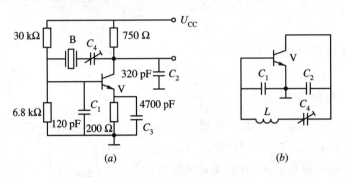

(a)   *(b)*

图 5.17　晶体振荡实例

上面讨论了基频晶体振荡电路。如果采用泛音晶体组成振荡电路，则需考虑抑制基波和低次泛音振荡的问题。为此，可将皮尔斯电路中的 C_1 用 L_1C_1 谐振电路取代，如图 5.18 所示。假设晶体为五次泛音晶体，标称频率为 5 MHz，为了抑制基波和三次泛音的寄生振荡，L_1C_1 回路应调谐在三次和五次泛音频率之间，如 3.5 MHz。这样，在 5 MHz 频率上，L_1C_1 回路呈容性，振荡电路符合组成法则。而对于基频和三次泛音频率来说，L_1C_1 回路呈感性，电路不符合组成法则，因而不能在这些频率上振荡。至于七次及其以上的泛音频率，L_1C_1 回路虽呈容性，但其等效电容量过大，致使电容分压比 n 过小，不满足振幅起振条件，因而也不能在这些频率上振荡。

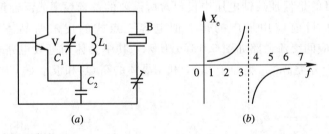

(a)   *(b)*

图 5.18　泛音晶体振荡电路及 LC 回路的电抗频率特性

2. 串联型晶体振荡电路

串联型晶体振荡电路如图 5.19 所示。在频率更高场合，应使用串联谐振电阻很小的优质晶体。由图(*b*)等效电路可知，串联型晶振就是在三点式振荡器基础上，晶体作为具有高选择性的短路元件接入到振荡电路的适当地方，只有当振荡在回路的谐振频率等于接入的晶体的串联谐振频率时，晶体才呈现很小的纯电阻性，电路的正反馈最强。因此，频率稳定度完全取决于晶体的稳定度。谐振回路的频率为

$$f_0 = \frac{1}{2\pi \sqrt{LC_\Sigma}}$$

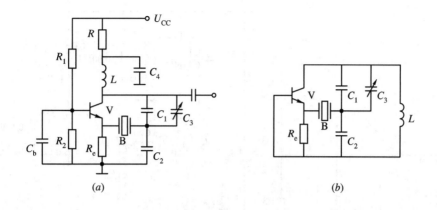

图 5.19　串联型晶体振荡电路

5.5　实训：正弦波振荡器的仿真与
蒙托卡诺(Monte Carlo)分析

本节利用 PSpice 仿真技术来完成对正弦波振荡器的测试、性能分析，使读者熟悉蒙托卡诺(Monte Carlo)分析方法。下面介绍蒙托卡诺分析的概念与作用。

在前面几章 PSpice 电路分析中有一个共同的特点，就是电路中每一个元器件都有确定的值，称为标称值。因此这些电路分析又称为标称值分析。但如果按设计好的电路图进行生产，组装成若干块电路时，对应于设计图上的同一个元器件，在实际电路中采用的元器件值不可能完全相同，存在一定的分散性。这样，实际组装电路的电特性就不可能与标称值模拟的结果完全相同，而呈现出一定的分散性。为了模拟实际生产中因元器件值的分散性所引起的电路特性分散性，PSpice 提供了蒙托卡诺分析功能，简称为 MC 分析。蒙托卡诺分析采取随机抽样、统计分析的方法，来完成对电路的分析。

范例：观察输出波形及蒙托卡诺分析

步骤一　绘出电路图

(1) 请建立一个项目 CH4，然后绘出如图 5.20 所示的电路图。其中，V1 为脉冲信号源(VPULSE)，它提供正弦波振荡器的激励信号。

(2) 在进行蒙托卡诺分析时，设定 L1 的容差(Tolerance)为 15%，设定 L2 的容差为 15%。

(3) 将图 5.20 中的其它元件编号和参数按图中设置。注意：图中 A 是测试点的编号。

步骤二　瞬态分析

(1) 创建瞬态分析仿真配置文件，设定瞬态分析参数：Run to time(仿真运行时间)设置为 120 μs，Start saving data after(开始存储数据时间)设置为 0 μs，Maximum step size(最大时间增量)设置为 100 ns。

(2) 启动仿真，观察瞬态分析输出波形。

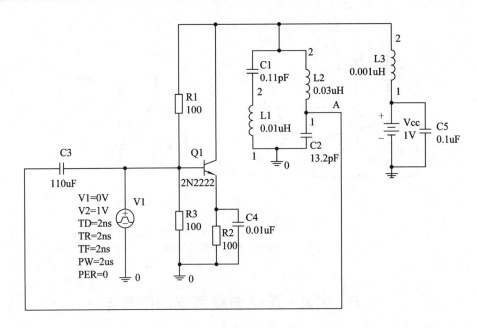

图 5.20　正弦波振荡器电路图

在波形窗口中选择 Trace→Add Trace 打开 Add Trace 对话框。请在窗口下方的 Trace Expression 栏处用鼠标选择或直接由键盘输入字符串"V(A)"。再用鼠标选"OK"按钮退出 Add Trace 窗口。这时的波形窗口出现正弦波振荡器输出波形，如图 5.21 所示。

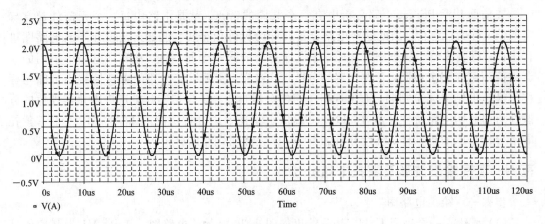

图 5.21　正弦波振荡器输出波形

步骤三　交流分析

（1）创建交流分析仿真配置文件，设置交流分析参数：选择 Logarithmic→Decade，设置 Start Frequency（仿真起始频率）为 20 kHz，End Frequency（仿真终止频率）为 150 kHz，设置 Points→Decade（十倍频程扫描记录）1000 点。

（2）启动仿真观察瞬态分析输出波形。

① 设定输入信号 V1 的 AC 源为 100 mV，启动仿真。

② 在波形窗口中选择 Trace→Add Trace 打开 Add Trace 对话框。请在窗口下方的 Trace Expression 栏处用鼠标选择或直接由键盘输入字符串"V(A)"。再用鼠标选"OK"按

钮退出 Add Trace 窗口。这时的波形窗口出现高频谐振功率放大器的幅频特性曲线，如图 5.22 所示。

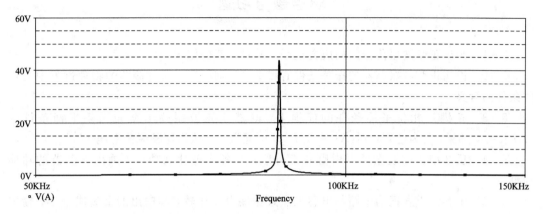

图 5.22　正弦波振荡器幅频特性曲线

步骤四　设置蒙托卡诺 Monte Carlo 分析

（1）创建蒙托卡诺分析仿真配置文件，设置蒙托卡诺分析参数：

① 在 Simulation Settings 窗口选择 Analysis 标签，在 Analysis Type 下拉列表里面选择 AC Sweep（交流分析），勾选 MonteCarlo→Worse Case，选择 Monte Carlo。

② 设置 Output variable（输出变量）为 V(A)。

③ 在 Monte Carlo Options 中，Number of runs（运行次数）设置为 50，Use distribution 设置为 Uniform（均匀分布），Save data from 选择前 3 次运行结果（First→3）。

（2）启动仿真，观察蒙托卡诺分析输出波形。

仿真运行成功后将弹出 Available Section 窗口，点击 OK 按钮，将弹出波形窗口。在波形窗口中选择 Trace→Add Trace 打开 Add Trace 对话框。请在窗口下方的 Trace Expression 栏处用鼠标选择或直接由键盘输入字符串"V(A)"。再用鼠标选"OK"按钮退出 Add Trace 窗口。这时的波形窗口出现正弦波振荡器的蒙托卡诺分析前三次输出波形，如图 5.23 所示。

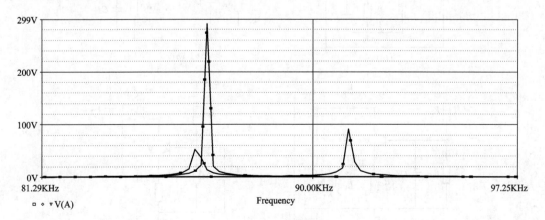

图 5.23　蒙托卡诺分析输出波形

思考题与习题

5-1 画出正弦波振荡器的构成方框图，说明各部分作用。

5-2 说明正弦波振荡器的振荡条件有哪些？如何表示？通过振荡的物理过程说明这些条件的含义。

5-3 在满足相位平衡条件的前提下，既然正弦波振荡电路的振幅平衡条件为 $|AF|=1$，如果 $|F|$ 为已知，则 $|A|=|1/F|$ 即可起振，你认为这种说法对吗？

5-4 反馈型正弦波振荡器由哪几部分组成，各实现什么功能？画出振荡器的功能模型。

5-5 电容三点式振荡电路与电感三点式振荡电路比较，其输出的谐波成分小，输出波形较好，为什么？

5-6 LC 三端式正弦波振荡器的构成原则是什么？有几种类型的 LC 三端式正弦波振荡器。

5-7 试分别说明，石英晶体在并联晶体振荡电路和串联晶体振荡电路中起何种（电阻、电感和电容）作用。

5-8 克拉泼和西勒振荡电路是怎样改进了电容反馈振荡器性能的？

5-9 画出石英晶体的电路符号、等效电路及其电抗特性，说明石英晶体振荡器有哪几种类型。

5-10 电路如题 5-10 图所示，试用相位平衡条件判断哪个电路能振荡，哪个不能，

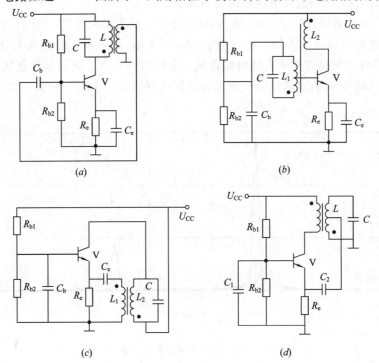

题 5-10 图

说明理由。

5-11 试检查题5-11图所示振荡器有哪些错误，并加以改正。

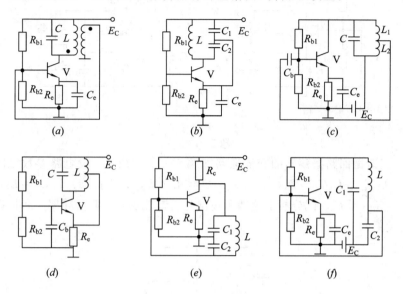

题5-11图

5-12 试从相位条件出发，判断题5-12图所示交流等效电路，哪些可能振荡，哪些不可能振荡；能振荡的属于哪种类型振荡器？

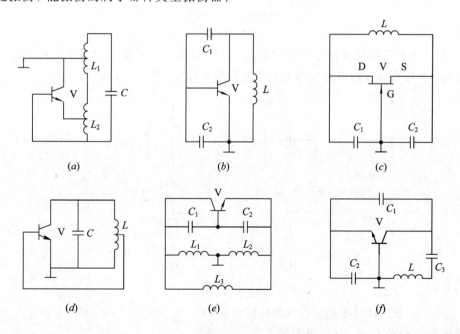

题5-12图

5-13 两种改进型电容三点式振荡电路如题5-13图(a)、(b)所示，试回答下列问题：(1) 画出图(a)的交通流路，若C_b很大，$C_1 \gg C_3$，$C_2 \gg C_3$，求振荡频率的近似表达式。(2) 画出图(b)的交流电路，若C_b很大，$C_1 \gg C_3$，$C_2 \gg C_3$，求振荡频率的近似表达式。(3) 定性说明杂散电容对两种电路振荡频率的影响。

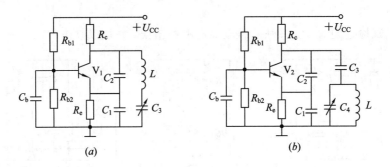

题 5 - 13 图

5-14 三谐振回路振荡器的交流通路如题 5-14 图所示,设电路参数之间有以下四种关系:(1) $L_1C_1 > L_2C_2 > L_3C_3$;(2) $L_1C_1 < L_2C_2 < L_3C_3$;(3) $L_1C_1 = L_2C_2 > L_3C_3$;(4) $L_1C_1 < L_2C_2 = L_3C_3$。试分析上述四种情况是否都能振荡,振荡频率与各回路的固有谐振频率有何关系?

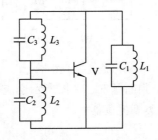

题 5 - 14 图

5-15 两种石英晶体振荡器原理如题 4-15 图所示,试说明它属于哪种类型的晶体振荡电路,为什么说这种电路结构有利于提高频率稳定度?

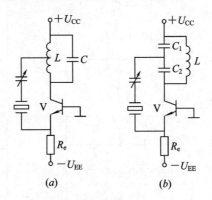

题 5 - 15 图

5-16 一个 5 kHz 的基频石英晶体谐振器,$C_q = 2.4 \times 10^{-2}$ pF,$C_0 = 6$ pF,$r_0 = 15$ Ω。求此谐振器的 Q 值和串、并联谐振频率。

5-17 已知考毕兹正弦波振荡器如题 5-17 图,画出该电路的交流通路和交流等效电路。

5-18 已知电路如题 5-18 图所示,判断该电路可以实现正弦波振荡的条件,写出输出正弦波的频率表达式。

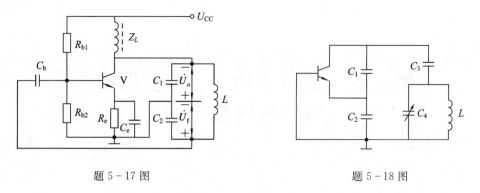

题 5 - 17 图　　　　　　　　　　题 5 - 18 图

5 - 19　已知电路如题 5 - 19 图所示，判断该电路能否输出正弦振荡波，为什么？

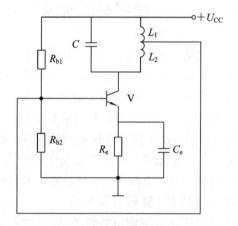

题 5 - 19 图

5 - 20　已知电路如题 5 - 20 图所示，说明该电路的名称，画出该电路的交流通路。

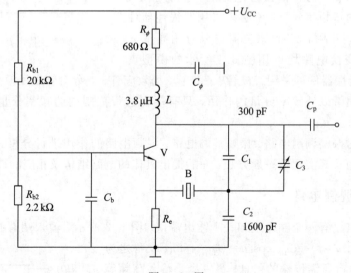

题 5 - 20 图

5 - 21　用 Multisim 仿真软件分析克拉泼电路、西勒电路、皮尔斯电路。观察其输出波形，以及电容、电感的选取对振荡器振荡频率的影响。

第六章 信号变换一：振幅调制、解调与混频电路

6.1 信号变换概述

在信号传输中，为了满足信道的频率响应特性，需要将基带信号变换到适合传输的频率范围内，这就是调制。调制在通信系统中起着十分重要的作用，调制方式在很大程度上决定了一个通信系统的性能。应用最广泛的模拟调制方式，是以正弦波作为载波的幅度调制和角度调制。在幅度调制过程中，调制后的信号频谱和基带信号频谱之间保持线性平移关系，这称为线性幅度调制，属于这类电路的有振幅调制电路、解调电路、混频电路等。而在角度调制过程中，尽管也完成频谱搬移，但并没有线性对应关系，故称为非线性角度调制，属于这类电路的有频率调制与解调电路等。另外，解调的过程是从已调制波中恢复基带信号，完成与调制相反的频谱搬移。混频过程与线性调制类似，只是将输入信号频谱由载频附近线性平移到中频附近，并不改变频谱内部结构。无论线性搬移或非线性搬移，作为频谱搬移电路的共同特点是，为得到所需要的新频率分量，都必须采用非线性器件进行频率变换，并用相应的滤波器选取有用频率分量。各种频率变换电路均可用图 6.1 所示的模型表示。

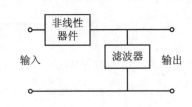

图 6.1 频率变换电路的一般组成模型

图中的非线性器件可采用二极管、三极管、场效应管、差分对管以及模拟乘法器等。滤波器起着滤除通带以外频率分量的作用，只有落在通带范围内的频率分量才会产生输出电压。

本章首先对振幅调制电路、振幅解调电路、混频电路的作用进行分析，找出频谱搬移电路的组成模型及其实现的一般方法，而后提出具体的电路结构及相应的性能特点。

6.1.1 振幅调制电路

振幅调制电路有两个输入端和一个输出端，如图 6.2 所示。输入端有两个信号：一个是输入调制信号 $u_\Omega(t) = U_{\Omega m}\cos\Omega t = U_{\Omega m}\cos 2\pi Ft$，称之为调制信号，它含有所需传输的信息；另一个是输入高频等幅信号，$u_c(t) = U_{cm}\cos\omega_c t = U_{cm}\cos 2\pi f_c t$，称之为载波信号。其中，$\omega_c = 2\pi f_c$，为载波角频率；$f_c$ 为载波频率。通常，输入调制信号就是基带信号，它包含许多频率分量，

图 6.2 调幅电路示意图

即由许多不同的正弦波信号组成。为了讨论方便，这里我们假设输入调制信号为单频正弦信号 $u_{\Omega}(t)$。振幅调制电路的功能就是在调制信号 $u_{\Omega}(t)$ 和载波信号 $u_c(t)$ 的共同作用下产生所需的振幅调制信号 $u_o(t)$。

振幅调制信号按其不同频谱结构可分为普通调幅（AM）信号，抑制载波的双边带调制（DSB）信号，抑制载波的单边带调制（SSB）信号。

1. 普通调幅（AM）

1）普通调幅电路模型

普通调幅信号是载波信号振幅按输入调制信号规律变化的一种振幅调制信号，简称调幅信号。普通调幅电路的模型可由一个乘法器和一个加法器组成，如图 6.3 所示。图中，A_m 为乘法器的乘积常数，A 为加法器的加权系数。

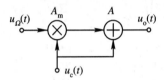

图 6.3　普通调幅电路的模型

2）普通调幅信号的数学表达式

输入单音调制信号：

$$u_{\Omega}(t) = U_{\Omega m}\cos\Omega t = U_{\Omega m}\cos 2\pi F t$$

载波信号：

$$u_c(t) = U_{cm}\cos\omega_c t = U_{cm}\cos 2\pi f_c t$$

且 $f_c \gg F$，根据普通调幅电路模型可得输出调幅电压

$$\begin{aligned}
u_o &= A[u_c(t) + A_m u_c(t)u_{\Omega}(t)] \\
&= U_{cm}A(1 + A_m U_{\Omega m}\cos\Omega t)\cos\omega_c t \\
&= U_{om}(1 + m_a\cos\Omega t)\cos\omega_c t
\end{aligned} \qquad (6-1)$$

式中，$U_{om} = kU_{cm}$，是未经调制的输出载波电压振幅，取 $A = k$；$m_a = A_m U_{\Omega m} = k_a U_{\Omega m}/U_{om}$，是调幅信号的调幅系数，称做调幅度，$k_a = A_m A U_{cm}$；$k_a$，$k$ 均是取决于调幅电路的比例常数。

3）普通调幅信号的波形

如图 6.4 所示，$U_{om}(1 + m_a\cos\Omega t)$ 是 $u_o(t)$ 的振幅，它反映调幅信号的包络线的变化。由图可见，在输入调制信号的一个周期内，调幅信号的最大振幅为

$$U_{om\,max} = U_{om}(1 + m_a)$$

最小振幅为

$$U_{om\,min} = U_{om}(1 - m_a)$$

由上两式可解出

$$m_a = \frac{U_{om\,max} - U_{om\,min}}{U_{om\,max} + U_{om\,min}} \qquad (6-2)$$

上式表明，m_a 必须小于或等于 1。m_a 越大，表示 $U_{om\,max}$ 与 $U_{om\,min}$ 差别越大，即调制越深。如

果 $m_a>1$，则意味着已调幅波的包络形状已与调制信号不同，即产生严重失真，这种情况称为过量调幅，如图 6.5(a)所示。在实际调幅电路中，由于管子截止，过量调幅波形如图 6.5(b)所示。

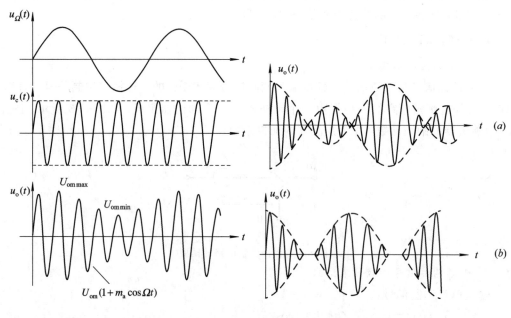

图 6.4　普通调幅电路的波形　　　　　图 6.5　过量调幅失真

4）普通调幅信号的频谱结构和频谱宽度

将式(6-1)用三角函数展开：

$$U_o(t) = U_{om}\cos\omega_c t + m_a U_{om}\cos\Omega t \cos\omega_c t$$

$$= U_{om}\cos\omega_c t + \frac{1}{2}m_a U_{om}\cos(\omega_c+\Omega)t + \frac{1}{2}m_a U_{om}\cos(\omega_c-\Omega)t \quad (6-3)$$

由式(6-3)可得调幅信号的频谱图，如图 6.6 所示。单音调制时，调幅信号的频谱由三部分频率分量组成：第一部分是角频率为 ω_c 的载波分量；第二部分是角频率为 $(\omega_c+\Omega)$ 的上边频分量；第三部分是角频率为 $(\omega_c-\Omega)$ 的下边频分量。其中，上、下边频分量是由乘法器对 $u_\Omega(t)$ 和 $u_c(t)$ 相乘的产物。

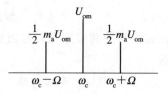

图 6.6　普通调幅的频谱

由图 6.6 可得，调幅信号的频谱宽度 BW_{AM} 为调制信号频谱宽度的两倍，即

$$\text{BW}_{AM} = 2F \quad (6-4)$$

从以上分析可知，普通调幅电路模型中的乘法器对 $u_\Omega(t)$ 和 $u_c(t)$ 实现相乘运算的结果将反映在波形上和频谱上。在波形上的反映是将 $u_\Omega(t)$ 不失真地转移到载波信号振幅上；在频谱上的反映则是将 $u_\Omega(t)$ 的频谱不失真地搬移到 ω_c 的两边。

5）非余弦的周期信号调制

假设调制信号为非余弦的周期信号，其傅里叶级数展开式为

$$u_\Omega(t) = \sum_{n=1}^{n_{max}} U_{\Omega n} \cos n\Omega t$$

则输出调幅信号电压为

$$u_o(t) = [U_{om} + k_a U_\Omega(t)]\cos\omega_c t$$

$$= [U_{om} + k_a \sum_{n=1}^{n_{max}} U_{\Omega n}\cos n\Omega t]\cos\omega_c t$$

$$= U_{om}\cos\omega_c t + \frac{k_a}{2}\sum_{n=1}^{n_{max}} U_{\Omega n}[\cos(\omega_c + n\Omega)t + \cos(\omega_c - n\Omega)t] \qquad (6-5)$$

可以看到，$u_o(t)$ 的频谱结构中，除载波分量外，还有由相乘器产生的上、下边频分量，其角频率为 $(\omega_c \pm \Omega)$，$(\omega_c + 2\Omega)$，…，$(\omega_c \pm n_{max}\Omega)$。这些上、下边频分量是指将调制信号频谱不失真地搬移到 ω_c 两边，如图 6.7 所示。不难看出，调幅信号的频谱宽度为调制信号频谱宽度的两倍，即

$$BW_{AM} = 2F_{max} \qquad (6-6)$$

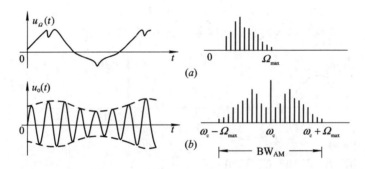

图 6.7　非余弦的周期信号调制

6) 功率分配关系

将式(6-1)所表示的调幅波电压加到电阻 R 的两端，则可分别得到载波功率和每个边频功率为

$$P_0 = \frac{1}{2}\frac{U_{om}^2}{R} \qquad (6-7)$$

$$P_1 = P_2 = \frac{1}{2}\left(\frac{m_a}{2}U_{om}\right)^2\frac{1}{R} = \frac{m_a^2}{4}P_0 \qquad (6-8)$$

在调制信号的一个周期内，调幅波输出的平均总功率为

$$P_\Sigma = P_0 + P_1 + P_2 = \left(1 + \frac{m_a^2}{2}\right)P_0 \qquad (6-9)$$

上式表明调幅波的输出功率随 m_a 增加而增加。当 $m_a = 1$ 时，有

$$P_0 = \frac{2}{3}P_\Sigma, \qquad P_1 + P_2 = \frac{1}{3}P_\Sigma$$

这说明不包含信息的载波功率占了总输出功率的 2/3，而包含信息的上、下边频功率之和只占总输出功率的 1/3。从能量观点看，这是一种很大的浪费；而且实际调幅波的平均调制系数远小于1，因此能量的浪费就更大。能量利用得不合理是 AM 制式本身固有的缺点。

目前 AM 制式主要应用于中、短波无线电广播系统中，基本原因是 AM 制式的解调电路简单，可使广大用户的收音机简单而价廉。在其它通信系统中很少采用普通调幅方式，而采用别的调制方式。

2. 双边带调制(DSB)和单边带调制(SSB)

1）双边带调制

从上述调幅信号的频谱结构可知，占绝大部分功率的载频分量是无用的，唯有其上、下边频分量才反映调制信号的频谱结构，而载频分量通过相乘器仅起着将调制信号频谱搬移到 ω_c 两边的作用，本身并不反映调制信号的变化。如果在传输前将载频分量抑制掉，那么就

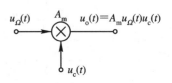

图 6.8　双边带调制电路的模型

可以大大节省发射机的发射功率。这种仅传输两个边频的调制方式称为抑制载波的双边带调制，简称双边带调制。双边带调制电路模型如图 6.8 所示。

双边带调幅信号数学表达式为

$$u_o(t) = A_m u_c(t) u_\Omega(t) = A_m U_{\Omega m} \cos\Omega t U_{om} \cos\omega_c t \tag{6-10}$$

由上式可得双边带调幅信号的波形，如图 6.9(a)所示。

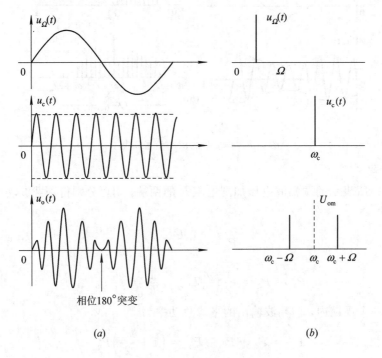

图 6.9　双边带调制信号

(a) 波形；(b) 频谱

根据式(6-10)可得双边带调幅信号的频谱表达式为

$$u_o(t) = \frac{1}{2} A_m U_{\Omega m} U_{om} [\cos(\omega_c + \Omega)t + \cos(\omega_c - \Omega)t] \tag{6-11}$$

由上式可得双边带调幅频谱图，如图 6.9(b)所示。

双边带信号的频谱宽度为

$$BW_{DSB} = 2F \qquad (6-12)$$

从以上分析可见，双边带调制与普通调幅信号的区别就在于其载波电压振幅不是在 U_{om} 上、下按调制信号规律变化。这样，当调制信号 $u_\Omega(t)$ 进入负半周时，$u_o(t)$ 就变为负值，表明载波电压产生 $180°$ 相移。因而当 $u_\Omega(t)$ 自正值或负值通过零值变化时，双边带调制信号波形均将出现 $180°$ 的相位跳变。可见，双边带调制信号的包络已不再反映 $u_\Omega(t)$ 的变化，但是它仍保持频谱搬移的特性。

2）单边带调制

单边带调制已成为频道特别拥挤的短波无线电通信中最主要的一种调制方式。

从双边带调制的频谱结构上可以发现，上边带和下边带都反映了调制信号的频谱结构。因此，从传输信息的观点来说，还可进一步将其中的一个边带抑制掉。这种仅传输一个边带（上边带或下边带）的调制方式称为单边带调制。单边带调制不仅可保持双边带调制波节省发射功率的优点，而且还可将已调信号的频谱宽度压缩一半，即

$$BW_{SSB} = F \qquad (6-13)$$

单边带调幅的波形及频谱如图 6.10 所示。

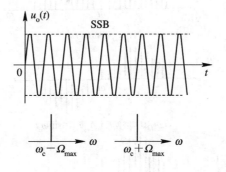

图 6.10　单边带调幅的波形及频谱

单边带调制电路有两种实现模型。

一种由乘法器和带通滤波器组成，如图 6.11 所示，称为滤波法。其中，乘法器产生双边带调制信号，然后由带通滤波器取出一个边带信号，抑制另一个边带信号，便得到所需的单边带调制信号。

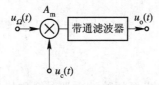

图 6.11　采用滤波法的单边带调制电路模型

另一种由两个乘法器、两个 $90°$ 相移器和一个加法器组成，如图 6.12 所示，称为相移法。

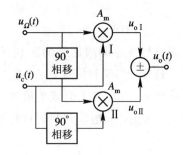

图 6.12 采用相移法的单边带调制电路模型

相移法模型中各点信号的频谱如图 6.13 所示，图(a)是乘法器 I 产生的双边带调制信号的频谱，图(b)是乘法器 II 产生的双边带调制信号的频谱。图中，$\hat{u}_\Omega(t)$ 表示 $u_\Omega(t)$ 中各频率分量均相移 90° 后合成的信号。比较两个输出信号的频谱可见，它们的下边带是同极性的，而上边带是异极性的。因此，将它们相加或相减便可取得下边带或上边带的单边带调制信号。

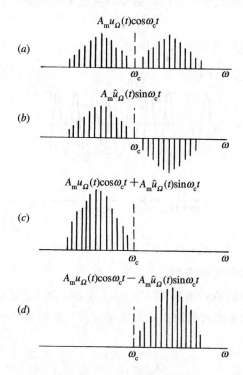

图 6.13 相移法模型中各点信号的频谱

6.1.2 振幅解调电路

振幅调制信号的解调电路称为振幅检波电路，简称检波电路。解调是调制的逆过程，作用是从振幅调制信号中不失真地检出调制信号来，如图 6.14 所示。由于振幅调制有三种信号形式：普通调幅信号（AM）、双边带信号（DSB）和单边带信号（SSB），它们在反映同一调制信号时，频谱结构和波形都不相同，因此解调方法也有所不同。基本上有两类解调方法，即同步检波法（用来解调双边带和单边带调制信号及普通调幅信号）和包络检波法（用来解调普通调幅信号）。

图 6.14　检波器输入输出波形

在频域上，振幅检波电路的作用就是将振幅调制信号频谱不失真地搬回到零频率附近。因此对于同步检波来说，检波电路模型可由一个乘法器和一个低通滤波器组成，如图6.15 所示。图中，$u_s(t)$ 为输入振幅调制信号，$u_r(t)$ 为输入同步信号，$u_o(t)$ 为解调后输出的调制信号。

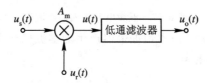

图 6.15　同步检波电路模型

由图 6.15 可见，将 $u_s(t)$ 振幅调制信号先与一个等幅余弦电压信号 $u_r(t)$ 相乘，并要求 $u_r(t)$ 信号与 $u_s(t)$ 信号同频同相，即 $u_r(t)=U_{rm}\cos\omega_c t$，称之为同步信号。相乘结果是 $u_s(t)$ 频谱被搬移到 ω_c 的两边，如图 6.16 所示。一边搬到 $2\omega_c$ 上，构成载波角频率为 $2\omega_c$ 的双边带调制信号，它是无用的寄生分量；另一边搬到零频率上，这样，$u_s(t)$ 的一个边带就必将被搬到负频率轴上，负频率是不存在的，实际上，这些负频率分量应叠加到相应的正频率分量上，构成实际的频谱。再由低通滤波器滤除无用的寄生分量，得到所需的解调电压。

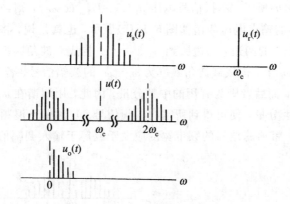

图 6.16　振幅检波电路模型各点的频谱

必须指出，同步信号必须与输入信号保持严格同步（同频、同相），否则检波性能就会下降。

包络检波电路不需要同步信号，电路十分简单。有关包络检波电路留待后面再作讨论。

6.1.3　混频电路

混频电路是一种典型的频率变换电路。它将某一个频率的输入信号变换成另一个频率的输出信号，而保持原有的调制规律。混频电路是超外差式接收机的重要组成部分。它的作用是将载频为 f_c 的已调信号 $u_s(t)$ 不失真地变换成载频为 f_I 的已调信号 $u_I(t)$，如图 6.17 所示。通常将 $u_I(t)$ 称为中频信号，相应地，f_I 称为中频频率，简称中频。

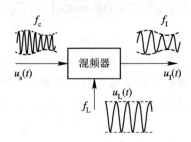

图 6.17 混频电路输入输出波形

图中，$u_L(t) = U_{Lm}\cos\omega_L t$ 是由本地振荡器产生的本振信号电压，$\omega_L = 2\pi f_L$ 称为本振角频率，它与 f_I、f_c 之间的关系为

$$f_I = f_c + f_L \tag{6-14}$$

$$f_I = \begin{cases} f_c - f_L & f_c > f_L \\ f_L - f_c & f_L > f_c \end{cases} \tag{6-15}$$

$f_I > f_c$ 的混频称为上混频，$f_I < f_c$ 的混频称为下混频。调幅广播收音机一般采用下混频，它的中频规定为 465 kHz。混频电路是一种典型的频谱变换电路，所以混频电路可以用乘法器和带通滤波器来实现，如图 6.18(a) 所示。

若设输入调幅信号

$$u_s(t) = [U_{cm} + k_a u_\Omega(t)]\cos\omega_c t$$

相应的频谱如图 6.18(b) 所示，本振信号电压 $u_L(t) = U_{Lm}\cos\omega_L t$，则当本振频率高于载频，即 $f_L > f_c$ 时，相乘器的输出电压频谱如图 6.18(c) 所示，也就是说，将 $u_s(t)$ 的频谱不失真地搬移到本振角频率 ω_L 的两边，一边搬到 $\omega_L + \omega_c$ 上，构成载波角频率为 $\omega_L + \omega_c$ 的调幅信号；另一边搬到 $\omega_L - \omega_c$ 上，构成载波角频率为 $\omega_L - \omega_c$ 的调幅信号。若令 $\omega_I = \omega_L - \omega_c$，则前者为无用的寄生分量，而后者则为有用的中频分量。因此，用调谐在 ω_I 上的带通滤波器取出有用分量，抑制寄生分量，便可得到所需的中频信号。这称做下混频。若令 $\omega_I = \omega_L + \omega_c$，则称做上混频。显然，带通滤波器的频带宽度应大于或等于输入调幅信号的频谱宽度。

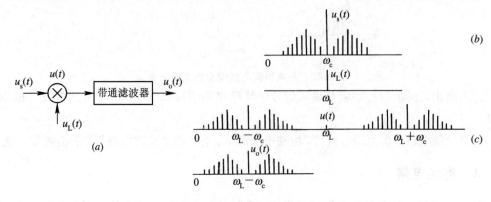

图 6.18 混频电路模型各点的频谱

6.2　振幅调制电路

振幅调制按其功率的高低，可分为低电平调制和高电平调制两大类。

低电平调制电路主要用来实现双边带和单边带调制，对它的要求是调制线性好、载波抑制能力强，而对功率和效率的要求则是次要的。目前应用最广泛的低电平调制电路有：双差分对管模拟乘法器振幅调制电路、二极管双平衡振幅调制电路、双栅场效应管振幅调制电路等。

高电平调制电路主要用在调幅发射机的末端，对它的要求是高效率地输出足够大的功率，同时，兼顾调制线性的要求。高电平调制电路常采用高效率的丙类谐振功率放大器，它包括集电极调幅电路、基极调幅电路等。

6.2.1　模拟乘法器

1. 模拟乘法器的电路符号

1）乘法器的电路符号

模拟乘法器是对两个以上互不相关的模拟信号实现相乘功能的非线性函数电路。通常它有两个输入端（x 端和 y 端）及一个输出端，其电路符号如图 6.19(a)或(b)所示。

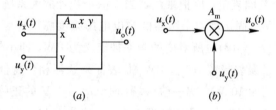

$$(a) \qquad\qquad\qquad (b)$$

图 6.19　模拟乘法器符号

表示相乘特性的方程为

$$u_o(t) = A_m u_x(t) u_y(t)$$

式中，A_m 为乘法器增益系数。当 $u_x(t)$ 和 $u_y(t)$ 的满量程均为 10 V，理想乘法器 $u_o(t)$ 的幅度等于 10 V 时，这样的乘法器称为10 V 制通用乘法器。即 $A_m = \dfrac{1}{10\ \text{V}}$。

在 xy 平面上，乘法器有四个可能的工作区域。若乘法器限定 $u_x(t)$ 和 $u_y(t)$ 均为正极性，则称它为一象限乘法器。若乘法器只能允许 $u_x(t)$（或 $u_y(t)$）为一种极性，而允许 $u_y(t)$（或 $u_x(t)$）为两种极性，则称它为二象限乘法器；若乘法器允许 $u_x(t)$ 和 $u_y(t)$ 分别均可为两种极性，则称它为四象限乘法器。具有四象限的乘法器很适合在通信电路中完成调制、混频等功能。

2）乘法器的主要直流参数

（1）输出失调电压 U_{oo}。理想乘法器在 $u_x(t) = u_y(t) = 0$ 时，$u_o(t) = 0$，但在实际乘法

器中存在 $u_x(t) = u_y(t) = 0$ 时，$u_o(t) \neq 0$，这称为输出失调电压。

（2）满量程总误差 E_Σ。在 $|u_x(t)|_{max}$ 和 $|u_y(t)|_{max}$ 条件下，乘法器实测输出电压 $(u_o)_{mea}$ 与理想输出电压 $(u_o)_{ide}$ 的最大相对偏差被定义为 E_Σ。

（3）非线性误差 E_{NL}。在 $|u_x(t)|_{max}$（或 $|u_y(t)|_{max}$）条件下，u_o 随 $u_y(t)$（或 $u_x(t)$）的变化特性呈非线性而产生的最大相对偏差称为非线性误差 E_{NL}。

（4）馈通误差 E_F。当乘法器一端输入电压为零，另一端输入电压为规定幅度和频率的正弦电压时，输出端出现的与正弦输入电压有关的交变电压被定义为 E_F。

理想乘法器 $u_x(t) = 0$ 时，$u_y(t) \neq 0$，$u_o(t) \neq 0$，说明 x 输入端存在输入失调电压 U_{XIO}，因而 $u_o(t) = A_m U_{XIO} u_y(t)$，造成 $u_y(t)$ 馈通到输出端；当 $u_y(t)$ 为规定值时，相应的输出电压称为 y 馈通误差 E_{YF}。同理，由于 y 输入端存在着输入失调电压 U_{YIO}，因而造成 $u_y(t) = 0$，$u_x(t) \neq 0$ 时，$u_o(t) \neq 0$；当 $u_x(t)$ 为规定值时，相应的输出电压称为 x 馈通误差 E_{XF}。

此外，还有增益系数误差 E_K、误差的温度系数 α_E 等。

3）乘法器的主要交流参数

与集成运放的交流参数定义的条件不同，在定义乘法器的上述交流参数时，有两点必须说明：

① 在乘法器中，小信号通常是指加在乘法器输入端的交流信号电压峰—峰值 U_{p-p} 为满量程电压范围（例如 ±10 V）的 5%，即 $U_{p-p} = 1$ V。

② 当乘法器 x 和 y 输入信号为两个无关的不同频率正弦信号时，输出信号频率会变得较复杂，为了能有一个共同规范，应把乘法器当作一个线性放大系统来处理。

（1）小信号带宽 BW。固定增益乘法器的输出电压幅度随工作频率增加而降低到直流或低频幅度的 0.707（即 −3 dB）时所对应的频率被定义为 BW，即小信号 −3 dB 频率。

（2）小信号 1% 矢量误差带宽 BW_v。BW_v 是表征乘法器相位特性的参数。乘法器一个输入端加上直流电压（例如 10 V），另一输入端加上 $U_{p-p} = 1$ V 的正弦信号，当信号频率增加到输出与输入信号之间的瞬时矢量误差为 1% 或相位差为 0.01 rad（0.5730）时所对应的频率，定义为 BW_v。

（3）小信号 1% 幅度误差带宽 BW_A。将乘法器接成单位增益放大器。当输入正弦信号频率增加到其交流增益相对于直流增益下降 1% 时所对应的频率，定义为 BW_A。

（4）全功率带宽 BW_P。将乘法器接成单位增益放大器，输入满量程正弦信号电压，乘法器输出电压非线性失真系数 $D_f < 1\%$ 所对应的频率被定义为 BW_P。

（5）转换速率 S_R。将乘法器接成单位增益放大器，输入大信号（例如 $U_{p-p} = 20$ V）方波电压时，其输出电压的最大平均变化速率被定义为 S_R。

（6）建立时间 t_{set}。将乘法器接成单位增益放大器，输入大信号（例如 $U_{p-p} = 20$ V）方波电压时，其输出电压幅度进入输出稳态值的既定误差带（通常为 ±0.1%）所需时间被定义为 t_{set}。

2. 双差分对管模拟乘法器

1）电路结构

图 6.20 所示为压控吉尔伯特乘法器，它是电压输入、电流输出的乘法器。

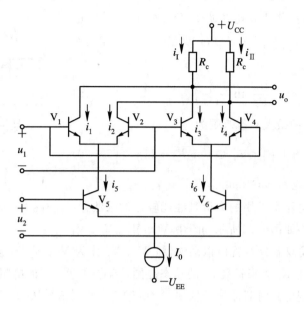

图 6.20 双差分对管模拟乘法器

由图可见，它由三个差分对管组成，差分对管 V_1、V_2 和 V_3、V_4 分别由 V_5、V_6 提供偏置电流。I_0 为恒流源电流，差分对管 V_5、V_6 由 I_0 提供偏置。输入信号电压 u_1 交叉地加在 V_1、V_2 和 V_3、V_4 的输入端，输入电压 u_2 加在 V_5、V_6 的输入端。平衡调制器的输出电流为

$$i = i_{\text{I}} - i_{\text{II}} = (i_1 + i_3) - (i_2 + i_4)$$
$$= (i_1 - i_2) - (i_4 - i_3) \tag{6-16}$$

式中，$i_1 - i_2$、$i_4 - i_3$ 分别是差分对管 V_1、V_2 和 V_3、V_4 的输出差值电流。于是，可得

$$i_1 - i_2 = i_5 \, \text{th}\left(\frac{u_1}{2U_{\text{T}}}\right)$$

$$i_4 - i_3 = i_6 \, \text{th}\left(\frac{u_1}{2U_{\text{T}}}\right) \tag{6-17}$$

$$i_5 - i_6 = I_0 \, \text{th}\left(\frac{u_2}{2U_{\text{T}}}\right)$$

因此

$$i = I_0 \, \text{th}\left(\frac{u_1}{2U_{\text{T}}}\right) \text{th}\left(\frac{u_2}{2U_{\text{T}}}\right) \tag{6-18}$$

上式表明，i 和 u_1、u_2 之间是双曲正切函数关系，u_1 和 u_2 不能实现乘法运算关系。只有当 u_1 和 u_2 均限制在 $U_{\text{T}} = 26 \text{ mV}$ 以下时，才能够实现理想的相乘运算：

$$i = I_0 \frac{u_1 u_2}{4U_{\text{T}}^2}$$

因此 u_1 和 u_2 的线性动态范围比较小。其中，U_{T} 为热力学电压。在实际运用中，可在 x 通道引入预失真网络，在 y 通道引入负反馈，从而提高模拟乘法器的性能。

2）扩展 u_2 的动态范围电路

为了扩大输入电压 u_2 的线性动态范围，可在 V_5、V_6 管发射极之间接入负反馈电阻

R_e。为了便于集成化，图中将电流源 I_0 分成两个 $I_0/2$ 的电流源，如图 6.21 所示。当接入 R_e 后，双差分对管的输出差值电流为

$$i \approx \frac{2u_2}{R_e}\,\text{th}\left(\frac{u_1}{2U_T}\right) \qquad (6-19)$$

可以计算出 u_1 允许的最大动态范围为

$$-\left(\frac{1}{4}I_0R_e+U_T\right)<u_1\leqslant\frac{1}{4}I_0R_e+U_T \qquad (6-20)$$

3）典型的集成电路 MC1596

MC1596 集成电路是常用的廉价且性能较好的乘法器。MC1596 的内部电路如图 6.22 所示。图中 V_1、V_2、V_3、V_4 和 V_5、V_6 共同组成双差分对管模拟乘法器，V_7、V_8 作为 V_5、V_6 的电流源。在端②与③之间的外接反馈电阻 R_e 用来扩展 u_x 的动态范围，端⑥和⑨上接的电阻为两输出端的负载电阻。作为双边调制电路时载波信号从端⑦、⑧输入，调制信号从①、④输入。

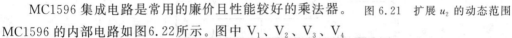

图 6.21　扩展 u_2 的动态范围

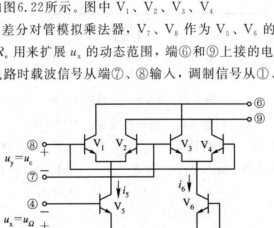

图 6.22　MC1596 的内部电路

MC1596 主要技术参数如下：

载波馈通：$U_{rms}=140\ \mu V$（$f_c=10$ MHz，$U_{cm}=300$ mV 方波）。

载波抑制：65 dB（$f_c=50$ MHz，$U_{rms}=60$ mV 输入）。

互导带宽：300 MHz（$R_c\leqslant50\ \Omega$，$U_{rms}=60$ mV 输入）。

电源电压：$+12$ V，-8 V。

4）同时扩展 u_1、u_2 的动态范围电路

作为通用的模拟乘法器，还必须同时扩展 u_1 的动态范围，为此，在图 6.20 上增加 $V_7 \sim V_{10}$ 补偿电路，如图 6.23 所示。

图中 V_7、V_8 是将集电极—基极短接的差分对管，在 V_9、V_{10} 管发射极之间接入反馈电阻 R_{e1}。当接入补偿电路后，双差分对管的输出差值电流为

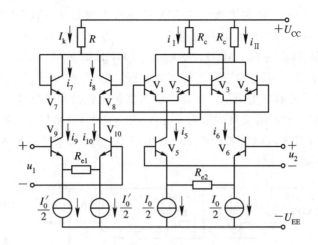

图 6.23 扩展 u_1、u_2 的动态范围

$$i = \frac{4u_1u_2}{I_0'R_{e1}R_{e2}} \tag{6-21}$$

可以计算出 u_1、u_2 允许的最大动态范围为

$$\left.\begin{array}{c} -\left(\dfrac{1}{4}I_0'R_{e1}+U_T\right) \leqslant u_1 \leqslant \dfrac{1}{4}I_0'R_{e1}+U_T \\[3mm] -\left(\dfrac{1}{4}I_0R_{e2}+U_T\right) \leqslant u_2 \leqslant \dfrac{1}{4}I_0R_{e2}+U_T \end{array}\right\} \tag{6-22}$$

5）典型集成电路 AD834

图 6.24 所示为 AD834 简化原理电路。它的工作原理一目了然。为了达到宽带和低噪声的目的，在集成电路内，制成由 V_9、V_{10} 和 R_{e1} 以及由 V_5、V_6 和 R_{e2} 组成的 x 和 y 差模电压－电流变换器的负反馈电阻，$R_{e1}=R_{e2}\approx285$ Ω。为了降低非线性误差，在本电路上增加了输入失真抵消电路。

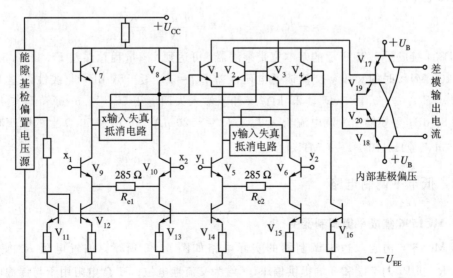

图 6.24 AD834 简化原理电路

　　图 6.25 所示为超高频四象限乘法器 AD834 的外引线与基本宽带应用接线图。电阻 R_c 对差模输出电流取样，得 FS 输出差模电压 ±400 mV，在 x 和 y 输入 ±1 V(FS)电压，$R_c = 50\ \Omega$ 时的 BW 最小为 500 MHz，最大可达 1 GHz。R_3、C_3 和 R_4、C_4 是正、负电源去耦合滤波电路。为满足内部电路正常工作直流状态，令 $R_3 \approx 1.5R_c$。在 x 和 y 输入端的最佳端电阻一般要满足传输电缆阻抗匹配以及输入级偏流补偿两个条件。AD834 的差模输入电阻为 25 kΩ，x 和 y 输入偏流典型值为 45 μA。若 x_1（或 y_1）端与 x_2（或 y_2）电阻（包括源内阻）相差 25 Ω，则在其输入端就要产生 45 μA·25 Ω＝1.125 mV 的输入失调。因此，必须符合偏流补偿的原则。

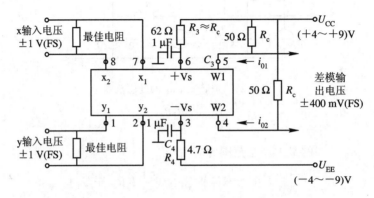

图 6.25　AD834 宽带接线图

　　按图 6.25 所示的基本接法，它的传输关系式为

$$i_{01} - i_{02} = \frac{u_x u_y}{(1\ \text{V})^2} \times 4\ \text{mA}$$

$$i_{01} - i_{02} = \frac{u_x u_y}{1\ \text{V}} \times \frac{R_c}{250\ \Omega}$$

差模输出电压为

$$u_{od} = -R_c(i_{01} - i_{02}) = -\frac{u_x u_y}{1\ \text{V}} \times \frac{R_c^2}{250\ \Omega}$$

　　AD834 接成图 6.25 所示的基本宽带乘法器，可达到：满量程总误差 $E_\Sigma < \pm0.5\%$ FS；在 $f = 100$ MHz 时的 x 和 y 交流馈通电压误差 $E_{XF} = E_{YF} \leqslant -50$ dB，非线性误差 $E_{XNL} \leqslant \pm0.2\%$，$E_{YNL} \leqslant \pm0.1\%$，$R_{id} \geqslant 25$ kΩ；x 和 y 输入失调电压 $U_{IO} \leqslant 0.5$ mV，$I_{IB} \leqslant 45$ μA，$K_{CMR} \geqslant 80$ dB；差模输出失调电流 $I_{os} = I_{01} - I_{02} = \pm20$ μA。在 $R_L = 50$ Ω 上的噪声频谱密度为 16 nV/$\sqrt{\text{Hz}}$(10 Hz～1 MHz)。

6.2.2　低电平调制电路

1. MC1596 集成平衡调制器

　　用 MC1596 构成双边带调制器的实际电路如图 6.26 所示。偏置电阻 R_b 使 $I_{EE} = 2$ mA；R_1 和 R_2 向 7 端和 8 端提供偏压，7 端为交流地电位；51 Ω 电阻用于与传输电缆特性阻抗匹配；两只 10 kΩ 电阻与 R_P 构成的电路，用来对载波馈通输出调零。

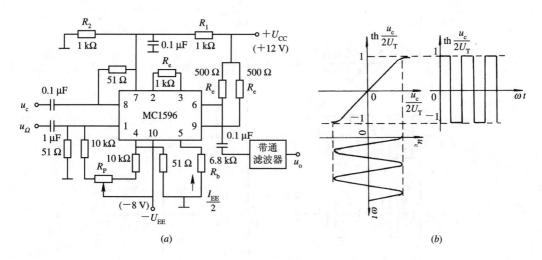

图 6.26 MC1596 构成平衡调制器

设载波信号 U_{cm} 的幅度 $U_{cm} \gg 2U_T$，是大信号输入，根据式(6-18)和图 6.26(a)可知，双曲正切函数具有开关函数的特性，如图 6.26(b)所示。于是得下式：

$$\operatorname{th} \frac{u_c}{2U_T} = \begin{cases} +1 & -\dfrac{\pi}{2} < \omega_c t \leqslant \dfrac{\pi}{2} \\ -1 & \dfrac{\pi}{2} < \omega_c t \leqslant \dfrac{3\pi}{2} \end{cases}$$

对上式按傅里叶级数展开为

$$\operatorname{th} \frac{u_c}{2U_T} = \sum_{n=1}^{\infty} A_n \cos n\omega_c t \tag{6-23}$$

式中

$$A_n = \frac{\sin(n\pi/2)}{n\pi/2} \qquad n \text{ 为奇数}$$

调制信号 u_Ω 加在 1 端。由于有负反馈电阻，$R_e = 1\,\mathrm{k}\Omega$，在 2 与 3 端之间，$\operatorname{th} \dfrac{u_c}{2U_T}$ 不能成立。在负反馈电阻足够强的情况下，如图 6.21 所示，有

$$i_5 - i_6 \approx -\frac{2u_\Omega}{R_e} \tag{6-24}$$

将图 6.20 与图 6.26(a)所示电路结合起来分析，R_c 对电流取样，于是可得单端输出时的 u_{om} 表达式为

$$u_{om} = \frac{1}{2}(i_5 - i_6)R_c \operatorname{th}\left(\frac{u_c}{2U_T}\right) = -\frac{u_\Omega R_c}{R_e} \operatorname{th}\left(\frac{u_c}{2U_T}\right)$$

将 $u_\Omega = U_{\Omega m} \cos\Omega t$ 和式(6-23)代入上式，得

$$u_{om} = -\frac{R_c}{R_e} U_{\Omega m} \cos\Omega t \sum_{n=1}^{\infty} A_n \cos n\omega_c t$$

$$= \frac{R_c}{R_e} \sum_{n=1}^{\infty} \frac{U_{\Omega m} A_n}{2} [\cos(n\omega_c + \Omega)t + \cos(n\omega_c - \Omega)t] \tag{6-25}$$

在 u_c 为大信号时，u_Ω、u_c、u_{om} 及滤波器输出电压 u_o 的波形及频谱图如图 6.27 所示。

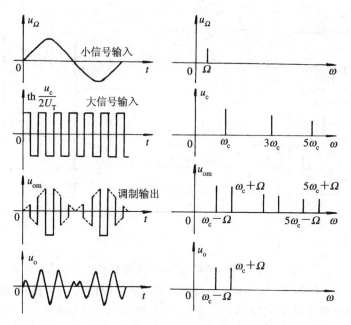

图 6.27　双边带调制的波形及频谱

由图看出，模拟乘法器输出电压呈时通时断形式，相当于有一个高频开关控制它。若接入带通滤波器，则将 u_{om} 中的高次谐波滤掉，得

$$u_o(t) = \frac{A_{BP}R_c}{R_e}A_1 u_{\Omega m}\cos\Omega t\ \cos\omega_c t \qquad (6-26)$$

式中，A_{BP} 是滤波器带内增益系数，$A_1 = 2/\pi$。载波抑制度与 MC1596 及工作频率 f_c 有关，一般大于 36～40 dB。

2. 普通调幅器

在图 6.26 所示电路结构中，稍微改动一些参数，将与 R_P 串接的 10 kΩ 电阻改作 750 Ω，就接成普通调幅（AM）方式，如图 6.28 所示。这时的 R_P 已成为幅度调节电位器。调节 R_P 的目的在于在为输出端提供载频分量。这是因为实际模拟乘法器内部差分对管参数不是理想对称的，存在着电压馈通作用，在输出端将会出现误差电压。在双边带调幅中，

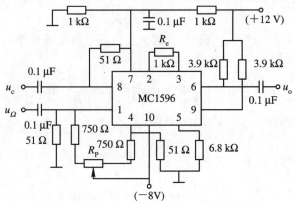

图 6.28　MC1596 构成普通调幅

R_P 起载波馈通输出调零作用。而在构成 AM 电路时，则利用了馈通现象，这时利用调节 R_P 来控制输出端载波幅度大小。将 R_P 值调整好以后，再通过改变 $u_{\Omega m}$ 大小进行调幅时，应能够在 $m_a = 0 \sim 100\%$ 范围内得到线性较好的 AM 波形。需要注意，调制电压幅度不能太大，以避免出现过量调幅。

6.2.3 高电平调制电路

1. 集电极调幅电路

在谐振功率放大器中，当 U_{BB}、U_{bm} 及 R_P 保持不变时，只要使放大器工作于过压状态，通过改变集电极电源电压 u_{CC} 便可使 I_{c1m} 发生变化，这就是所谓的集电极调制特性。应用谐振功率放大器的集电极调制特性，可构成集电极调幅电路。

集电极调幅电路原理如图 6.29 所示（集电极电源电压 $u_{CC} = U_{CC} + u_{\Omega}$）。图中，$T_1$、$T_2$ 为高频变压器；T_3 为音频变压器；U_{BB} 为基极偏压；U_{CC} 为固定集电极直流电压；C_1 为高频旁路电容，对载波信号而言相当于短路；C_2 为高频旁路电容，对载频信号而言等效于短路，但对调制信号 u_{Ω} 而言，则应近似于开路；C_3 为交流旁路电容，对载频及调制信号频率而言均等效于短路；LC 并联谐振回路为集电极负载回路。

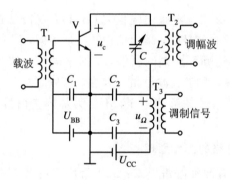

图 6.29 集电极调幅电路

2. 基极调幅电路

在谐振功率放大器中，当 U_{CC}、U_{bm} 及 R_P 保持不变时，只要使放大器工作于欠压状态，通过改变基极电源电压 u_{BB} 便可得到相同变化规律的 I_{c1m}，这就是所谓的基极调制特性。应用谐振功率放大器的基极调制特性，便可实现调幅过程。

基极调幅电路原理如图 6.30 所示（基极电源电压 $u_{BB} = U_{BB} + u_{\Omega}$）。图中，$T_1$、$T_2$ 为高频变压器；R_1 和 R_2 为晶体管基极偏压电阻；R_3 为直流自偏电阻（发射极直流负反馈电阻）；C_1 和 C_3 为交流旁路电容，对调制信号 u_{Ω} 及载波信号 u_c 而言应近似于短路；L_b 为高频扼流圈，对载波而言相当于开路；C_2 为高频旁路电容，对载波而言相当于短路，但对调制信号 u_{Ω} 而言应等效于开路；C_4 为隔直流电容，对调制信号 u_{Ω} 而言等效于短路。调制信号 u_{Ω} 通过 C_4 耦合到晶体管基极回路。载波信号 u_c 经高频变压器 T_1 耦合到基极回路，作为谐振功率放大器的输入高频激励电压。高频变压器 T_2 的初级线圈电感 L 与电容 C 构成并联谐振回路。

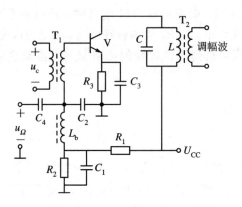

图 6.30　基极调幅电路

6.3　振幅解调电路

6.3.1　二极管包络检波电路

振幅调制有三种信号形式：普通调幅信号（AM）、双边带信号（DSB）和单边带信号（SSB）。它们在反映同一调制信号时，频谱结构和波形不同，因此解调方法也有所不同。这里有两点需要说明：① 不论哪种振幅调制信号，对于同步检波电路而言，都可实现解调。② 对于普通调幅信号来说，由于载波分量的存在，可以直接采用非线性器件（二极管、三极管）实现相乘作用，得到所需的解调电压，不必另加同步信号，这种检波电路称为包络检波。

1. 二极管包络检波电路的工作原理

二极管包络检波电路有两种电路形式：二极管串联型和二极管并联型，如图 6.31 所示。下面主要讨论二极管串联型包络检波电路。

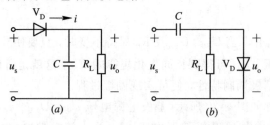

(a)　　　　　　　　　　(b)

图 6.31　二极管包络检波原理电路

图 6.31(a) 是二极管 V_D 和低通滤波器 $R_L C$ 相串接而构成的二极管包络检波电路。

当有足够大输入信号电压 $u_s(t) = U_{om}(1 + m_a \cos\Omega t)\cos\omega_c t$ 时，二极管伏安特性可用折线逼近来描述，即二极管导通时，正向电导为 $g_D = 1/r_D$。若 $\omega_c \gg \Omega$，$1/(\Omega C) \gg R_L$，在二极管导通时，$u_s(t)$ 向 C 充电（充电时间常数为 $r_D C$）；在二极管截止时，C 向 R_L 放电（放电时间常数为 $R_L C$）。在输入信号作用下，二极管导通和截止在不断重复着，直到充、放电达到动态平衡后，输出电压 $u_o(t)$ 便在平均值 U_{AV} 上、下按载波角频率 ω_c 作锯齿状波动，如图6.32(a) 所示。对应地，二极管的电流为高度随输入调幅信号包络变化的窄脉冲序列，如

图6.32(b)所示。输出电压 $u_o(t)$ 的平均值 u_{AV} 由直流电压 U_{AV} 和 $u_\Omega = U_{\Omega m}\cos\Omega t$ 组成，如图6.32(c)所示，即有

$$u_{AV} = i_{AV}R_L = U_{AV} + U_{\Omega m}\cos\Omega t \qquad (6-27)$$

上式中 u_{AV} 与输入调幅信号包络 $U_{om}(1 + m_a\cos\Omega t)$ 成正比。式中

$$U_{AV} = \eta_d U_{om}$$

$$U_{\Omega m} = \eta_d m_a U_{om} \qquad \eta_d \text{ 为检波效应，值恒小于1}$$

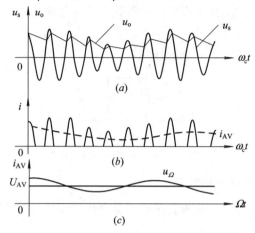

图 6.32　检波电路波形

　　包络检波电路中，二极管实际上起着受载波电压控制的开关作用。二极管 V_D 仅在载波一个周期中接近正峰值的一段时间内导通（开关闭合），而在大部分时间内截止（开关断开）。导通与截止时间的长短与 R_LC 的大小有关，R_LC 取值不当会产生失真。增大 R_L 将会使 C 向 R_L 的放电速度减慢，从而减小 C 的电荷量释放，在达到动态平衡后，二极管 V_D 导通期间内向 C 的充电量将减小，导致 V_D 的导通时间减小，这时 U_{AV} 增大，锯齿状波动减小。增大 C 也有类似情况。为了提高检波性能，在实际电路中，为了提高检波性能，R_LC 取值应足够大，满足 $R_L \gg 1/(\omega_c C)$ 和 $R_L \gg r_D$。

2. 输入电阻

　　检波器电路作为前级放大器的输出负载，可用检波器输入电阻 R_i 来表示，如图 6.33(a)所示。其定义为输入高频电压振幅 U_{om} 与二极管电流中基波分量 I_{1m} 振幅的比值，即

$$R_i = \frac{U_{om}}{I_{1m}} \qquad (6-28)$$

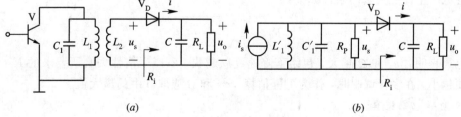

图 6.33　放大器和检波器级联

若输入为调幅信号，当 $1/(\Omega C) \gg R_L$ 时，输入电阻 $R_i \approx R_L/2$。

R_i 的作用会使 $L_1 C_1$ 谐振回路的谐振电阻由 R_P 减小到 $R_P /\!/ R_i$，如图 6.33(b) 所示。为了减小二极管检波器对谐振回路的影响，必须增大 R_i，相应地就必须增大 R_L。但是，增大 R_L 将受到检波器中非线性失真的限制。解决这个矛盾的一个有效方法是采用图 6.34 所示的三极管射极包络检波电路。由图可见，就其检波物理过程而言，它利用发射极产生与二极管包络检波器相似的工作过程，不同的仅是输入电阻比二极管检波器增大到了 $1+\beta$ 倍。这种检波电路适宜于集成化，在集成电路中得到了广泛的应用。

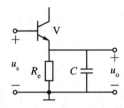

图 6.34 三极管包络检波器

3. 二极管包络检波电路中的失真

如果电路参数选择不当，二极管包络检波器会产生惰性失真和负峰切割失真。

1）惰性失真

惰性失真是由于 $R_L C$ 取值过大而造成的。在实际电路中，为了提高检波性能，$R_L C$ 取值应足够大，但是 $R_L C$ 取值过大，将会出现二极管截止期间电容 C 对 R_L 放电速度变慢，这样检波输出电压就不能跟随包络线变化，于是产生惰性失真，如图 6.35 所示。

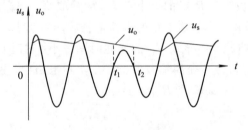

图 6.35 惰性失真

从图上可以看出，在 $t_1 \sim t_2$ 时间内，$u_o > u_s$，二极管总是处于截止状态。为了避免产生惰性失真，二极管必须保证在每一个高频周期内导通一次，这就要求电容 C 的放电速度大于或等于调幅波包络线的下降速度。

避免产生惰性失真的条件如下：

$$R_L C \leqslant \sqrt{\frac{1-m_a^2}{\Omega m_a}} \qquad (6-29)$$

上式表明，m_a 和 Ω 越大，包络下降速度就越快，不产生惰性失真所要求的 $R_L C$ 值也就必须越小。在多音调制时，作为工程估算，m_a 和 Ω 应取其中的最大值。

2）负峰切割失真

实际上，检波电路总是要和下级放大器相连接的，如图 6.36(a) 所示。为了避免 u_o 中的直流分量 U_{AV} 影响下级放大器的静态工作点，在电路中，使用隔直流电容 C_c（对 Ω 呈交流短路）；图中 R_L' 为下级电路的输入电阻。检波器的交流负载 $Z_L(j\Omega)$ 和直流负载 $Z_L(0)$ 分别为：

交流负载 $\qquad\qquad\qquad Z_L(j\Omega)\approx R_L /\!/ R_L'$

直流负载 $\qquad\qquad\qquad Z_L(0)=R_L$

这说明包络检波电路中，输出的直流负载不等于交流负载，并且交流负载电阻小于直流负载电阻。

假设输入调幅波的包络为 $U_{om}(1+m_a\cos\Omega t)$，当电路达到稳态时，输出电压 u_o 中直流分量 U_{AV} 全部加在 C_c 的两端，而 u_o 中交流分量全部加在 R_L' 的两端。若认为 $\eta_d=1$，则可写出 $u_\Omega=m_a U_{om}\cos\Omega t$。由于 C_c 的容量很大，在低频一个周期内可认为其两端的直流电压 U_{AV} 基本维持不变，它在电阻 R_L 和 R_L' 上产生分压，R_L 两端额外增加的直流电压 U_a 为

$$U_a=\frac{R_L}{R_L+R_L'}U_{AV}$$

U_a 对二极管来说是反向电压。因而在输入调幅波 U_{om} 最小值附近（如图 6.36(b) 所示）有一段时间的电压数值小于 U_a，那么二极管在这段时间内就会始终截止，电容 C 只放电不充电。但由于电容 C_c 的容量很大，它两端的电压放电很慢，因此输出电压 u_o 被维持在 U_a，u_o 波形的底部被切割如图 6.36(c) 所示，u_Ω 波形同样失真，如图 6.36(d) 所示。通常把这种失真称为负峰切割失真。

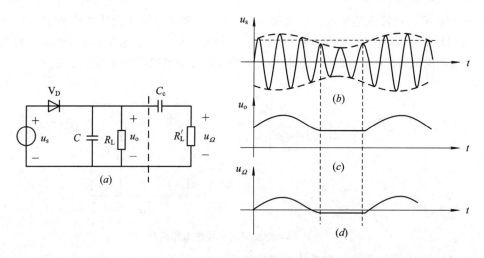

图 6.36 负峰切割失真

从上述讨论可见，由于检波器交、直流负载不相等，因此有可能产生负峰切割失真。为了避免这种失真，U_{om} 的最小值必须大于 U_a（以免二极管始终截止），即

$$U_{om}(1-m_a)\geqslant\frac{R_L}{R_L+R_L'}U_{AV}$$

在大信号检波和 $g_D R_L\geqslant 50$ 的条件下，$U_{om}\approx U_{AV}$，故上式可简化为

$$m_a\leqslant\frac{R_L'}{R_L+R_L'}=\frac{Z_L(\Omega)}{R_L}\qquad\qquad(6-30)$$

上式表明，当 m_a 一定时，R_L' 越大，也就是越接近 $Z_L(0)$，负峰切割失真越不容易产生。另一方面它也表明，负峰切割失真与调制信号频率的高低无关，这是其与惰性失真的不同之处。

在实际电路中，可以采用各种措施来减小
交、直流负载电阻值的差别。例如，将 R_L 分成
R_{L1} 和 R_{L2}，并通过隔直流电容 C_c 将 R'_L 并接在
R_{L2} 两端，如图 6.37 所示。由图可见，当 $R_L =$
$R_{L1} + R_{L2}$ 维持一定值时，R_{L1} 越大，交、直流负载
电阻值的差别就越小，但是，输出音频电压也就
越小。为了折中地解决这个矛盾，实际电路中，
常取 $R_{L1}/R_{L2} = 0.1 \sim 0.2$。电路中 R_{L2} 上还并接了

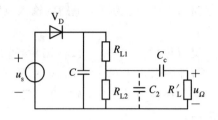

图 6.37　减小交、直流负载电阻值
差别的检波电路

电容 C_2，以用来进一步滤除高频分量，提高检波器的高频滤波能力。

当 R'_L 过小时，减小交、直流负载电阻值差别的最有效办法是在 R_L 和 R'_L 之间插入高输
入阻抗的射极跟随器。

6.3.2　同步检波电路

同步检波，又称相干检波（Synchronous Detector），主要用来解调双边带和单边带调制
信号。它有两种实现电路，一种是采用二极管包络检波器构成叠加型同步检波器，另一种
由乘法器和低通滤波器组成。

1. 叠加型同步检波电路

叠加型同步检波电路实现模型如图 6.38 所示。叠加型同步检波电路的工作原理是将
双边带调制信号 $u_s(t)$ 与同步信号 $u_r(t)$ 叠加，叠加后的信号是普通调幅波，然后再经包络检
波器，解调出调制信号。由二极管包络检波器构成的叠加型同步检波器如图 6.38(b) 所示。

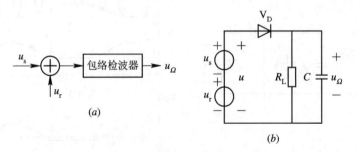

图 6.38　叠加型同步检波电路模型

2. MC1596 模拟乘法器构成的同步检波

图 6.39 为 MC1596 模拟乘法器构成的同步检波器实例。图中，电源采用 12 V 单电源
供电，调幅信号 $u_s(t)$ 通过 0.1 μF 耦合电容加到 1 端，其有效值在几毫伏到一百毫伏范围
内都能不失真解调，同步信号 $u_r(t)$ 通过 0.1 μF 耦合电容加到 8 端，电平大小只要求能使
双差分对管工作于开关状态即可（50～500 mV 之间）。输出端 9 经低通滤波器（两个
0.005 μF 电容和一个 1 kΩ 电阻组成）和一个 1 μF 耦合电容取出所需解调电压。

必须指出，实现同步检波的关键是要产生出一个与载波信号同频同相的同步信号。对
同步信号提取可采用下面方法。

对于普通调幅信号来说，可将调幅波限幅去除包络线变化，这时得到的是角频率为 ω_c
的方波，用窄带滤波器取出 ω_c 成分的同步信号。

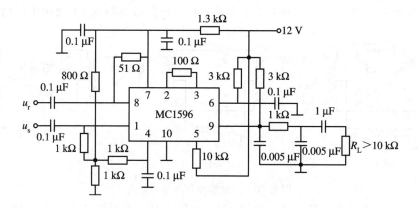

图 6.39　MC1596 接成同步检波器

对于双边带调制信号来说，将双边带调制信号 $u_s(t)$ 取平方 $u_s^2(t)$，从中取出角频率为 $2\omega_c$ 的分量，经二分频将它变为角频率为 ω_c 的同步信号。

对于发射导频信号的单边带调制波来说，可采用高选择性的窄带滤波器。从输入信号中取出该导频信号，导频信号经放大后就可作为同步信号。如果发射机不发射导频信号，那么，接收机就要采用高稳定度晶体振荡器产生指定频率的同步信号。

要注意的是，在同步检波中，只保持频率同步而相位不同步时，解调输出信号有相位失真，这时对语音通信质量影响较小，但对电视图像信号会有明显影响。如果只保持相位同步而频率不同步，则解调输出信号将出现严重失真。因此，在同步解调中要求频率和相位都保持严格同步。

6.4　混　频　电　路

混频器的主要指标如下：

(1) 混频增益 A_c：混频器输出电压 U_I（或功率 P_I）与输入信号电压 U_s（或功率 P_s）的比值，用分贝数表示，即

$$A = 20 \lg \frac{U_I}{U_s} \quad \text{或} \quad G = 10 \lg \frac{P_I}{P_s}$$

(2) 噪声系数 N_F：输入端高频信号信噪比与输出端中频信号信噪比的比值，用分贝数表示，即

$$N_F = 10 \lg \frac{P_s/P_N}{P_I/P_N}$$

混频器的主要指标还有选择性、混频失真、稳定度、隔离度，等等。

6.4.1　混频电路

1. 二极管双平衡混频电路

图 6.40(a) 所示为二极管双平衡混频电路。图中，V_{D1}、V_{D2}、V_{D3}、V_{D4} 特性一致（肖特基二极管或砷化镓器件）；T_1 和 T_2 为带有中心抽头的宽带变压器。输入已调信号电压 $u_s(t) = U_{sm} \cos\omega_c t$，输入本振信号电压 $u_L(t) = U_{Lm} \cos\omega_L t$，当要求 $U_{Lm} \gg U_{sm}$ 时，则可认为各二极

管工作状态受 $u_L(t)$ 控制，并工作在开关状态；在输出负载电阻 R_L 上取出中频信号。

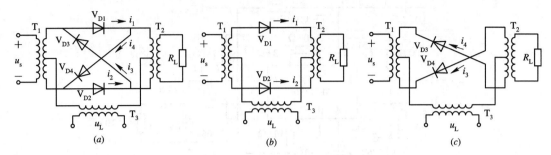

图 6.40　二极管双平衡混频电路

在 $u_L(t)$ 为正半周时，V_{D1}、V_{D2} 导通，V_{D3}、V_{D4} 截止，可得图 6.40(b)。由图可得

$$i' = i_1 - i_2 = \frac{2u_s}{2R_L + R_D} K_1(\omega_L t)$$

在 $u_L(t)$ 为负半周时，V_{D3}、V_{D4} 导通，V_{D1}、V_{D2} 截止，可得图 6.40(c)。由图可得

$$i'' = i_4 - i_3 = \frac{2u_s}{2R_L + R_D} K_1(\omega_L t - \pi)$$

通过 R_L 的总电流为

$$
\begin{aligned}
i_0 &= i' - i'' = (i_1 - i_2) - (i_4 - i_3) \\
&= \frac{2u_s}{2R_L + R_D} \big[K_1(\omega_L t) - K_1(\omega_L t - \pi) \big] \\
&= \frac{2u_s}{2R_L + R_D} K_2(\omega_L t) \\
&= \frac{2U_{sm} \cos\omega_c t}{2R_L + R_D} \left[\frac{4}{\pi} \cos\omega_L t - \frac{4}{3 \cdot \pi} \cos 3\omega_L t + \cdots \right]
\end{aligned}
\tag{6-31}
$$

式中，$K_1(\omega_L t)$ 是单向开关函数，其特性如图 6.41(a)所示；$K_2(\omega_L t)$ 是双向开关函数，其特性见图 6.41(b)。它们主要反映在受 $u_L(t)$ 控制下二极管工作的状态。要注意的是二极管可等效成一个开关函数和电阻的串联，如图 6.41(c)所示。

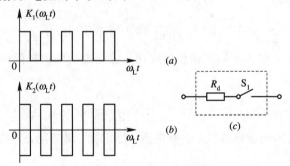

图 6.41　二极管开关函数

$K_1(\omega_L t)$，$K_2(\omega_L t)$ 可分别展开成下列傅里叶级数

$$K_1(\omega_L t) = \frac{1}{2} + \frac{2}{\pi} \cos\omega_L t - \frac{2}{3 \cdot \pi} \cos 3\omega_L t + \frac{2}{5 \cdot \pi} \cos 5\omega_L t + \cdots$$

$$\tag{6-32}$$

$$K_2(\omega_L t) = \frac{4}{\pi} \cos\omega_L t - \frac{4}{3 \cdot \pi} \cos 3\omega_L t + \frac{4}{5 \cdot \pi} \cos 5\omega_L t + \cdots$$

由式(6-31)可见，输出电流组合频率$(p\omega_L \pm q\omega_c)$中只包含$(p\omega_L \pm \omega_c)$($p$为奇数)的组合频率分量。若取$\omega_I = \omega_L - \omega_c$中频电流分量，则得$R_L$上的中频电流为

$$i_I = \frac{4}{\pi} \cdot \frac{U_{sm}}{2R_L + R_D} \cos(\omega_L - \omega_c)t \tag{6-33}$$

2. 晶体三极管混频电路

1) 晶体三极管混频电路的工作原理

三极管混频电路的原理电路如图6.42所示。图中，L_1C_1为输入已调信号回路，谐振在f_c上，L_2C_2为输出中频信号回路，谐振在f_I上。加在发射结上的电压为$u_{BE}(t) = U_{BB} + u_L + u_s$，其中，输入已调信号$u_s(t) = U_{sm}\cos\omega_c t$，本振信号$u_L(t) = U_{Lm}\cos\omega_L t$，输入信号远小于本振信号，即$U_{Lm} \gg U_{sm}$，$U_{BB}$为静态偏置电压。

三极管的等效基极偏置电压为$u_{BB}(t) = U_{BB} + u_L$，由于该偏置是不断变化的，故称为时变基极偏压。在$u_{BB}(t)$作用下，三极管的工作点在原静态工作点Q的基础上上下移动，即本振电压控制着三极管工作点。这时三极管混频电路可看做是以u_s为输入信号，基极偏压不断变化的电路，称为时变电路。

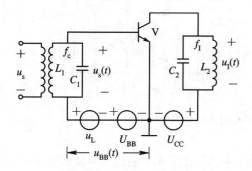

图6.42　三极管混频电路

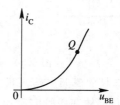

图6.43　三极管的转移特性

三极管的转移特性，如图6.43所示。其斜率$g = \dfrac{di_C}{du_{BE}}\bigg|_Q$称为三极管的跨导。这时跨导也随时间不断变化，称为时变跨导，用$g(t)$表示，即

$$g(t) = \frac{\partial i_C}{\partial u_{BE}}\bigg|_{u_s = 0}$$

三极管的集电极电流

$$i_C = f(u_{BE}) = f(U_{BB} + u_L + u_s) = f(u_{BB}(t) + u_s)$$

由于输入信号u_s很小，三极管的集电极电流可在工作点$u_{BB}(t) = u_{BB} + u_L$处展成幂级数，并取级数的前两项，即

$$i_C = f(U_{BB} + u_L) + f'(U_{BB} + u_L)u_s$$

式中，$f(U_{BB} + u_L)$和$f'(U_{BB} + u_L)$都随u_L变化，即随时间变化，故分别用时变静态集电极电流$I_c(u_L)$和时变跨导$g_m(u_L)$表示，即

$$i_C = I_c(u_L) + g_m(u_L)u_s$$

在时变偏压作用下，$g_m(u_L)$的傅里叶级数展开式为

$$g_m(u_L) = g_m(t) = g_0 + g_{m1}\cos\omega_L t + g_{m2}\cos2\omega_L t + \cdots \tag{6-34}$$

$g_{\rm m}(t)$ 中的基波分量 $g_{\rm m1}\cos\omega_{\rm L}t$ 与输入信号电压 $u_{\rm s}$ 相乘

$$g_{\rm m1}\cos\omega_{\rm L}t \cdot U_{\rm sm}\cos\omega_{\rm c}t = \frac{1}{2}g_{\rm m1}U_{\rm sm}\left[\cos(\omega_{\rm L}-\omega_{\rm c})t + \cos(\omega_{\rm L}+\omega_{\rm c})t\right]$$

从上式中取出 $\omega_{\rm I}=\omega_{\rm L}-\omega_{\rm c}$ 中频电流分量,得

$$i_{\rm I} = I_{\rm Im}\cos\omega_{\rm I}t = \frac{1}{2}g_{\rm m1}U_{\rm sm}\cos\omega_{\rm I}t = g_{\rm mc}U_{\rm sm}\cos\omega_{\rm I}t$$

其中
$$g_{\rm mc} = \frac{1}{2}g_{\rm m1}$$

称为混频跨导,即其值等于 $g_{\rm m}(t)$ 中基波分量幅度 $g_{\rm m1}$ 的一半。

　　以上分析表明,只有时变跨导 $g_{\rm m}(t)$ 中的基波分量 $g_{\rm m1}$ 才是起混频作用的有用成分,所以在混频电路的输出端要用 L_2C_2 谐振回路取出中频信号。

　　2) 晶体三极管混频电路形式

　　晶体三极管混频电路有图 6.44 所示的四种基本形式。这四种形式的混频电路各自具有不同的特点,但是它们的混频原理都是相同的。尽管 $u_{\rm L}$ 和 $u_{\rm s}$ 的输入点不同,但是实际上 $u_{\rm L}$ 和 $u_{\rm s}$ 都是串接后加到管子的发射结上的。

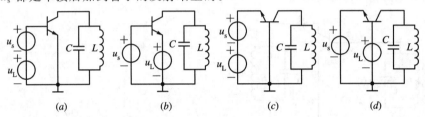

图 6.44　晶体三极管混频电路的几种基本形式

　　3) 晶体三极管混频电路应用

　　图 6.45 是晶体三极管实际混频电路。图中,由 V_2 管组成本振信号,接成电感三点式电路,本振信号通过耦合线圈 L_e 加到 V_1 管的发射极上。天线接收的信号通过耦合线圈 L_a 加到输入回路上,再经过耦合线圈 L_b 加到 V_1 管基极上。中频信号是通过 LC 谐振回路取得并输出的。中频频率为 $f_{\rm I}=465$ kHz。

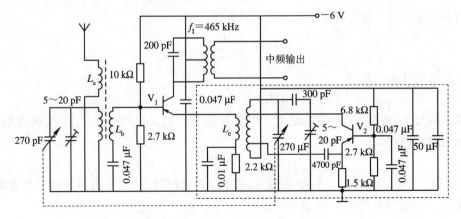

图 6.45　晶体三极管混频电路应用

3. MC1596 构成的混频电路

　　图 6.46 所示为 MC1596 构成的混频电路。它利用非线性器件实现两个信号相乘。本

振信号 $u_L = U_{Lm}\cos\omega_L t$ 加在 8 端，7 端交流电位为零。外来的调幅信号电压 $u_s = U_{sm}(1+\cos\omega_m t)\cos\omega_c t$ 加在 1 端。频率 $\omega_L > \omega_c \gg \omega_m$。6 端和 9 端通过两个 $100\ \mu H$ 的电感与 $+U_{CC}$ 相接。中心频率为 9 MHz 的混频信号经带通滤波器取出。$\omega_I = \omega_L - \omega_c = 2\pi \times 9$ MHz。输出电压 u_o 为

$$u_o = U_{Im}(1 + m_a\cos\omega_m t)\cos\omega_I t$$

式中，U_{Im} 是中频电压幅度。

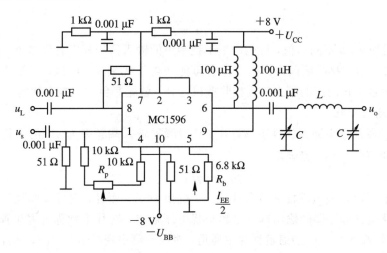

图 6.46　MC1596 组成的混频器

用 MC1596 实现混频比分立元件混频电路有以下优点：输出信号频谱中组合分量少，寄生干扰小；对本振电压幅度没有严格要求，不会因 U_{Lm} 小而失真严重；具有高的混频增益；u_L 和 u_s 隔离性好，牵引小；中频电压幅度 U_{Im} 与 U_{sm} 在很大的输入动态范围内是线性关系。

6.4.2　混频过程中产生的干扰和失真

1. 混频器的干扰

由于混频器件特性的非线性，在混频器上的信号电压和本振电压共同作用下，不仅产生所需要的频率分量，而且产生许多无用（干扰）的组合频率分量，如果这些无用（干扰）的组合频率分量等于或接近中频，即

$$f_{p,q} = pf_L + qf_c \approx f_I \qquad p,q = 0, \pm 1, \pm 2, \cdots$$

那么，它将和有用信号一起通过中频放大和解调，在输出端形成干扰，并影响有用信号的正常接收。这些组合频率分量，并不都能在混频器输出端出现，只有落在输出滤波器通带内的那些频率分量才能输出，即

$$f_I - \frac{\Delta f_{0.7}}{2} \leqslant pf_L + qf_c \leqslant f_I + \frac{\Delta f_{0.7}}{2} \tag{6-35}$$

式中，f_I 和 $\Delta f_{0.7}$ 分别为输出滤波器的中心频率和通带。

组合频率分量的电平是随着 $|p|$ 和 $|q|$ 的增大而减小的，因此，在考虑组合频率分量干扰时，主要考虑较小的 $|p|$、$|q|$ 值分量所引起的干扰。

1）干扰哨声

当混频器输入端作用着有用信号，并与本振电压产生混频后，在输出端存在两种频率

分量，一种是有用的中频分量 $f_L - f_c = f_I$；另一种是可能存在的，落于中频滤波器通带内的，并满足式（6 - 35）的组合频率分量（无用分量）。有用分量和无用分量通过中频放大器后，再经检波器的非线性作用就会产生差拍信号，这时接收机输出端就会在听到有用信号声音的同时，还听到由检波器检出的差拍信号所形成的哨叫声，称为混频器的干扰哨声。干扰哨声与外界干扰无关。

当 $f_L > f_c > f_I \geqslant \Delta f_{0.7}$ 时，则由式（6 - 35）可得

$$f_c \approx \frac{1-p}{q+p} f_I \qquad (6 - 36)$$

上式表明，对应 p、q 不同的值，可能产生干扰哨声的输入信号频率有许多个。但只有在 p、q 较小而且必须落在接收频段内的信号才有可能产生干扰哨声。所以，只要合理选择中频频率，将产生强干扰哨声的频率移到接收频段之外，就能避免和减少干扰哨声。

2）寄生通道干扰

由于混频器前端电路选择性不够好，加到混频器输入端频率为 f_M 的干扰电压便会与本振电压产生混频作用。当满足

$$p f_L + q f_M = f_I \qquad (6 - 37)$$

时，则干扰电压通过通道就能将其频率由 f_M 变换为 f_I，而且，它可以顺利地通过中频放大器，这时就会在混频器的输出端有中频干扰电压输出，这种干扰称为寄生通道干扰。对应于频率变换 $f_L - f_c = f_I$ 的通道称为主通道，对应于频率变换 $p f_L + q f_M = f_I$ 的通道称为寄生通道或副通道。

由式（6 - 37）可得形成寄生通道干扰的输入干扰信号频率为

$$f_M = -\frac{p}{q} f_L + \frac{1}{q} f_I \qquad (6 - 38)$$

式中，p、q 可为正负整数值。由式（6 - 38）可以求得最强寄生通道干扰的频率。

当 $p = 0$，$q = 1$ 时，由式（6 - 38）求得寄生通道的 $f_M = f_I$，称为中频干扰。混频器对这种干扰信号起到中频放大作用，而且它比有用信号有更强的传输能力。

当 $p = -1$，$q = 1$ 时，由式（6 - 38）求得的寄生通道 $f_K = f_M = f_L + f_I = f_c + 2f_I$，称为镜像干扰。其中 f_L 可看成一面镜子，则 f_K 是 f_c 的镜像，如图 6.47 所示。对于这种信号，它所通过的寄生通道具有与有用通道相同的 $p = q = 1$ 值，因而具有与有用通道相同的变换能力。

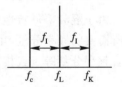

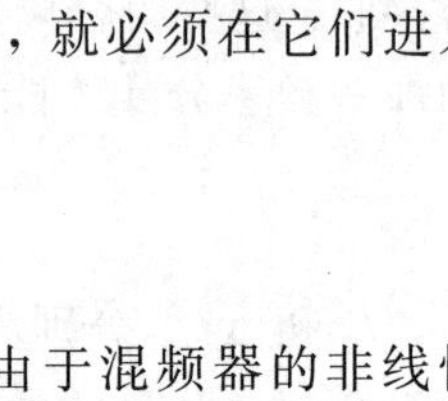

从以上分析可以看出，只要这两种干扰信号进入混频器，混频器自身就很难予以削弱或抑制。因而，要对抗这两种干扰信号，就必须在它们进入混频器前将它们抑制掉。

图 6.47　镜像干扰示意图

2. 混频器中的失真

1）交叉失真

当有用信号电压和干扰电压同时作用在混频器的输入端时，由于混频器的非线性作用，使输出中频信号的包络（调幅波）上叠加有干扰电压的包络，造成有用信号的失真，这种现象称为交叉调制失真。

交叉调制是由非线性特性中的三次以上的非线性项产生的，并且与干扰电压振幅平方

成正比，而与其频率无关。这种失真的特点是，在有用信号存在的同时，有干扰电压的包络存在，一旦有用信号消失，干扰电压的包络也随之消失。一般抑制交叉干扰的措施是：提高混频器前级的选择性，尽量减小干扰信号；选择合适的器件和合适的工作状态，使混频器的非线性高次方项尽可能小；采用抗干扰能力较强的平衡混频器和模拟乘法器混频电路。

2）互调失真

当混频器输入端有两个干扰电压同时作用时，由于混频器的非线性，这两个干扰电压与本振电压相互作用，会产生接近中频的组合频率分量，并能通过中频放大器，在输出端形成干扰信号。

6.5　自动增益控制

自动增益控制电路（Automatic Gain Control，AGC）是一种反馈控制电路，是接收机的重要辅助电路，它的基本功能是稳定电路的输出电平。在这个控制电路中，要比较和调节的量为电压或电流，受控对象为放大器，因此，通常是通过对放大器的电压增益控制来进行电路内部自动调节的。

6.5.1　AGC 电路的作用及组成

对于无线接收机而言，输出电平主要取决于所接收信号的强弱及接收机本身的电压增益。当外来信号较强时，接收机输出电压或功率较大；当外来信号较弱时，接收机输出电压或功率较小。由于各种原因，接收信号的起伏变化较大，信号微弱时仅只有几微伏或几十微伏；而信号较强时可达几百毫伏。也就是说，接收机所接收的信号有时会相差几十 dB。

为了保证接收机输出电平相对稳定，当所接收的信号比较弱时，则要求接收机的电压增益提高；相反，当接收机信号较强时，则要求接收机的电压增益相应减小。为了实现这种要求，必须采用增益控制电路。

增益控制电路一般可分为手动及自动两种方式。手动增益控制电路，是根据需要，靠人工调节增益的，如收音机中的"音量控制"等。手动增益控制电路一般只适用于输入信号电平基本上与时间无关的情况。当输入信号电平与时间有关时，由于信号电平变化是快速的，人工调节无法跟踪，则必须采用自动增益控制电路（AGC）进行调节。

带有自动增益控制电路的调幅接收机的组成方框图如图 6.48 所示。

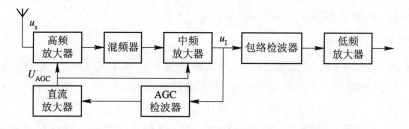

图 6.48　带有自动增益控制电路的调幅接收机的组成方框图

　　为了实现自动增益控制，在电路中必须有一个随输入信号改变的电压，称为 AGC 电压。AGC 电压可正可负，分别用 U_{AGC} 和 $-U_{AGC}$ 表示。利用这个电压去控制接收机的某些级的增益，达到自动增益控制的目的。

　　图 6.48 中，天线接收到的输入信号 u_s 经高频放大器、混频器和中频放大器后得到中频调幅波 u_1，u_1 经 AGC 检波器后，得到反映输入信号大小的直流分量，再经直流放大器后得到 AGC 电压 $|\pm U_{AGC}|$。当输入信号强时，$|\pm U_{AGC}|$ 大，当输入信号弱时，$|\pm U_{AGC}|$ 小。利用 $|\pm U_{AGC}|$ 去控制高频放大器或中频放大器的增益，使 $|\pm U_{AGC}|$ 大时增益低，$|\pm U_{AGC}|$ 小时增益高，最终达到自动增益控制的目的。

　　这里要注意的是，AGC 检波器不同于包络检波器，包络检波器的输出反映包络变化的解调电压，而 AGC 检波器仅输出反映输入载波电压振幅的直流电压。

　　从以上分析可以看出，AGC 电路有两个作用：一是产生 AGC 电压 U_{AGC}；二是利用 AGC 电压去控制某些级的增益。下面介绍 AGC 电压的产生及实现 AGC 的方法。

6.5.2　AGC 电压的产生

　　接收机的 U_{AGC} 大都是利用它的中频输出信号经检波后产生的。按照 U_{AGC} 产生的方法不同而有各种电路形式，基本电路形式有平均值式 AGC 电路和延迟式 AGC 电路，在某些场合也会采用峰值式 AGC 电路及键控式 AGC 电路等形式。

1. 平均值式 AGC 电路

　　平均值式 AGC 电路是利用检波器输出电压中的平均直流分量作为 AGC 电压的。图 6.49 所示为典型的平均值式 AGC 电路，常用于超外差收音机中。图中，V_D、C_1、R_1、R_2 等元件组成包络检波器，C_2 为高频滤波电容。检波输出电压包含直流成分和音频信号，一路送往低频放大器；另一路送往由 R_3C_3 组成的低通滤波器，经低通滤波器后输出直流电压 U_{AGC}。由于 U_{AGC} 为检波输出电压中的平均值，所以称之为平均值式 AGC 电路。

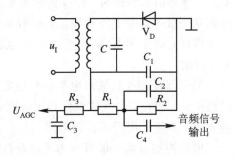

图 6.49　平均值式 AGC 电路

　　低通滤波器的时间常数 $\tau = R_3C_3$ 要正确选择。这是因为，若 τ 太大，则控制电压 U_{AGC} 跟不上外来信号电平的变化，接收机的电压增益得不到及时的调整，从而使 AGC 电路失去应有的控制作用；反之，如果时间常数 τ 选择过小，则 U_{AGC} 将随外来信号的包络变化，这样会使放大器产生额外的反馈作用，从而使调幅波受到反调制。一般选择 $R_3C_3 = (5\sim10)/\Omega_{min}$。

2. 延迟式 AGC 电路

　　平均值式 AGC 电路的主要缺点是，一有外来信号，AGC 电路立刻起作用，接收机的增益就因受控制而减小。这对提高接收机的灵敏度是不利的，这一点对微弱信号的接收尤其是十分不利的。为了克服这个缺点，可采用延迟式 AGC 电路。

　　延迟式 AGC 电路如图 6.50 所示。图中，由二极管 V_{D1} 等元件组成信号检波器；由二极管 V_{D2} 等元件组成 AGC 检波器。在 AGC 检波器中加有固定偏压 U，U 称为延迟电平。

只有当 L_2C_2 回路两端信号电平超过 U 时，AGC 检波器才开始工作，所以称为延迟 AGC 电路。由于延迟电路的存在，信号检波器必然要与 AGC 检波器分开，否则延迟电压会加到信号检波器上去，影响信号检波的质量。

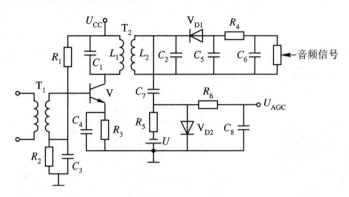

图 6.50 延迟式 AGC 电路

6.5.3 实现 AGC 的方法

实现自动增益控制的方法很多，这里仅介绍利用 U_{AGC} 控制晶体管 I_E 电流，最终达到对放大器的增益控制。

图 6.51(a)、(b) 为改变 I_E 的 AGC 电路。图中，所使用的晶体三极管具有图 6.51(c) 所示的特性。当静态工作电流 I_E 在 AB 范围内时，都有 $I_E\uparrow\rightarrow\beta\uparrow$ 的特性。图(a)所示为单调谐小信号放大器。由于 AGC 电压 U_{AGC} 通过 R_4 及 R_3 加到发射极上，便产生如下变化：

$$U_{AGC}\uparrow\rightarrow U_{BE}\downarrow\rightarrow I_B\downarrow\rightarrow I_C\downarrow\rightarrow I_E\downarrow\rightarrow A_{u0}\downarrow$$

或

$$U_{AGC}\downarrow\rightarrow U_{BE}\uparrow\rightarrow I_B\uparrow\rightarrow I_C\uparrow\rightarrow I_E\uparrow\rightarrow A_{u0}\uparrow$$

图(b)电路与图(a)电路基本相同，区别只是 U_{AGC} 以负电压形式加在晶体管基极上。其控制效果与图(a)完全一样。

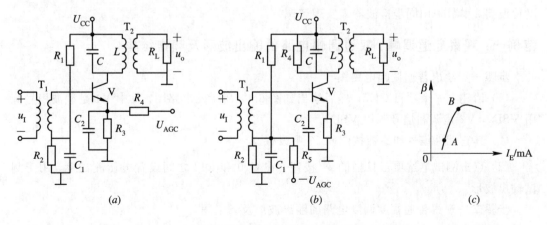

图 6.51 改变 I_E 的 AGC 电路

图 6.52(a) 和 (b) 为另一种改变 I_E 的 AGC 电路。图中所使用的晶体三极管具有图 6.52(c)所示的特性。当静态工作电流 I_E 在 AB 范围内时，却有 $I_E\uparrow\rightarrow\beta\downarrow$ 的特性。图(a)

所示为单调谐小信号放大器。由于 AGC 电压 U_{AGC} 通过 R_4 加到基极上，所以本电路可产生如下变化：

$$U_{AGC} \uparrow \rightarrow U_{BE} \uparrow \rightarrow I_B \uparrow \rightarrow I_C \uparrow \rightarrow I_E \uparrow \rightarrow A_{u0} \downarrow$$

或

$$U_{AGC} \downarrow \rightarrow U_{BE} \downarrow \rightarrow I_B \downarrow \rightarrow I_C \downarrow \rightarrow I_E \downarrow \rightarrow A_{u0} \uparrow$$

图(b)电路与图(a)电路基本相同，区别只是 U_{AGC} 以正电压形式加在晶体管基极上。其控制效果与图(a)完全一样。

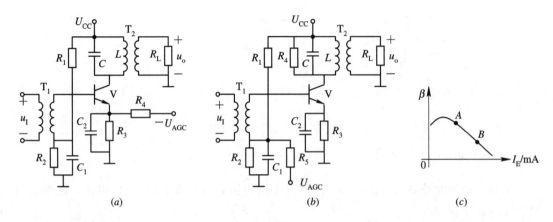

图 6.52　另一种改变 I_E 的 AGC 电路

6.6　实训：幅度调制电路及幅度解调电路的仿真

本节利用 PSpice 仿真技术来观察调幅电路、解调电路的输出波形。

调幅电路及解调电路都是线性频谱搬移电路。普通调幅和双边带调幅电路都可以用模拟乘法器构成。本节采用分立元器件构成模拟乘法电路（MC1596 集成模拟乘法器内部结构，详细说明请看 6.2.2 节）来实现调制信号与载波信号间的调制。幅度解调电路也称为幅度检波器，本节采用同步检波器来实现解调。

范例一：观察普通调幅、双边调幅电路的输出波形及频谱结构

步骤一　绘出普通调幅电路图

（1）请建立一个项目 CH5，然后绘出如图 6.53 所示的电路图。其中 V1 是载波信号源用 VSIN，V2 是调制信号源用 VSIN。

（2）其它元件编号和参数按图 6.53 中设置。

（3）点击测试笔选项工具栏的 🔎 按钮，在 C10 和 R14 之间设置电压测试笔，用于测试输出波形。

步骤二　观察普通幅度调制电路的输出波形及频谱图

（1）设定瞬态分析参数：Run to time（仿真运行时间）设置为 $100\ \mu s$，Start saving data after（开始存储数据时间）设置为 $0\ \mu s$，Maximum step size（最大时间增量）设置为 10 ns。

（2）启动仿真，观察普通调幅电路的输出波形及频谱图。

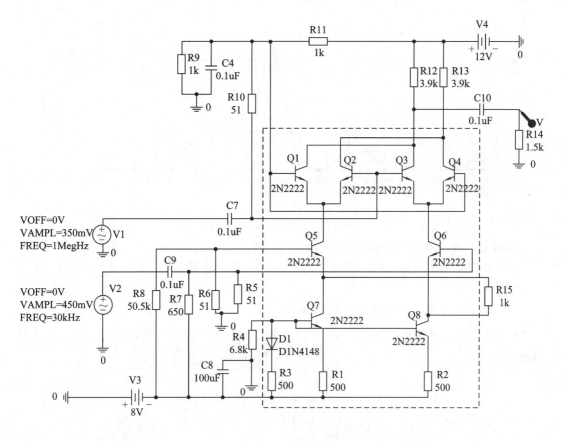

图 6.53 普通幅度调制电路

① 由于使用了测试笔观察输出电压波形，仿真成功后，会自动弹出输出波形。普通调幅电路的输出波形如图 6.54 所示，根据波形图可以分析并读出调幅信号的最大振幅、最小振幅，并计算出调制度。

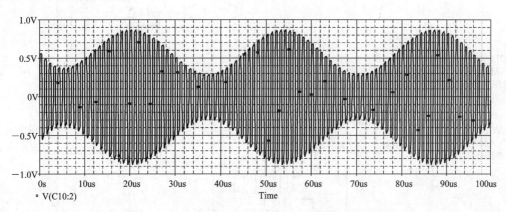

图 6.54 普通调幅电路的输出波形

② 选择菜单 Trace→Fourier，或者点击工具栏上的 按钮，会出现普通调幅波的频谱图，如图 6.55 所示。根据频谱图可以分析频谱结构，读出频谱宽度。

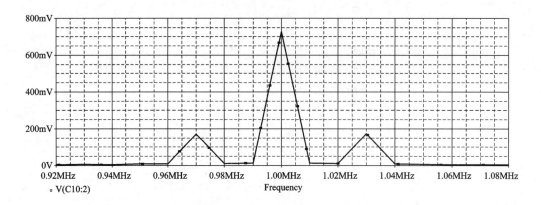

图 6.55　普通调幅波的频谱图

步骤三　绘出双边带调幅电路图

（1）请建立一个项目 CH6，重新绘制图 6.53，其中电阻 R7、R8 分别改成 10k，如图 6.56 所示。

（2）其它元件编号和参数按图 6.56 中设置。

（3）点击测试笔选项工具栏的 🔎 按钮，在 C10 和 R14 之间设置电压测试笔，用于测试输出波形。

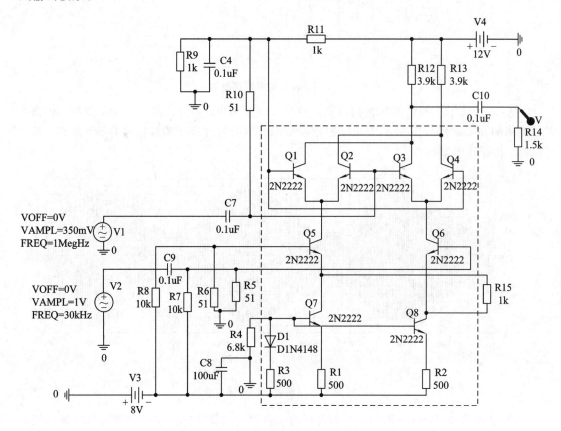

图 6.56　双边带调幅电路

步骤四 观察双边带幅度调制电路的输出波形及频谱图

（1）设定瞬态分析参数：Run to time(仿真运行时间)设置为 100 μs，Start saving data after(开始存储数据时间)设置为 20 μs，Maximum step size(最大时间增量)设置为 10 ns。

（2）启动仿真，观察普通调幅电路的输出波形及频谱图。

① 由于使用了测试笔观察输出电压波形，仿真成功后，会自动弹出输出波形。双边带调幅电路的输出波形如图 6.57 所示。

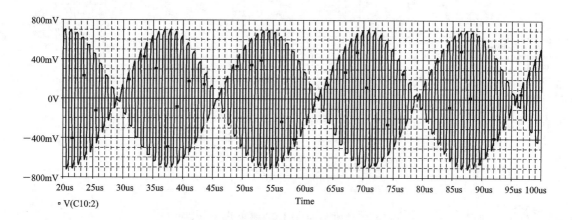

图 6.57 双边带调幅电路的输出波形

② 选择菜单 Trace→Fourier，或者点击工具栏上的 按钮，会出现普通调幅波的频谱图，如图 6.58 所示。根据频谱图可以分析频谱结构，读出频谱宽度。

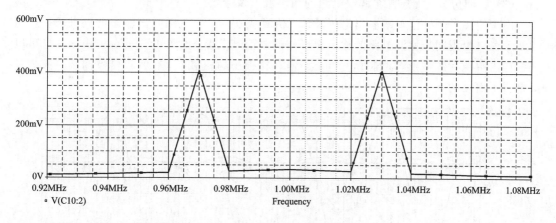

图 6.58 双边带调幅波的频谱图

范例二：观察同步检测波的输出波形

步骤一 绘出同步检波电路图

（1）请建立一个项目CH7，然后绘出如图 6.59 所示的电路图。乘法器 A 采用 MULT/ABM，同步信号 V5 与载波信号 V1 同频、同相。

（2）其它元件编号、参数以及电压测试笔按图中设置。

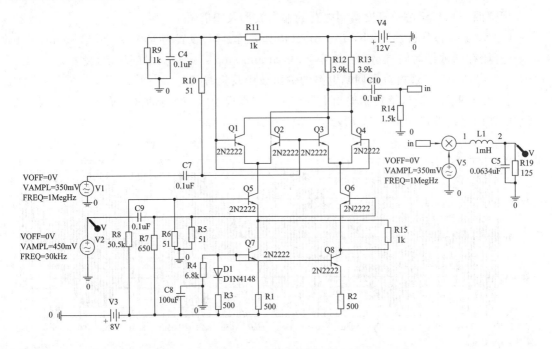

图 6.59 同步检波电路

步骤二 观察同步检波器输出波形并与调制信号进行比较

(1) 设定瞬态分析参数：Run to time(仿真运行时间)设置为 $200~\mu s$，Start saving data after(开始存储数据时间)设置为 $40~\mu s$，Maximum step size(最大时间增量)设置为 10 ns。

(2) 启动仿真，观察普通调幅电路的输出波形及频谱图。

由于使用了测试笔观察输出电压波形，仿真成功后，会自动弹出输出两路波形，这时的波形窗口出现同步检波电路的输出波形与调制信号波形，如图 6.60 所示。根据波形可以分析得出解调后的波形与调制信号同频，但存在很小的相移，这在音频信号调制中人的耳朵是听不出来的。

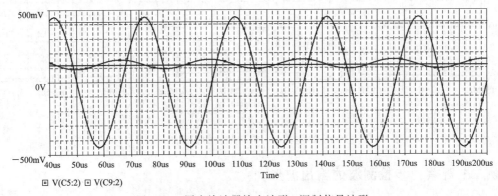

图 6.60 同步检波器输出波形、调制信号波形

思考题与习题

6-1 什么是调制？在通信中振幅调制有几种信号形式，分别是什么？各完成什么

工作？

6-2　振幅调制信号的不同频谱结构形式如何？

6-3　为什么调制必须利用电子器件的非线性才能实现？它和放大在本质上有什么不同？

6-4　为什么说幅度调制电路属于频谱线性变换电路？

6-5　试分别画出普通调幅（AM）、双边带调制（DSB）和单边带调制（SSB）的电路模型图、波形图、频谱图。

6-6　调幅信号的解调有几种？各自适用什么调幅信号？

6-7　调幅与检波的基本原理是什么？

6-8　已知调幅波电压 $u_{AM}(t) = (10 + 3\cos 2\pi \times 100t + 5\cos 2\pi \times 10^3 t)\cos 2\pi \times 10^6 t (\text{V})$，试画出该调幅波的频谱图，求出其频带宽度。

6-9　两信号的数学表示式分别为 $u_1 = U_Q + \cos 2\pi ft = 2 + \cos 2\pi ft (\text{V})$，$u_2 = \cos 2\pi ft (\text{V})$。（1）写出两者相乘后的数学表示式，画出其波形和频谱图；（2）写出两者相加后的数学表示式，画出其波形和频谱图；（3）如 u_1 中，$U_Q - 0$，写出两者相乘后的数学表示式，画出其波形和频谱图。（4）用 PSpice 验证上述结果。

6-10　试分别画出下列电压表示式的波形和频谱图，并说明它们各为何种信号？（令 $\omega_c = 9 \ \Omega$）

（1）$u = (1 + \cos \Omega t)\cos \omega_c t$；

（2）$u = \cos \Omega t \cos \omega_c t$；

（3）$u = \cos(\omega_c + \Omega)t$；

（4）$u = \cos \Omega t + \cos \omega_c t$；

在大信号检波电路中，若加大调制频率 Ω，将会产生什么失真，为什么？

6-11　外部组合干扰有哪些？影响如何？怎样克服？

6-12　一超外差广播接收机，中频 f_I 为 465 kHz。在收听频率 $f_c = 931$ kHz 的电台播音时，发现除了正常信号外，还伴有音调约为 1 kHz 的哨叫声，而且如果转动接收机的调谐旋钮，此哨叫声的音调还会变化。请问这是何种干扰？

6-13　超外差式广播收音机，中频 $f_I = f_L - f_c = 465$ kHz，试分析下列两种现象属于何种干扰：

（1）当接收 $f_c = 560$ kHz 电台信号时，还能听到频率为 1490 kHz 强电台信号；

（2）当接收 $f_c = 1460$ kHz 电台信号时，还能听到频率为 730 kHz 强电台的信号。

6-14　二极管包络检波器，如题 6-14 图所示，$R_L = 5.1$ kΩ，$R'_L = 3$ kΩ，$C = 6800$ pF，$C_c = 20 \ \mu F$，已知 $u_s = 2\cos 2\pi \times 465 \times 10^3 t + 0.3\cos 2\pi \times 469 \times 10^3 t + 0.3\cos 2\pi \times 461 \times 10^3 t (\text{V})$，（1）试问该电路会不会产生惰性失真和负峰切割失真？（2）若检波效率 $\eta_d = 1$，按对应关系画出输入端和输出端的瞬时电压波形，并标出电压的大小。

6-15　二极管包络检波器，如题 6-15 图所示，$R_{L1} = 1.2$ kΩ，$R_{L2} = 6.2$ kΩ，$C_c = 20 \ \mu F$。已知 $F = 300 \sim 4500$ Hz，载频 $f_c = 5$ MHz，最大调幅系数 $m_{a\max} = 0.8$，要求电路不产生惰性失真和负峰切割失真，试决定 C 和 R_L 的值。

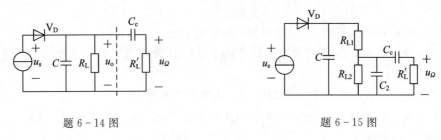

题 6-14 图   题 6-15 图

6-16 混频器输入端除了作用有用信号 $f_c = 20$ MHz 外,同时还作用频率分别为 $f_{N1} = 19.2$ MHz,$f_{N2} = 19.6$ MHz 的两个干扰电压,已知混频器的中频 $f_I = f_L - f_c = 3$ MHz,试问这两个干扰电压会不会产生干扰?

6-17 如果平衡调幅器中,一个二极管接反,对电路产生什么影响?若将 u_c 和 u_Ω 的接入位置互相对换,电路还能实现调幅吗?

6-18 已知调制信号 $u_\Omega = (2\cos 2\pi \times 2 \times 10^3 t + 3\cos 2\pi \times 300 t)$ V,载波信号 $u_c = 5\cos(2\pi \times 5 \times 10^5 t)$ V,$k_a = 1$,试写出调幅波的表示式,画出频谱图,求出频带宽度 BW。

6-19 有一调幅波的表达式为 $u = 25(1 + 0.7\cos 2\pi \times 5 \times 10^3 t - 0.3\cos 2\pi \times 10^4 t)\cos 2\pi \times 10^6 t$ V。(1) 试求出它所包含的各分量的频率与振幅;(2) 绘出该调幅波包络的形状,并求出峰值与谷值幅度。

6-20 题 6-20 图所示电路中,调制信号 $u_\Omega(t) = U_{\Omega m}\cos \Omega t$,载波信号 $u_c(t) = U_{cm}\cos \omega_c t$,并且 $U_{cm} \gg U_{\Omega m}$,$\omega_c \gg \Omega$,二极管特性相同,均为从原点出发、斜率为 g_d 的直线,试问图中电路能否实现双边带调幅?为什么?

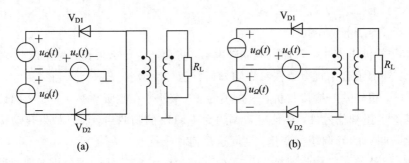

(a)   (b)

题 6-20 图

6-21 如题 6-21 图所示为单边带(上边带)发射机的方框图。调制信号为 $300 \sim 3000$ Hz 的音频信号,其频谱分布如图所示。试画出方框中各点输出信号的频谱图。

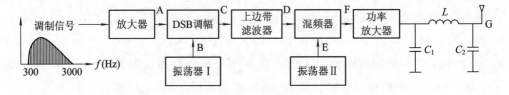

题 6-21 图

第七章　信号变换二：角度调制与解调

角度调制与解调也是一种信号变换，其目的是实现信号的有效传输。角度调制是利用调制信号去控制载波信号的频率或相位来实现调制的。角度调制可分为两种：一种是频率调制（FM），即载波信号的瞬时频率随调制信号幅度线性变化；另一种是相位调制（PM），即载波信号的瞬时相位随调制信号幅度线性变化。

角度调制电路与幅度调制电路在频谱变换上有所不同。幅度调制电路属于频谱线性变换电路，而角度调制电路则属于频谱非线性变换电路。

角度调制信号的解调电路也分为两类：一类是调频波的解调，称频率检波，简称鉴频；另一类是调相波的解调，称相位检波，简称鉴相。鉴频和鉴相都属于频谱非线性变换电路。

7.1　角度调制原理

7.1.1　调频信号数学表达式

设载波信号电压为

$$u_c(t) = U_{cm} \cos(\omega_c t + \varphi_0)$$

式中，$\omega_c t + \varphi_0$ 为载波的瞬时相位；ω_c 为载波信号的角频率；φ_0 为载波初相角（一般地，可以令 $\varphi_0 = 0$）。

设调制信号电压（单音频信号）为

$$u_\Omega(t) = U_{\Omega m} \cos\Omega t$$

式中，Ω 为调制信号的角频率。

根据调频的定义，载波信号的瞬时角频率 $\omega(t)$ 随调制信号 $u_\Omega(t)$ 线性变化，即

$$\omega(t) = \omega_c + \Delta\omega(t) = \omega_c + k_f u_\Omega(t) \tag{7-1}$$

式中，k_f 为与调频电路有关的比例常数，单位为 rad/(s・V)；$\Delta\omega(t) = k_f u_\Omega(t)$，称为角频率偏移，简称角频移。$\Delta\omega(t)$ 的最大值叫角频偏，$\Delta\omega_m = k_f |u_\Omega(t)|_{max}$，它表示瞬时角频率偏离中心频率 ω_c 的最大值。

对式（7-1）积分可得调频波的瞬时相位 $\varphi_f(t)$

$$\varphi_f(t) = \int_0^t \omega(t)\,dt = \omega_c t + k_f \int_0^t u_\Omega(t)\,dt = \omega_c t + \Delta\varphi_f(t) \tag{7-2}$$

式中

$$\Delta\varphi_f(t) = k_f \int_0^t u_\Omega(t)dt$$

表示调频波的相移，它反映调频信号的瞬时相位按调制信号的时间积分的规律变化。

调频信号的数学表达式

$$u(t) = U_{cm} \cos[\omega_c t + \Delta\varphi_f(t)] = U_{cm} \cos\left[\omega_c t + k_f \int_0^t u_\Omega(t)\mathrm{d}t\right] \quad (7-3)$$

以上分析说明：在调频时，瞬时角频率的变化与调制信号成线性关系，瞬时相位的变化与调制信号的积分成线性关系。

将单音频信号 $u_\Omega(t) = U_{\Omega m} \cos\Omega t$ 分别代入式(7-1)、(7-2)、(7-3)，得

$$\omega(t) = \omega_c + k_f U_{\Omega m} \cos\Omega t$$
$$= \omega_c + \Delta\omega_m \cos\Omega t \quad (7-4)$$

$$\varphi_f(t) = \omega_c t + \frac{k_f U_{\Omega m}}{\Omega} \sin\Omega t$$
$$= \omega_c t + m_f \sin\Omega t \quad (7-5)$$

$$u(t) = U_{cm} \cos(\omega_c t + m_f \sin\Omega t) \quad (7-6)$$

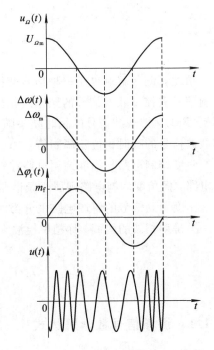

式中，$\Delta\omega_m \cos\Omega t$ 说明调频波的角频偏随单音频信号作周期性变化，其中最大角频偏 $\Delta\omega_m = k_f U_{\Omega m}$，与调制信号振幅 $U_{\Omega m}$ 成正比。瞬时相移 $\frac{k_f U_{\Omega m}}{\Omega} \sin\Omega t$，与单音频信号相位相差 $\pi/2$。其中，

$$m_f = \frac{k_f U_{\Omega m}}{\Omega} = \frac{\Delta\omega_m}{\Omega} = \frac{\Delta f_m}{F}$$

为调频波的最大相移，又称调频指数，其值与 $U_{\Omega m}$ 成正比，而与 Ω 成反比，m_f 值可大于1。

图 7.1 给出了调频波的 $u_\Omega(t)$、$\Delta\varphi_f$、$\Delta\omega(t)$ 和 $u(t)$ 的波形。

图 7.1   调频波的波形图

7.1.2   调相信号数学表达式

根据调相的定义，载波信号的瞬时相位 $\varphi_p(t)$ 随调制信号 $u_\Omega(t)$ 线性变化，即

$$\varphi_p(t) = \omega_c t + k_p u_\Omega(t) = \omega_c t + \Delta\varphi_p(t) \quad (7-7)$$

式中，k_p 是由调相电路决定的比例常数，单位为 $\mathrm{rad/V}$；$\Delta\varphi_p(t) = k_p u_\Omega(t)$ 是载波的瞬时相位与调制信号成线性变化的部分，称为调相波的相移。

对式(7-7)求导，可得调相波的瞬时角频率 $\omega(t)$ 为

$$\omega(t) = \frac{\mathrm{d}\varphi_p(t)}{\mathrm{d}t} = \omega_c + k_p \frac{\mathrm{d}u_\Omega(t)}{\mathrm{d}t} = \omega_c + \Delta\omega_p(t) \quad (7-8)$$

式中

$$\Delta\omega_p(t) = k_p \frac{\mathrm{d}u_\Omega(t)}{\mathrm{d}t}$$

称为调相波的频偏，又称为频移。

调相信号的数学表达式为

$$u(t) = U_{cm} \cos(\omega_c t + \Delta\varphi_p(t)) = U_{cm} \cos[\omega_c t + k_p u_\Omega(t)] \quad (7-9)$$

以上分析说明：在调相时，瞬时相位的变化与调制信号成线性关系，瞬时角频率的变

化与调制信号的导数成线性关系。

将单音频信号 $u_\Omega(t) = U_{\Omega m} \cos\Omega t$ 分别代入式 (7-7)、(7-8)、(7-9)，得

$$\varphi_p(t) = \omega_c t + k_p u_\Omega(t) = \omega_c t + k_p U_{\Omega m} \cos\Omega t$$
$$= \omega_c t + m_p \cos\Omega t \qquad (7-10)$$

$$\omega(t) = \omega_c - m_p \Omega \sin\Omega t$$
$$= \omega_c - \Delta\omega_m \sin\Omega t \qquad (7-11)$$

$$u(t) = U_{cm} \cos(\omega_c t + m_p \cos\Omega t) \qquad (7-12)$$

式中，$m_p = k_p U_{\Omega m}$ 是调相波的最大相移，又称为调相指数，它与 $U_{\Omega m}$ 成正比；$\Delta\omega_m = k_p U_{\Omega m} \Omega = m_p \Omega$，称为调相波的最大角频偏，它与 $U_{\Omega m}$ 和 Ω 的乘积成正比。

图 7.2 给出了调相波的 $u_\Omega(t)$、$\Delta\varphi_p(t)$、$\Delta\omega(t)$ 和 $u(t)$ 的波形。

这里需要指出在单音调制时，下面几个角频率的含义：载波角频率 ω_c 表示瞬时角频率变化的平均值；调制角频率 Ω 表示瞬时角频率变化的快慢程度；最大角频偏 $\Delta\omega_m$ 表示瞬时角频率偏离的最大值。

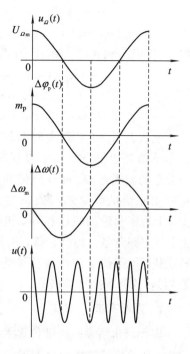

图 7.2 调相波的波形图

7.1.3 调角信号的频谱和频谱宽度

1. 调角信号的频谱

下面用式(7-6)

$$u(t) = U_{cm} \cos(\omega_c t + m_f \sin\Omega t)$$

来说明调角波的频谱结构特点。

利用三角函数变换式 $\cos(A+B) = \cos A \cos B - \sin A \sin B$，将式(7-6)变换成

$$u(t) = U_{cm} [\cos(m_f \sin\Omega t) \cos\omega_c t - \sin(m_f \sin\Omega t) \sin\omega_c t] \qquad (7-13)$$

将上式展开成傅里叶级数，并用贝塞尔函数 $J_l(m_f)$ 来确定展开式中各次分量的幅度。图 7.3 给出了宗数为 m_f 的 l 阶第一类贝塞尔函数曲线。

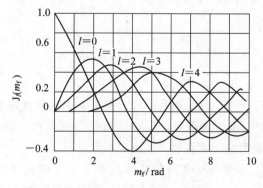

图 7.3 第一类贝塞尔函数曲线

在贝塞尔函数理论中，可得下述关系：

$$\cos(m_f \sin\Omega t) = J_0(m_f) + 2J_2(m_f)\cos2\Omega t + 2J_4(m_f)\cos4\Omega t + \cdots \quad (7-14)$$

$$\sin(m_f \sin\Omega t) = 2J_1(m_f)\sin\Omega t + 2J_3(m_f)\sin3\Omega t + 2J_5(m_f)\sin5\Omega t + \cdots \quad (7-15)$$

将式(7-14)和式(7-15)代入式(7-13)，得

$$u(t) = U_{cm}J_0(m_f)\cos\omega_c t + U_{cm}J_1(m_f)[\cos(\omega_c + \Omega)t - \cos(\omega_c - \Omega)t]$$

$$+ U_{cm}J_2(m_f)[\cos(\omega_c + 2\Omega)t + \cos(\omega_c - 2\Omega)t]$$

$$+ U_{cm}J_3(m_f)[\cos(\omega_c + 3\Omega)t - \cos(\omega_c - 3\Omega)t] + \cdots \quad (7-16)$$

上式表明，单音调制时调频信号的频谱是由载频 ω_c 和无数对边频分量 $\omega_c \pm l\Omega$ 所组成的。相邻的两个频率分量的间隔为 Ω。载频分量和各对边频分量的相对幅度由相应的贝塞尔函数确定。其中，l 为奇数时，上、下边频分量的幅度相等，极性相反；l 为偶数时，上、下边频分量的幅度相等，极性相同。当 m_f 为某些特定值时，可使某些边频分量等于零。图7.4示出了不同 m_f 的调频信号频谱图。

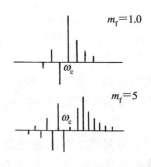

图7.4 不同 m_f 的调频信号频谱图

2. 频谱宽度

由于调角信号的频谱包含无限多对边频分量，因而其频谱宽度应为无限宽。但从能量上看，调角信号的能量绝大部分实际上是集中在载频附近的有限边频上，因此没有必要把带宽设计成无限大。为了便于处理调角信号，一般在高质量通信系统中，规定边频分量幅度小于未调制前载频振幅的1%，相对应的频谱宽度用 $BW_{0.01}$ 表示；在中质量通信系统中，规定边频分量幅度小于未调制前载频振幅的10%，相对应的频谱宽度用 $BW_{0.1}$ 表示。

从图7.3曲线上看，当 $m(m_f$ 或 $m_p)$ 一定时，随着 l 的增加，$J_l(m)$ 的数值虽有起伏变化，但总的趋势是减小的。理论上证明，当 $l > m+1$ 时，$J_l(m)$ 恒小于0.1。因此，调角波的有效频谱宽度可由卡森(Carson)公式估算(称卡森带宽)：

$$BW_{CR} = 2(m+1)\Omega = 2(\Delta\omega_m + \Omega) \quad (7-17)$$

或

$$BW_{CR} = 2(m+1)F = 2(\Delta f_m + F)$$

从具体计算发现，BW_{CR} 介于 $BW_{0.1}$ 和 $BW_{0.01}$ 之间，但比较接近于 $BW_{0.1}$。

下面写出调频波和调相波的频带宽度：

调频：

$$BW_{CR} = 2(m_f + 1)F \quad (7-18)$$

调相：

$$BW_{CR} = 2(m_p + 1)F \quad (7-19)$$

当调制信号幅度 $U_{\Omega m}$ 不变，改变调制信号频率 F 时，调频波的带宽变化不大，这是由于 F 改变时 m_f 随之改变，宽带调频时，$f_m \gg 1$，$BW_{CR} = 2m_f F = 2\Delta f_m$，调频波的带宽与 F 大小无关，因而调频波是恒定带宽调制，如图7.5所示。

当调制信号幅度 $U_{\Omega m}$ 不变，改变调制信号频率 F 时，调相波的带宽随之改变，这是由于 F 与 m_p 无关，因而在 $U_{\Omega m}$ 一定(m_p 不变)时，调相波带宽与 F 成正比，如图7.6所示。一般调相系统带宽按 F_{max} 设计，对 F_{min} 来说，系统带宽利用不合理，这是调相制式的缺点。

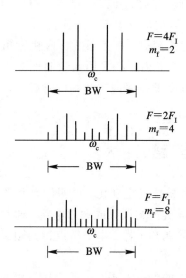

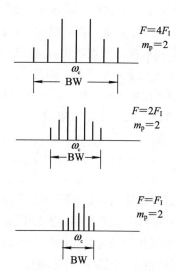

图 7.5　$U_{\Omega m}$ 不变时调频波频谱图　　　　　图 7.6　$U_{\Omega m}$ 不变时调相波频谱图

根据调制后载波瞬时相位偏移大小，可以将角度调制分为窄带和宽带两种。从卡森公式可得：

当 $m \ll 1$ 时

$$\text{BW}_{\text{CR}} \approx 2F \tag{7-20}$$

通常将这种调角信号称为窄带调角信号；

当 $m \gg 1$ 时

$$\text{BW}_{\text{CR}} \approx 2mF = 2\Delta f_{\text{m}} \tag{7-21}$$

通常将这种调角信号称为宽带调角信号。

3. 调频波的平均功率

根据帕塞瓦尔定理，调频波的平均功率等于各个频率分量平均功率之和。因此，单位电阻上的平均功率为

$$P_0 = \frac{U_{\text{cm}}^2}{2} \sum_{n=-\infty}^{\infty} \text{J}_l^2(m_{\text{f}}) \tag{7-22}$$

根据第一类贝塞尔函数特性

$$\sum_{n=-\infty}^{\infty} \text{J}_l^2(m_{\text{f}}) = 1$$

得调频波的平均功率

$$P_0 = \frac{1}{2} U_{\text{cm}}^2 \tag{7-23}$$

上式说明，在 U_{cm} 一定时，调频波的平均功率也就一定，且等于未调制时的载波功率，其值与 m_{f} 无关。改变 m_{f} 仅引起各个分量间的功率的重新分配。这样可适当选择 m_{f} 的大小，使载波分量携带的功率很小，绝大部分功率由边频分量携带，从而极大地提高调频系统设备的利用率。

顺带说明，由于边频功率包含有用信息，这样便有利于提高调频系统接收机输出端的

信噪比。可以证明，调频指数越大，调频波的抗干扰能力越强，但是，调频波占有的有效频谱宽度也就越宽。因此，调频制抗干扰能力的提高是以增加有效带宽为代价的。

另外，在模拟信号调制中，可以证明当系统带宽相同时，调频系统接收机输出端的信号噪声比明显优于调相系统，因此，目前在模拟通信中，仍广泛采用调频制而较少采用调相制。不过，在数字通信中，相位键控的抗干扰能力优于频率键控和幅度键控，因而调相制在数字通信中获得了广泛应用。

7.2 调频电路

由上面讨论可知，无论调频或调相，都会使瞬时相位发生变化，说明调频和调相可以互相转化。我们可以通过两者的转化关系设计出不同类型的调频或调相电路。通常有直接调频电路和间接调频电路，以及直接调相电路和间接调相电路。本节重点讨论频率调制电路（直接调频电路、间接调频电路）。

直接调频是用调制信号直接控制主振荡回路元件的参量 L 或 C，使主振荡频率受到控制，并按调制信号的规律变化。直接调频电路简单，频偏较大，但中心频率不易稳定。

间接调频是先将调制信号积分，然后对载波进行调相，从而得到调频信号。间接调频电路的核心是调相，因此，在调制时可以不在主振荡电路中进行，易于保持中心频率的稳定，但不易获得大的频偏。

调频电路的主要要求如下：

1）调制特性为线性

调频波的频率偏移与调制电压的关系称为调制特性。在一定的调制电压范围内，尽量提高调频电路调制特性线性度，这样才能保证不失真地传输信息。

2）调制灵敏度要高

单位调制电压变化所产生的频率偏移称为调制灵敏度。提高灵敏度，可提高调制信号的控制作用。要注意的是，过高的灵敏度会对调频电路性能带来不利影响。

3）中心频率的稳定度要高

调频波的中心频率就是载波频率。为了保证接收机能正常接收调频信号，要求调频电路中心频率要有足够的稳定度。例如，对于调频广播发射机，要求中心频率漂移不超出 ± 2 kHz。

4）最大频偏

在正常调制电压作用下，所能达到的最大频率偏移称最大频偏 Δf_m。它是根据对调频指数 m_f 的要求确定的，要求其数值在整个调制信号所占有的频带内保持恒定。不同的调频系统要求有不同的最大频偏值 Δf_m。例如，调频广播要求 $\Delta f_m = 75$ kHz，移动通信的无线电话要求 $\Delta f_m = 5$ kHz，电视伴音要求 $\Delta f_m = 50$ kHz。

7.2.1 直接调频电路

1. 变容二极管直接调频电路

有关变容二极管的特性已在 4.4.2 节作了讨论，这里不再介绍。变容二极管结电容 C_j

与反向偏置电压 u 之间的关系为

$$C_j = \frac{C_{j0}}{\left(1 + \dfrac{u}{U_D}\right)^\gamma} \tag{7-24}$$

式中，C_{j0} 为 $u=0$ 时的结电容；U_D 为 PN 结势垒电位差，硅管 $U_D=0.4\sim0.6$ V；γ 为变容指数，对突变结，γ 值接近 $1/2$，对缓变结，γ 值接近 $1/3$，对超突变结，γ 值在 $\dfrac{1}{2}\sim 6$ 范围内。

将变容二极管接入 LC 正弦波振荡器的谐振回路中，如图 7.7(a)所示。图中，L 和变容二极管组成谐振回路，虚方框为变容二极管的控制电路。U_Q 用来提供变容二极管的反向偏压，其取值应保证变容二极管在调制信号电压 $u_\Omega(t)$ 的变化范围内，始终工作在反向偏置状态，同时还应保证由 U_Q 值决定的振荡频率等于所要求的载波频率。通常调制电压比振荡回路的高频振荡电压大得多，所以变容二极管的反向电压随调制信号变化，即

$$u(t) = U_Q + U_{\Omega m}\cos\Omega t \tag{7-25}$$

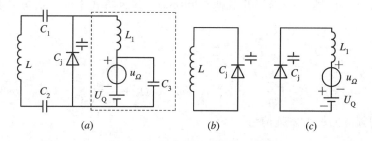

图 7.7 变容二极管接入振荡回路

为了防止 U_Q 和 u_Ω 对振荡回路的影响，在控制电路中必须接入 L_1 和 C_3。L_1 为高频扼流圈，它对高频的感抗很大，接近开路，而对直流和调制频率接近短路；C_3 为高频滤波电容，它对高频的容抗很小，接近短路，而对调制频率的容抗很大，接近开路。为了防止振荡回路 L 对 U_Q 和 u_Ω 短路，必须在变容二极管和 L 之间加入隔直流电容 C_1 和 C_2，它们对于高频接近短路，对于调制频率接近开路。综上所述，对于高频而言，由于 L_1 开路、C_3 短路，可得高频通路，如图 7.7(b)所示。这时振荡频率可由回路电感 L 和变容二极管结电容 C_j 所决定，即

$$\omega = \frac{1}{\sqrt{LC_j}} \tag{7-26}$$

对于直流和调制频率而言，由于 C_1 的阻断，因而 U_Q 和 u_Ω 可有效地加到变容二极管上，可得直流和调制频率通路，如图 7.7(c)所示。将式(7-25)代入式(7-24)，可得变容二极管结电容随调制信号电压变化规律，即

$$C_j = \frac{C_{j0}}{\left[1 + \dfrac{1}{U_D}(U_Q + U_{\Omega m}\cos\Omega t)\right]^\gamma} = \frac{C_{jQ}}{(1 + m_c\cos\Omega t)^\gamma} \tag{7-27}$$

式中

$$m_c = \frac{U_{\Omega m}}{U_D + U_Q}$$

$$C_{jQ} = \frac{C_{j0}}{\left(1 + \dfrac{U_Q}{U_D}\right)^{\gamma}}$$

式中，m_c 为变容管电容调制度；C_{jQ} 为 U_Q 处电容。

将式(7 – 27)代入式(7 – 26)，则得

$$\omega(t) = \frac{1}{\sqrt{LC_{jQ}}}(1 + m_c \cos\Omega t)^{\frac{\gamma}{2}} = \omega_c(1 + m_c \cos\Omega t)^{\frac{\gamma}{2}} \qquad (7 - 28)$$

式中，$\omega_c = 1/\sqrt{LC_{jQ}}$，是调制器未受调制($u_\Omega = 0$)时的振荡频率，即调频波的中心频率。

根据式(7 – 28)可以看出，只有在 $\gamma = 2$ 时为理想线性，其余都是非线性。因此，在变容管作为振荡回路总电容的情况下，必须选用 $\gamma = 2$ 的超突变结变容管；否则，频率调制器产生的调频波不仅出现非线性失真，而且还会出现中心频率不稳定的情况。

下面分析 $\gamma \neq 2$ 时的工作情况，令 $x = m_c \cos\Omega t$，可将式(7 – 28)改写成

$$\omega(t) = \omega_c(1 + x)^{\frac{\gamma}{2}} \qquad (7 - 29)$$

设 x 足够小，将式(7 – 29)展开成傅里叶级数，并忽略式中的三次方及其以上各次方项，则

$$\omega(t) = \omega_c\left[1 + \frac{\gamma}{2}x + \frac{\gamma}{2}\frac{(\gamma/2 - 1)}{2!}x^2\right]$$

$$= \omega_c\left[1 + \frac{1}{8}\gamma\left(\frac{\gamma}{2} - 1\right)m_c^2 + \frac{\gamma}{2}m_c\cos\Omega t + \frac{1}{8}\gamma\left(\frac{\gamma}{2} - 1\right)m_c^2\cos2\Omega t\right] \qquad (7 - 30)$$

由上式求得调频波的最大角频偏为

$$\Delta\omega_{1m} \approx \frac{\gamma}{2}m_c\omega_c \qquad (7 - 31)$$

二次谐波失真分量的最大角频偏为

$$\Delta\omega_{2m} \approx \frac{\gamma}{8}\left(\frac{\gamma}{2} - 1\right)m_c^2\omega_c \qquad (7 - 32)$$

中心角频率偏离 ω_c 的数值为

$$\Delta\omega_c \approx \frac{\gamma}{8}\left(\frac{\gamma}{2} - 1\right)m_c^2\omega_c \qquad (7 - 33)$$

相应地，调频波的二次谐波失真系数为

$$k_{f2} = \left|\frac{\Delta\omega_{2m}}{\Delta\omega_{1m}}\right| \approx \left|\frac{m_c}{4}\left(\frac{\gamma}{2} - 1\right)\right| \qquad (7 - 34)$$

中心角频率的相对偏离值为

$$\frac{\Delta\omega_c}{\omega_c} \approx \frac{\gamma}{8}\left(\frac{\gamma}{2} - 1\right)m_c^2 \qquad (7 - 35)$$

由以上几式可知，当 γ 一定时，增大 m_c，可以增大相对频偏 $\Delta\omega_m/\omega_c$，但同时也增大非线性失真系数 k_{f2} 和中心角频率相对偏离值 $\Delta\omega_c/\omega_c$；或者说，调频波能够达到的最大相对角频偏受非线性失真和中心频率相对偏离值的限制。调频波的相对角频偏值与 m_c 成正比（即与 $U_{\Omega m}$ 成正比）是直接调频电路的一个重要特性。当 m_c 选定，即调频波的相对角频偏值一定时，提高 ω_c 可以增大调频波的最大角频偏值 $\Delta\omega_m$。

应当指出，上面分析是在忽略高频振荡电压对变容二极管的影响下进行的。在电路设

计时可采取两个变容二极管对接的方式来减小高频电压的影响，如图7.8所示。图中，L、C为振荡回路；L_1、L_2为高频扼流圈；C_1、C_2、C_3为高频耦合电容和旁路电容。对于U_Q和u_Ω来讲，两个变容二极管是并联的；对于高频振荡电压来说，两个变容二极管是串联的，这样在每只变容二极管上的高频电压幅度减半，并且两管高频电压相位相反，结电容因高频电压作用可相互抵消，因此，变容二极管基本上不受高频电压影响。

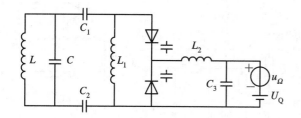 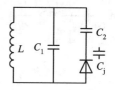

图7.8 变容二极管对接方式　　　　图7.9 变容二极管的部分接入

由于变容二极管的C_j会随温度、偏置电压变化而变化，造成中心频率不稳定，因而在电路中常采用一个小电容C_2与变容二极管串联，同时在回路中并联上一个电容C_1，如图7.9所示。这样，便使变容二极管部分接入振荡回路，从而降低了C_j对振荡频率的影响，提高了中心频率的稳定性。同时，调节C_1、C_2，可使调制特性接近线性。

2. 直接调频实际电路

图7.10(a)为变容二极管直接调频实际电路。该电路中心频率为90 MHz，在这个频率上，图中的1000 μF电容均可视为短路，22 μH扼流圈可视为开路。为提高中心频率的稳定性，本电路采用变容二极管通过15 pF和39 pF电容部分接入振荡回路，但获得的相对频偏减小，由此可得变容二极管部分接入的电容三点式振荡电路，见图7.10(b)。反向偏置电压U_Q经分压电阻分压后供给，调制信号u_Ω通过22 μH高频扼流圈加到变容管上。

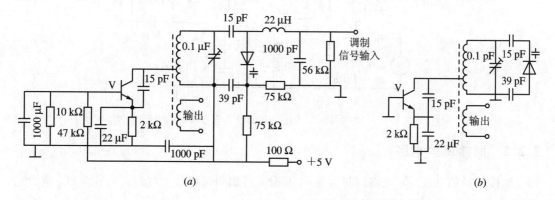

图7.10 90 MHz直接调频电路及其高频通路

图7.11(a)是中心频率为70 MHz$\pm$100 kHz，频偏$\Delta f = 6$ MHz的变容二极管直接调频电路，用于微波通信设备中。图中，L与变容管构成振荡回路并与晶体管V接成电感三点式振荡电路，如图7.11(b)所示。振荡晶体管采用双电源供电，正、负电源各自采用稳压电路(虚线方框所示)。调制信号通过L_1C_1和C_2组成的Π型滤波器加到变容管上，C_1和C_2对70 MHz频率呈短路，而对调制频率呈开路。该电路可获得较大的频偏。

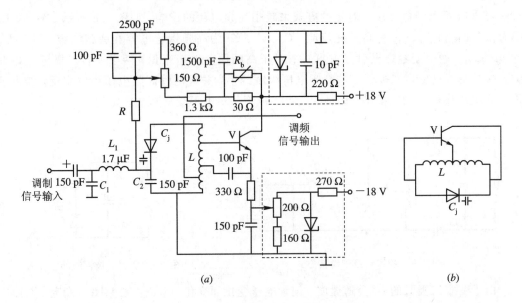

图 7.11   70 MHz 变容管直接调频电路

图 7.12 所示是 100 MHz 晶体振荡器的变容管直接调频电路，用于组成无线话筒中的发射机。图中，V_1 管的作用是对话筒提供的语音信号进行放大，放大后的语音信号经 2.2 μH 高频扼流圈加到变容管上。变容管上的偏置电压也经过 2.2 μH 高频扼流圈加到变容管上。V_2 接成晶体振荡电路，并由变容管实现直接调频。LC 谐振回路谐振在晶体振荡频率的三次谐波上，完成三倍频功能。该电路可获得较高的中心频率稳定度，但相对频偏很小(10^{-4} 数量级)。

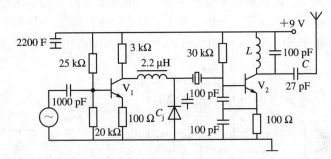

图 7.12   100 MHz 晶体振荡器的变容管直接调频电路

7.2.2   间接调频电路

间接调频的方法是：先将调制信号 u_Ω 积分，再加到调相器上对载波信号调相，从而完成调频。间接调频电路框图如图 7.13 所示。

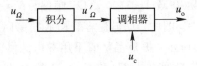

图 7.13   间接调频电路框图

设调制信号 $u_\Omega = U_{\Omega m}\cos\Omega t$ 经积分后得

$$u_\Omega' = k\int u_\Omega(t)\mathrm{d}t = k\frac{U_{\Omega m}}{\Omega}\sin\Omega t \tag{7-36}$$

式中，k 为积分增益。用积分后的调制信号对载波 $u_c(t) = U_{cm}\cos\omega_c t$ 进行调相，则得

$$u(t) = U_{cm}\cos(\omega_c t + k_p k\frac{U_{\Omega m}}{\Omega}\sin\Omega t) = U_{cm}\cos(\omega_c t + m_f\sin\Omega t) \tag{7-37}$$

式中

$$m_f = \frac{k_f U_{\Omega m}}{\Omega}, \qquad k_f = k_p k$$

上式与调频波表示式完全相同。由此可见，实现间接调频的关键电路是调相器。

调相器的种类很多，常用的有可控移相法调相电路(变容二极管调相电路)，可控延时法调相电路(脉冲调相电路)和矢量合成法调相电路等。下面主要讨论变容二极管调相电路，见图 7.14。

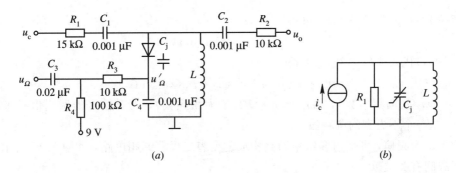

图 7.14　变容二极管调相电路

图中，L 与变容二极管结电容 C_j 构成并联谐振回路；载波电压 $u_c(t)$ 经 R_1 后作为电流源输入；调制信号 u_Ω 经耦合电容 C_3 加到 R_3、C_4 组成的积分电路，因此加到变容二极管的调制信号为 u_Ω'，使变容二极管的电容 C_j 随调制信号积分电压的变化而变化，从而使谐振回路的谐振频率随调制信号积分电压的变化而变化。它使固定频率的高频载波电流在流过谐振频率变化的振荡回路时，由于失谐而产生相移，从而产生高频调相信号电压输出。可将图 7.14(a)简化成图 7.14(b)所示的并联谐振回路。

设输入载波电流为

$$i_c = I_{cm}\cos\omega_c t$$

则回路的输出电压为

$$u_o = I_{cm}Z(\omega_c)\cos[\omega_c t + \varphi(\omega_c)] \tag{7-38}$$

式中，$Z(\omega_c)$ 是谐振回路在频率 ω_c 上的阻抗幅值；$\varphi(\omega_c)$ 是谐振回路在频率 ω_c 上的相移。

由于并联谐振回路谐振频率 ω_0 是随调制信号而变化的，因而相移 $\varphi(\omega_c)$ 也是随调制信号而变化的。根据并联谐振回路的特性，可得

$$\varphi(\omega_c) = -\arctan Q\frac{2(\omega_c - \omega_0)}{\omega_0}$$

式中，Q 为并联回路的有载品质因数。当 $|\varphi(\omega_c)| < 30°$，失谐量不大时(式中分母 $\omega_0 \approx \omega_c$)，上式简化为

$$\varphi(\omega_c) \approx -2Q \frac{\omega_c - \omega_0}{\omega_c} \qquad (7-39)$$

积分后的调制信号为

$$u'_\Omega = \frac{U_{\Omega m}}{\Omega} \sin\Omega t = U'_{\Omega m} \sin\Omega t$$

根据式(7-27)可得

$$C_j = \frac{C_{jQ}}{(1 + m_c \sin\Omega t)^\gamma}$$

式中,变容管电容调制度为

$$m_c = \frac{U'_{\Omega m}}{U_D + U_Q}$$

当 $\gamma = 2$ 或 m_c 较小时,略去二次方以上各项,则可得

$$\omega_0 = \omega_c(1 + m_c \sin\Omega t)^{\frac{\gamma}{2}} \approx \omega_c\left(1 + \frac{\gamma}{2} m_c \sin\Omega t\right) \qquad (7-40)$$

将式(7-40)代入式(7-39),可得

$$\varphi(\omega_c) = \gamma Q m_c \sin\Omega t \qquad (7-41)$$

将式(7-41)代入式(7-38),可得

$$u_o = I_{cm} Z(\omega_c) \cos[\omega_c t + \gamma Q m_c \sin\Omega t] \qquad (7-42)$$

令:$m_f = \gamma m_c Q$(调频指数),$\Delta\omega_m = \gamma m_c Q\Omega$(最大角频偏),则对输入的调制信号来说,式(7-42)是一个不失真的调频波。

为了增大频偏,可采用多级单回路构成的变容二极管调相电路,如图 7.15 所示。具体内容可查阅有关文献。

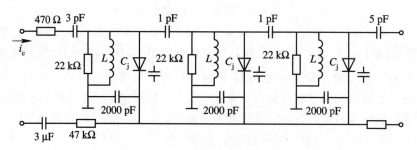

图 7.15　三级单回路变容管调相电路

7.2.3　扩展最大频偏的方法

在调频设备中,如果最大频偏不能通过调频电路特别是间接调频电路(三级变容二极管调相器最大频偏 157 Hz;脉冲调相电路最大频偏 251 Hz;矢量合成法调相电路最大频偏 26 Hz)来达到,则可设计扩展最大频偏电路。扩展最大频偏的方法很多,下面举例说明。

例 1　一调频设备,采用间接调频电路。已知间接调频电路输出载波频率 100 Hz,最大频偏为 24.41 Hz。要求产生的载波频率为 100 MHz,最大频偏为 75 kHz,则扩展最大频偏的方法见图 7.16。

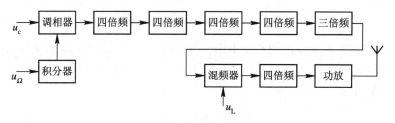

图 7.16 扩展最大频偏的方法

7.3 角度调制的解调

调角波的解调电路的作用是从调频波和调相波中检出调制信号。调相波的解调电路称为相位检波器，简称鉴相器；调频波的解调电路称为频率检波器，简称鉴频器。

7.3.1 相位检波电路

鉴相电路的功能是从输入调相波中检出反映在相位变化上的调制信号，即完成相位—电压的变换作用。

鉴相器有多种电路，一般可分为双平衡鉴相器、模拟乘积型鉴相器和数字逻辑电路鉴相器。下面重点讨论乘积型鉴相电路。

1. 乘积型鉴相器

乘积型鉴相器组成方框图如图 7.17 所示。

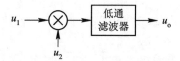

图 7.17 乘积型鉴相器组成方框图

图中，两个输入信号分别为

调相波 $\qquad u_1 = U_{1m}\sin(\omega_c t + \Delta\varphi)$

本地参考信号 $\qquad u_2 = U_{2m}\cos\omega_c t$

在上两式中有 90°固定相移，它们之间的相位差为 $\Delta\varphi$。对于双差分对管，输出差值电流为

$$i = I_o\,\text{th}\left(\frac{u_1}{2U_T}\right)\text{th}\left(\frac{u_2}{2U_T}\right) \qquad (7-43)$$

下面根据 U_{1m}、U_{2m} 大小不同，分三种情况进行讨论。

1）u_1 和 u_2 均为小信号

当 $|U_{1m}| \leqslant 26\ \text{mV}$、$|U_{2m}| \leqslant 26\ \text{mV}$ 时，由式(7-43)可得输出电流为

$$i = I_o\frac{u_1 u_2}{4U_T^2} = \frac{I_o}{4U_T^2}U_{1m}U_{2m}\sin(\omega_c t + \Delta\varphi)\cos\omega_c t$$

$$= \frac{1}{2}KU_{1m}U_{2m}\sin\Delta\varphi + \frac{1}{2}KU_{1m}U_{2m}\sin(2\omega_c t + \Delta\varphi)$$

式中，$K = I_o/(4U_T^2)$，为乘法器的相乘增益因子。

通过低通滤波器后，上式中第二项被滤除，于是可得输出电压为

$$u_o = \frac{1}{2} K U_{1m} U_{2m} R_L \sin\Delta\varphi \qquad (7-44)$$

式中，R_L 为低通滤波器通带内的负载电阻。由式(7-44)可得乘积型鉴相器的鉴相特性为正弦函数，见图 7.18。

鉴相器灵敏度为

$$S = \frac{1}{2} K U_{1m} U_{2m} R_L \qquad (7-45)$$

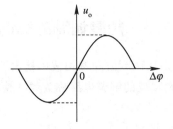

图 7.18　乘积型鉴相器的鉴相特性曲线

2) u_1 为小信号，u_2 为大信号

当 $|U_{1m}| \leqslant 26$ mV、$|U_{2m}| \geqslant 100$ mV 时，由式(7-43)可得输出电流为

$$i = I_o K_2(\omega_c t) \frac{u_1}{2U_T}$$

$$= \frac{I_o}{2U_T} \left(\frac{4}{\pi} \cos\omega_c t - \frac{4}{3\pi} \cos 3\omega_c t + \cdots \right) U_{1m} \sin(\omega_c t + \Delta\varphi)$$

$$= \frac{I_o}{\pi U_T} U_{1m} [\sin\Delta\varphi + \sin(2\omega_c t + \Delta\varphi) + \cdots]$$

式中，$K_2 \approx \text{th} \frac{u_2}{2U_T}$，为双向开关函数。

通过低通滤波器后，上式中 $2\omega_c$ 及其以上各次谐波项被滤除，于是可得有用的平均分量输出电压

$$u_o = \frac{I_o R_L}{\pi U_T} U_{1m} \sin\Delta\varphi \qquad (7-46)$$

由式(7-46)可得乘积型鉴相器的鉴相特性仍为正弦函数，见图 7.18。

鉴相器灵敏度为

$$S = \frac{I_o R_L}{\pi U_T} U_{1m} \qquad (7-47)$$

3) u_1 和 u_2 均为大信号

当 $|U_{1m}| \geqslant 100$ mV，$|U_{2m}| \geqslant 100$ mV 时，由式(7-43)可得输出电流为

$$i = I_o K_2(\omega_c t) K_2 \left(\omega_c t - \frac{\pi}{2} + \Delta\varphi \right)$$

由于 u_1 和 u_2 均为大信号，所以式(7-43)可用两个开关函数相乘表示。两个开关函数相乘后的电流波形见图 7.19。

由图 7.19(a)可见，当 $\Delta\varphi = 0$ 时，相乘后的波形为上、下等宽的双向脉冲，其频率加倍，相应的平均分量为零。由图 7.19(b)可见，当 $\Delta\varphi \neq 0$ 时，相乘后的波形为上、下不等宽

的双向脉冲。在 $|\Delta\varphi| < \pi/2$ 内，通过低通滤波器后，可得有用的平均分量输出电压为

$$u_{\mathrm{o}} = \frac{I_{\mathrm{o}}}{\pi}R_{\mathrm{L}}\int_0^\pi \mathrm{d}\omega_{\mathrm{c}}(t) = \frac{I_{\mathrm{o}}}{\pi}R_{\mathrm{L}}\left[\int_0^{\frac{\pi}{2}}\mathrm{d}\omega_{\mathrm{c}}(t) + \int_{\frac{\pi}{2}}^{\pi-\Delta\varphi}\mathrm{d}\omega_{\mathrm{c}}(t) + \int_{\pi-\Delta\varphi}^\pi\mathrm{d}\omega_{\mathrm{c}}(t)\right]$$

$$= \frac{2I_{\mathrm{o}}}{\pi}R_{\mathrm{L}}\Delta\varphi \qquad\qquad (7-48)$$

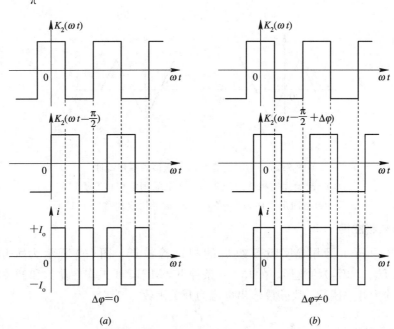

图 7.19　两个开关函数相乘后的电流波形

在 $\pi/2 < \Delta\varphi < 3\pi/2$ 内，通过低通滤波器后，可求得输出电压为

$$u_{\mathrm{o}} = \frac{I_{\mathrm{o}}}{\pi}R_{\mathrm{L}}\left[\int_0^{\pi-\Delta\varphi}\mathrm{d}\omega_{\mathrm{c}}(t) + \int_{\pi-\Delta\varphi}^{\frac{\pi}{2}}\mathrm{d}\omega_{\mathrm{c}}(t) + \int_{\frac{\pi}{2}}^\pi\mathrm{d}\omega_{\mathrm{c}}(t)\right]$$

$$= \frac{2I_{\mathrm{o}}}{\pi}R_{\mathrm{L}}(\pi - \Delta\varphi) \qquad\qquad (7-49)$$

由式(7-48)、(7-49)可画出三角形鉴相特性曲线，如图 7.20 所示。在 $|\Delta\varphi| < \pi/2$ 范围内，可实现线性鉴相，其线性范围比正弦鉴相特性大。

鉴相器灵敏度为

$$S_{\mathrm{d}} = \frac{2}{\pi}I_{\mathrm{o}}R_{\mathrm{L}}$$

以上分析表明，对乘积型鉴相器应尽量采用大信号工作状态，或将正弦信号先限幅放大，变换成方波电压后再加入鉴相器，这样可获得较宽的线性鉴相范围。

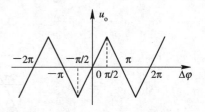

图 7.20　三角形鉴相特性曲线

在考虑 u_1 和 u_2 有不同的起始固定相移时，可得如图 7.21 所示的一组曲线。

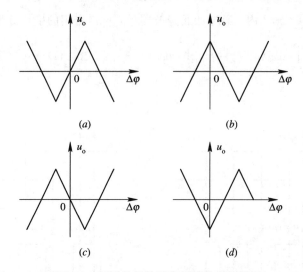

图 7.21　不同的起始固定相移的鉴相特性

(a) 起始固定相移等于 90°；(b) 起始固定相移等于 0°；

(c) 起始固定相移等于 −90°；(d) 起始固定相移等于 180°

2. 实际电路应用

图 7.22(a) 所示为用 MC1596 组成的相位检波器，图(b) 所示为大信号输入时 $(U_{1m} \gg 2U_T, U_{2m} \gg 2U_T)$ 的波形。在 $R_1 = 0$ 条件下，MC1596 工作在非饱和开关状态，因双曲正切函数均为开关函数，故差模输出电流为开关函数。

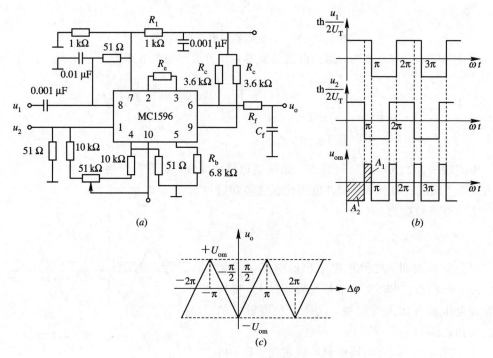

图 7.22　由 MC1596 组成的鉴相电路

(a) 电路；(b) 大信号输入和输出方波；(c) 线性鉴相特性

u_1 和 u_2 为同频率、相位差为 $\Delta\varphi$ 的信号。当相位差在 $0<\Delta\varphi<\pi$ 时，th$\dfrac{u_1}{2U_T}$、th$\dfrac{u_2}{2U_T}$ 及 u_{om} 的波形如图 7.22(b) 所示。在 $\Delta\varphi\neq\pi/2$ 时，方波 u_{om} 的阴影面积 $A_1\neq A_2$，经低通滤波器输出直流电压 U_o 为

$$U_o=\frac{1}{\pi}\int_0^\pi u_{om}\,\mathrm{d}(\omega t)=-\frac{1}{\pi}\big[I_{EE}R_e(\pi-\Delta\varphi)-I_{EE}R_e\Delta\varphi\big]$$

$$=-I_{EE}R_e(1-\frac{2\Delta\varphi}{\pi})$$

上式表明，$\Delta\varphi=\pi/2$ 时，$U_o=0$；$\Delta\varphi=0$ 时，$U_o=-I_{EE}R_e$；$\Delta\varphi$ 在 $0\sim\pi$ 内，U_o 与 $\Delta\varphi$ 之间有良好的线性特性。同样，在 $\pi\leqslant\Delta\varphi<2\pi$ 范围内，亦具有线性相位特性：

$$U_o=-I_{EE}R_e\left(\frac{2\Delta\varphi}{\pi}-3\right)$$

7.3.2　频率检波电路

鉴频电路的功能是从输入调频波中检出反映在频率变化上的调制信号，即实现频率—电压的变换作用。

鉴频的方法很多，根据波形变换的不同特点可以分为四种：① 斜率鉴频器；② 相位鉴频器；③ 脉冲计数鉴频器；④ 锁相鉴频器。下面重点讨论斜率鉴频器和相位鉴频器。

1. 斜率鉴频器

斜率鉴频器实现模型见图 7.23。它先将输入等幅调频波通过线性网络，变化为调频波，调频波的振幅按照瞬时频率的规律变化，即进行 FM—AM 波变换，然后用包络检波器检出所需要的调制信号。

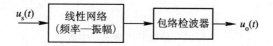

图 7.23　斜率鉴频器实现模型

1）单失谐回路斜率鉴频器

单失谐回路斜率鉴频器原理电路如图 7.24 所示。图中虚线左边采用简单的并联失谐回路，实际上它起着时域微分器的作用；右边是二极管包络检波器，通过它检出调制信号电压。

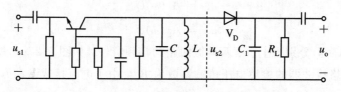

图 7.24　单失谐回路鉴频原理电路

当输入调频信号为 $u_{s1}=U_{s1m}\cos(\omega_c t+m_f\sin\Omega t)$ 时，通过起着频幅变换作用的时域微分器（并联失谐回路）后，其输出为

$$u_{s2} = A_0 U_{s1m} \frac{\mathrm{d}}{\mathrm{d}t} \cos(\omega_c t + m_f \sin\Omega t)$$

$$= -A_0 U_{s1m}(\omega_c + \Delta\omega_m \cos\Omega t)\sin(\omega_c t + m_f \sin\Omega t)$$

式中，微分器频率特性 $A(\mathrm{j}\omega) = \mathrm{j}A_0\omega_o$，$A_0$ 为电路增益。然后通过二极管包络检波器，得到需要的调制信号 u_o。

所谓单失谐回路，是指该并联回路对输入调频波的中心频率是失谐的。在应用时，为了获得线性的鉴频特性，总是使输入调频波 u_{s1} 的载波角频率 ω_c，工作在 LC 并联回路幅频特性曲线上接近于直线段线性部分的中点上，见图 7.25(a)中 O 或 O′点。这样，单失谐回路就可将输入的等幅调频波变换成幅度按瞬时频率变化的调频波 u_{s2}，然后通过二极管包络检波器，得到需要的调制信号 u_Ω，如图 7.25(b)所示。

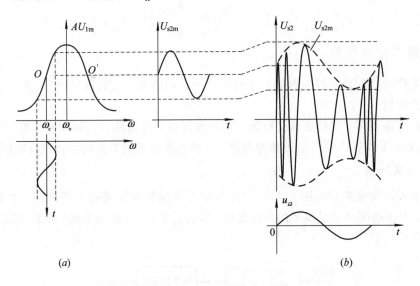

图 7.25　单失谐回路斜率鉴频器

2）双失谐回路斜率鉴频器

实际中较少采用单失谐回路斜率鉴频器，这是因为单失谐回路线性范围很小。为了扩大线性鉴频范围，可采用平衡双失谐回路斜率鉴频器，如图 7.26 所示。图中，上面的谐振回路谐振在 f_{01} 上，下面的谐振回路谐振在 f_{02} 上。回路对调频波中心频率 f_c 的失谐量为 Δf，并且有 $\Delta f = f_{01} - f_c = f_c - f_{02}$，如图 7.27(a)所示。显然有

$$u_{s1}' = A_1(\omega)U_{sm}$$

$$u_{s2}' = A_2(\omega)U_{sm}$$

式中，$A_1(\omega)$、$A_2(\omega)$ 分别为上、下两谐振回路的幅频特性，如图 7.27(a)所示；U_{sm} 为调频波的幅度。设包络检波器的检波电压传输系数为 K_d，由于电路接成差动方式输出，则输出解调电压为

$$u_o = u_{o1} - u_{o2} = U_{sm}K_d[A_1(\omega) - A_2(\omega)] \tag{7-50}$$

式(7-50)表明，当 U_{sm} 和 K_d 一定时，鉴频器的输出电压与输入调频波瞬时频率之间的关系可用鉴频特性曲线（如图 7.27(b)）表示。由图可见，u_o 随 f 的变化特性就是将两个失谐回路的幅频特性相减后的合成特性。合成后的特性曲线形状除了与回路的幅频特性曲

线形状有关外，还与 f_{01} 和 f_{02} 的配置有关。若 f_{01} 和 f_{02} 的配置恰当，则在 f_c 附近鉴频特性线性较好；若 f_{01} 和 f_{02} 的配置不恰当，当 Δf 过大时，在 f_c 附近鉴频特性线性较差，见图 7.27(c)。

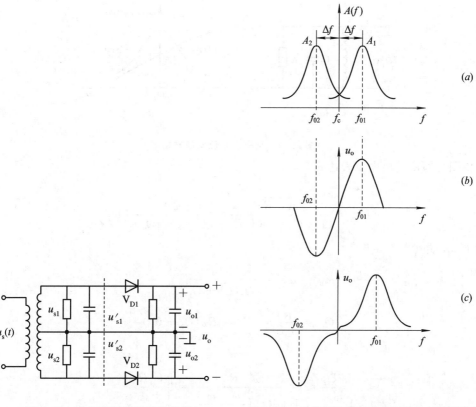

图 7.26 双失谐回路斜率鉴频器   图 7.27 双失谐回路斜率鉴频器鉴频特性曲线

由于 $A_1(\omega)$、$A_2(\omega)$ 形状对称，失谐量也相等，因此两个检波器输出电压 u_o 中直流分量和偶次项分量相互抵消，而有用分量比单失谐回路增加一倍，线性鉴频范围显著扩大。

2. 相位鉴频器

相位鉴频器实现模型见图 7.28。它由两部分组成：第一部分先将输入等幅调频波通过线性网络（频率—相位）进行变换，使调频波的瞬时频率的变化转换为附加相移的变化，即进行 FM－PM 波变换；第二部分利用相位检波器检出所需要的调制信号。相位鉴频器的关键是找到一个线性的频率—相位变换网络。下面将从这方面讨论，然后讨论乘积型相位鉴频器。

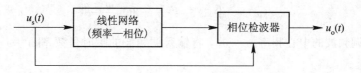

图 7.28 相位鉴频器实现模型

1) 频率—相位变换网络

频率—相位变换网络有：单谐振回路、耦合回路或其它 RLC 电路等。图 7.29(a) 所示为电路中常采用的频相转变网络。这个电路是由一个电容 C_1 和谐振回路 LC_2R 组成的分压电路。

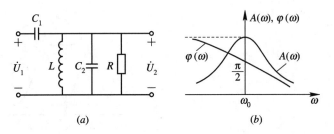

$$(a) \qquad\qquad\qquad (b)$$

图 7.29　频率—相位变换网络

由图可写出输出电压表达式

$$\dot{U}_2 = \cfrac{\cfrac{1}{(1/R + j\omega C_2 + 1/j\omega L)}}{(1/j\omega C_1) + (1/R + j\omega C_2 + 1/j\omega L)^{-1}}\dot{U}_1$$

整理上式，并令

$$\omega_0 = \frac{1}{\sqrt{L(C_1 + C_2)}}$$

$$Q_p = \frac{R}{\omega_0 L} = \frac{R}{\omega L} = R\omega(C_1 + C_2)$$

得

$$\frac{\dot{U}_2}{\dot{U}_1} \approx \frac{j\omega C_1 R}{1 + jQ_p\dfrac{2(\omega - \omega_0)}{\omega_0}} = \frac{j\omega C_1 R}{1 + j\xi}$$

式中

$$\xi = \frac{2(\omega - \omega_0)}{\omega_0}Q_p$$

为广义失谐量。由上式可求得网络的幅频特性 $A(\omega)$ 和相频特性 $\varphi_A(\omega)$：

$$A(\omega) = \frac{\omega C_1 R}{\sqrt{1 + \xi^2}}, \qquad \varphi_A(\omega) = \frac{\pi}{2} - \arctan\xi \qquad\qquad (7-51)$$

由上式可画出网络的幅频特性曲线和相频特性曲线，如图 7.29(b) 所示。只有在 $\arctan\xi < \pm\pi/2$ 时，$\varphi_A(\omega)$ 可近似为直线，此时有

$$\varphi_A(\omega) \approx \frac{\pi}{2} - \xi = \frac{\pi}{2} - 2Q_p\frac{\omega - \omega_0}{\omega_0}$$

假定输入调频波的中心频率 $\omega_c = \omega_0$，将输入调频波的瞬时角频率 $\omega = \omega_c + \Delta\omega_m\cos\Omega t = \omega_c + \Delta\omega$ 代入上式，得

$$\varphi_A(\omega) \approx \frac{\pi}{2} - \frac{2Q_p}{\omega_0}\Delta\omega \qquad\qquad (7-52)$$

以上分析说明，对于实现频率—相位变换的线性网络，要求移相特性曲线在 $\omega = \omega_0$ 时的相移量为 $\pi/2$，并且在 ω_0 附近特性曲线近似为直线。只有当输入调频波的瞬时频率偏移最大值 $\Delta\omega_{\mathrm{m}}$ 比较小时，变换网络才可不失真地完成频率—相位变换。

$$\Delta\varphi_A(\omega) \approx \frac{2Q_P}{\omega_0}\Delta\omega \tag{7-53}$$

2）乘积型相位鉴频器

乘积型相位鉴频器实现模型方框图如图 7.30 所示。不难看出，在频率—相位变换网络的后面增加乘积型相位检波电路，便可构成乘积型相位鉴频器。还可看出，只需将鉴相特性公式中的 $\Delta\varphi$ 用式(7-53)代替，即可获得相应的鉴频特性公式，这里不再讨论。

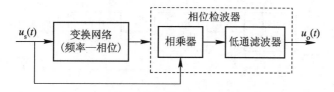

图 7.30　乘积型相位鉴频器实现模型

3）实际应用电路

图 7.31 所示是利用 MC1596 集成模拟乘法器构成的乘积型相位鉴频器电路。图中 V 为射极输出器，L、R、C_1、C_2 组成频率—相位变换网络，该网络用于中心频率为 7～9 MHz、最大频偏 250 kHz 的调频波解调。在乘法器输出端，用运算放大器构成平衡输入低频放大器，运算放大器输出端接有低通滤波器。

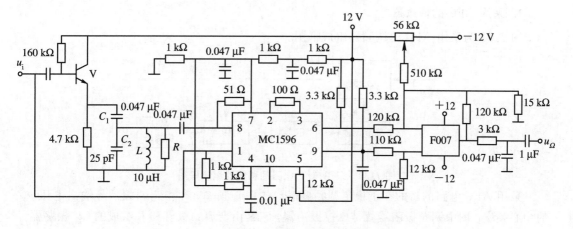

图 7.31　用 MC1596 构成乘积型相位鉴频器

7.4　自动频率控制

自动频率控制（Automatic Frequency Control，AFC)电路是一种反馈控制电路。它能自动调整振荡器的频率，使振荡器频率稳定在某一预期的标准频率附近。

7.4.1 AFC 的原理

图 7.32 所示为 AFC 的原理框图。其中，标准频率源的振荡频率为 f_i，压控振荡器 (VCO)的振荡频率为 f_s。在频率比较器中将 f_s 与 f_i 进行比较，输出一个与 f_s-f_i 成正比的电压 u_d，u_d 称为误差电压。u_d 作为 VCO 的控制电压，使 VCO 的输出振荡频率 f_s 趋向 f_i。当 $f_s=f_i$ 时，频率比较器无输出($u_d=0$)，压控振荡器不受影响，振荡频率 f_s 不变。当 $f_s \neq f_i$ 时，频率比较器有输出电压，即 $u_d \neq 0$，压控振荡器在 u_d 的作用下使其输出频率 f_s 趋近于 f_i。经过多次循环，最后 f_s 与 f_i 的误差减小到某一最小值 Δf，Δf 称为剩余频差。这时压控振荡器将稳定在 $f_s \pm \Delta f$。

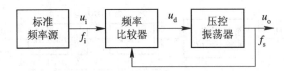

图 7.32 AFC 的原理框图

由于误差电压 u_d 是由频率比较器产生的，自动频率控制过程正是利用误差电压 u_d 的反馈作用来控制 VCO，使 f_s 与 f_i 的剩余频差最小，最终稳定在 $f_s \pm \Delta f$ 上的。若 $\Delta f=0$，即 $f_s=f_i$，则 $u_d=0$，自动频率控制过程的作用就不存在了。所以说，f_s 与 f_i 不能完全相等，必须有剩余频差存在，这是 AFC 电路的一个重要特点。

7.4.2 AFC 的应用

1. 采用 AFC 的调频器

图 7.33 为采用 AFC 的调频器组成框图。

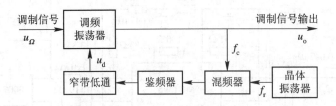

图 7.33 采用 AFC 电路的调频器组成框图

采用 AFC 电路的目的在于稳定调频振荡器的中心频率，即稳定调频信号输出电压 u_o 的中心频率。图中调频振荡器就是压控振荡器，它是由变容二极管和 L 组成的 LC 振荡器。由于石英晶体振荡器无法满足调频波频偏的要求，因而只能采用 LC 振荡器。但是 LC 振荡器的频率稳定度差，因此用稳定度很高的石英晶体振荡器对调频振荡器的中心频率进行控制，从而得到中心频率稳定，又有足够的频偏的调频信号 u_o。

石英晶体振荡器的晶振频率为 f_r，调频振荡器的中心频率为 f_c。将鉴频器的中心频率调整在 f_r-f_c 上。当调频振荡器中心频率发生漂移时，混频器的输出频差也随之变化，这时鉴频器的输出电压也随之变化。经过窄带低通滤波器，将得到一个反映调频波中心频率漂移程度的缓慢变化的电压 u_d。u_d 加到调频振荡器上，调节调频振荡器的中心频率，使其漂移减小，稳定度提高。

2. 采用 AFC 的调幅接收机

图 7.34 为采用 AFC 电路的调幅接收机组成框图。

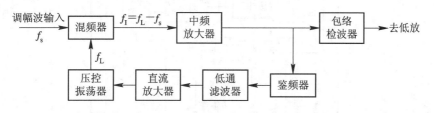

图 7.34　采用 AFC 电路的调幅接收机组成框图

图 7.34 中的调幅接收机比普通调幅接收机增加了鉴频器、低通滤波器和直流放大器，同时将本机振荡器改为压控振荡器。鉴频器的中心频率为 f_I，鉴频器可将偏离于中频的频率误差变换成误差电压，该电压通过低通滤波器和直流放大器加到压控振荡器上，使压控振荡器上的振荡频率发生变化，从而导致偏离中频的频率误差减小。这样，接收机的输入调幅信号的载波频率和压控振荡器频率之差接近于中频。因此采用 AFC 电路后，中频放大器的带宽可以减小。

7.5　实训一：49.67 MHz 窄带调频发射器的制作

1. 制作内容及要求

（1）用集成电路 MC2833 制作窄带调频器。主要指标为：工作频率 49.67 MHz，最大频偏不小于 3 kHz，输入音频电压幅度 3 mV，电源电压 5 V；天线有效长度 1.5 m，发射距离大于 20 m。

（2）设计印刷板电路（利用 Protel 绘制电路板软件）。印刷板上的元器件要合理安排，注意地线宽度和高频零电位点的安排，高频信号的走线要避免过长。

（3）调整机电路时，要确定最佳调制工作点，可按下面方法来做：将集成电路的 3 端上的固定电阻换成电位器。调节电位器，选择不同的调制工作点，测得输出偏频与调制工作点的关系，做出它们的关系曲线，即晶体调频器的静态调制特性曲线（u-f 曲线），从该特性曲线上确定最佳调制工作点。

2. 制作原理

（1）49.67 MHz 窄带调频发射器以 Motorola 公司推出的窄带调频发射集成电路 MC2833 为核心。该集成电路具有以下特点：

① 工作电压范围宽为 2.8～9.0 V。

② 低功耗，当 $U_{CC}=4.0$ V 时，无信号调制时消耗的电流典型值为 2.9 mA。

③ 外围元器件很少。

④ 具有 60 MHz 的射频输出，典型运用频率 49 MHz 左右。

（2）MC2833 的引脚和内部功能框图见图 7.35 所示。MC2833 的内部功能主要包括可压控的射频振荡器、音频电压放大器和辅助晶体管放大器等。

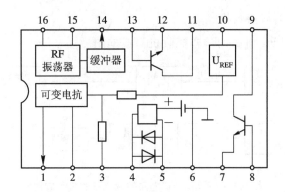

图 7.35　MC2833 的引脚和内部功能框图

射频振荡器是片内克拉泼型电路，在克拉泼型电路的基础上构成基音(或泛音)晶体压控振荡器。音频电压放大器为高增益运算放大电路，其频率响应约为 35 kHz。

(3) 输入信号(语音信号)从引脚 5 输入，经过高增益运算放大电路后从引脚 4 输出，再加到引脚 3，通过可变电抗控制振荡频率变化，在晶体直接调频工作方式下，产生±2.5 kHz 频偏。如果需要提高调制器输出的中心频率和频偏时，可由缓冲级进行二倍频或三倍频，再利用辅助晶体管放大射频功率，当 $U_{CC} = 8$ V 时，射频输出功率可达到 +5 dB～ +10 dB。

3. 制作电路说明

(1) 49.67 MHz 窄带调频发射器的典型电路见图 7.36。图中电感可选 3.3～4.7 μH 范围，晶体选用 16.5667 MHz 基音晶体。其它元件参数可按照图中选用，要求误差在 ±5% 左右，去耦电容可在几千皮法范围内选用。

(2) 引脚 9 处接输出负载回路，49.67 MHz 窄带调频信号通过拉杆天线辐射。

(3) 若要制作窄带调频接收器，可采用 MC3363 类集成电路。参看本章实训二。

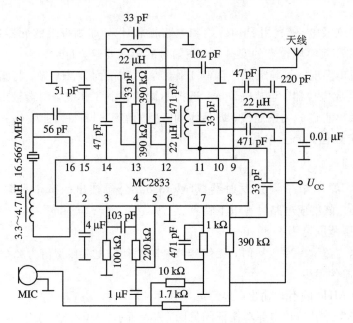

图 7.36　49.67 MHz 窄带调频发射器

7.6　实训二：49.67 MHz 窄带调频接收器的制作

1. 制作内容及要求

（1）用集成电路 MC3363 制作窄带调频接收器。主要指标为：工作频率 49.67 MHz，电源电压 2～7 V，调试好后可接收实训一制作的窄带调频器发出的信号。

（2）设计印刷板电路（利用 Protel 绘制电路板软件），印刷板上的元器件要合理安排，注意地线宽度，信号的走线要避免过长。

2. 制作原理

（1）49.67 MHz 窄带调频接收器以 Motorola 公司推出的窄带调频接收集成电路 MC3363 为核心。该集成电路特点可查阅 Motorola 公司通信器件手册。

（2）MC3363 的引脚和内部功能框图见图 7.37 所示。MC3363 的内部功能主要包括第一混频、第二混频、第一本振、第二本振、限幅中放、正交检波电路等。

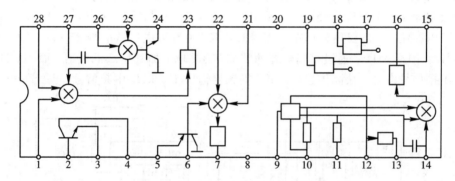

图 7.37　MC3363 的引脚和内部功能框图

（3）引脚说明：

引脚 1	1st Mixer Input	第一混频信号的输入
引脚 2	Base	基带信号输入
引脚 3	Emitter	发射极
引脚 4	Collector	集电极
引脚 5	2nd LO Emitter	第二 LO（本振）发射极
引脚 6	2nd LO Base	第二 LO 基极（基带信号输入）
引脚 7	2nd Mixer Output	第二混频信号的输出
引脚 8	VCC	电源电压，也用 U_{CC} 表示
引脚 9	Limiter Input	限幅输入
引脚 10	Limiter Decoupling	限幅去耦
引脚 11	Limiter Decoupling	限幅去耦
引脚 12	Meter Drive (RSSI)	（米、公尺、计、表）驱动
引脚 13	Carrier Detect	载波检测
引脚 14	Quadrature Coil	积分环
引脚 15	Mute Input	弱音输入

引脚 16	Recovered Audio	音量调整
引脚 17	Comparator Input	比较输入
引脚 18	Comparator Output	比较输出
引脚 19	Mute Output	弱音输出
引脚 20	VEE	电源电压，也用 U_{EE} 表示
引脚 21	2nd Mixer Input	第二混频信号的输入
引脚 22	2nd Mixer Input	第二混频信号的输入
引脚 23	1st Mixer output	第一混频信号的输出
引脚 24	1st LO Output	第一 LO(本振)输出
引脚 25	1st LO Tank	第一 LO 接外部信号
引脚 26	1st LO Tank	第一 LO 接外部信号
引脚 27	Varicap Control	变容二极管控制
引脚 28	1st Mixer Input	第一混频信号的输入

（4）49.67 MHz 窄带调频接收器的典型电路见图 7.38。输入到引脚 2 的窄带调频信号的中心频率为 49.67 MHz，经放大后从引脚 1 加到第一混频器，而 38.97 MHz 的第一本振信号从内部注入。若要用外部振荡信号时，需 100 mV 电压从引脚 25 和 26 输入。第一中频信号为 10.7 MHz，通过三端陶瓷滤波器从引脚 21 加到第二混频器。而 10.24 MHz 的第二本振信号由另一块晶体生产。第二混频器输出 455 kHz 中频信号，也经陶瓷滤波器

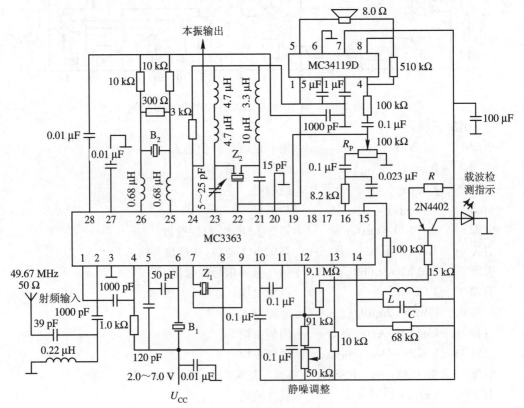

图 7.38　49.67 MHz 窄带调频接收器

从引脚 9 加到限幅中放，增益为 60 dB，带宽较窄，约 3.5 kHz。正交检波后从引脚 16 输出音频信号，后接一片放大器。

3. 制作电路说明

图 7.38 中的一些外接元件说明如下：

第一本振所用泛音晶体的串联谐振电阻应远小于 300 Ω，与晶体并接的 300 Ω 电阻限制其它振荡频率出现。而线圈两端并联的 68 kΩ 电阻用来确定解调器的线性范围，较小的阻值可降低 Q 值，以改善频偏线性区大小，但却会影响再现音频信号电平幅度。

对于 MC3363 集成电路来说，在信噪失真比（SINAD）为 12 dB 时，具有优于 0.3 μV 的灵敏度。信噪失真比的意义（简称信纳比）为

$$\mathrm{SINAD(dB)} = \frac{S+N+D}{N+D} \; \mathrm{dB}$$

其中，S 为信号电平；N 为噪声电平；D 为失真分量电平，通常指解调器输出有用信号的二次谐波电平。在规定的 12 dB 信噪失真比下，窄带调频接收机输入所需的最小信号电平称为 SINAD 灵敏度，可用 μV 或 dBμ 表示。

LC 为 455 kHz 正弦谐振回路；

R_P 为音量控制电位器；

B_1 为 10.245 MHz 泛音晶体，负载电容 32 pF；

B_2 为 38.97 Hz 泛音晶体，串联型晶体振荡器，调整线圈为 0.68 mH；

Z_1 为 455 kHz 陶瓷滤波器，$R_\mathrm{in} = R_\mathrm{out} = (1.5 \sim 2.0)$ kΩ；

Z_2 为 10.7 MHz 陶瓷滤波器，$R_\mathrm{in} = R_\mathrm{out} = 330$ kΩ；若采用晶体滤波器，可以更加改善邻频道干扰与第二镜像抑制，提高接收机选择性和灵敏度；

R 用来调整发光二极管电流 $I_\mathrm{LED} \approx (U_\mathrm{CC} - U_\mathrm{LED})/R$，$U_\mathrm{LED}$ 一般约 1.7~2.2 V。

元件参数可按照图中选用，要求误差在 ±5% 左右，去耦电容可在几千皮法范围内选用。

思考题与习题

7-1　简述角度调制与幅度调制在调制方式上的不同点。

7-2　简述角度调制与幅度调制在频谱变换上的不同点。

7-3　为什么说角度调制电路属于频谱非线性变换电路？

7-4　简述调频波与调相波的关系。

7-5　比较调频波与调相波的抗干扰性能。

7-6　为什么调频波的频带宽度不仅与频偏有关，而且与调制频率有关？

7-7　分析间接调频与直接调频电路性能上的差别。

7-8　为什么要扩展频偏？在调制信号保持不变的情况下，为了将调频波的频偏提高 5 倍，可以采用什么方法？

7-9　在调频波的解调电路中，根据波形变换的不同特点，调频波的解调电路有几种？简单分析它们的特点。

7-10 调制过程是非线性过程，实现调制的电路是非线性电路吗？

7-11 相乘器是线性电路还是非线性电路？为什么？

7-12 已知调制信号 $u_\Omega = 8\cos 2\pi \times 10^5 t(\text{V})$，载波信号 $u_c = 5\cos 2\pi \times 10^6 t(\text{V})$，$k_f = 2\pi \times 10^6$ rad/(s·V)。试求：调频波的调频指数 m_f、最大频偏 Δf_m 和有效频谱带宽 BW，写出调频波表达式。

7-13 已知调频表示式为 $u(t) = 3\cos(2\pi \times 10^7 t + 5\sin 2\pi \times 10^2 t)(\text{V})$。(1) 求出该调频波的最大相位偏移 m_f、最大频偏 Δf_m 和有效频谱带宽 BW；(2) 写出载波和调制信号的表示式（令 $k_f = 10^5 \pi$ rad/(s·V)）。

7-14 设载波为余弦波，频率 $f_c = 25$ MHz，振幅 $U_{cm} = 4$ V，调制信号为 $F = 400$ Hz 的单频正弦波，最大频偏 $\Delta f_m = 10$ kHz，试分别写出调频波和调相波表示式。

7-15 调频波的最大频偏为 75 kHz。当调制信号频率分别为 100 Hz、15 kHz 时，试求调频波的调频指数 m_f 和有效频谱带宽 BW。

7-16 鉴频器输入调频信号 $u(t) = 3\cos(2\pi \times 10^6 t + 16\sin 2\pi \times 10^5 t)(\text{V})$，鉴频灵敏度 $S_D = -5$ mV/kHz，线性鉴频范围 $2\Delta f_{max} = 50$ kHz，试画出鉴频特性曲线并求出鉴频器输出电压。

7-17 调制信号 $u_\Omega = \cos(2\pi \times 400t)(\text{V})$ 对载波 $u_c = 4\cos(2\pi \times 25 \times 10^6 t)(\text{V})$ 进行角度调制。若最大频偏为 $\Delta f_m = 15$ kHz，试求：(1) 写出已调波为调频波时的数学表示式；(2) 写出已调波为调相波时的数学表示式。

7-18 某调频振荡器调制信号为零时的输出电压表示式为 $u_c = 5\cos(20\pi \times 10^6 t)(\text{V})$。若调制信号为 $u_\Omega = 1.5\cos(30\pi \times 10^3 t)(\text{V})$，当 $k_f = 60\pi \times 10^3$ rad/(s·V) 时，写出调频波的瞬时频率和瞬时相位的表示式、调制指数 m_f 和频带宽度，并说明带内的旁频数。

7-19 用 PSpice 分析题 7-19 图所示的直接调频电路，观察该电路的输出波形及其频谱。

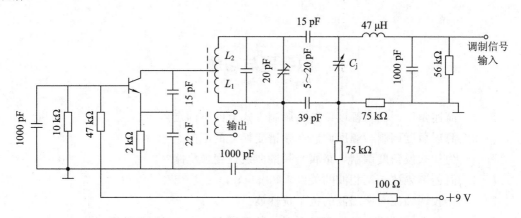

题 7-19 图

7-20 用 PSpice 分析题 7-20 图所示的由模拟乘法器 MC1596 实现的调相电路，MC1596 用第五章给出的模拟乘法器实例的参数，试分析该调相电路的输入输出信号波形、频谱及其相位。

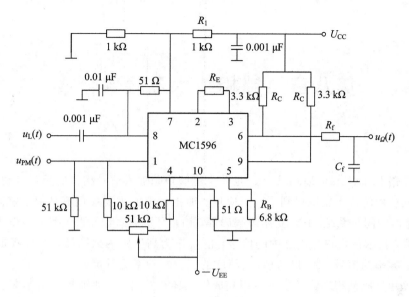

题 7 - 20 图

7 - 21　用 PSpice 分析图 7.31 所示的由模拟乘法器 MC1596 实现的相位鉴频器，观察其输入输出波形、频谱，以了解该电路的鉴频特性，求出其鉴频特性曲线。

第八章 锁相技术及频率合成

锁相环路 PLL(Phase Lock Loop)是一个能够跟踪输入信号相位的闭环自动控制系统，它在无线电技术的许多领域得到了广泛应用。锁相技术的主要应用有调制、解调、频率合成、数字通信的同步系统、FM 立体声解码等。锁相环具有载波跟踪特性，可作为一个窄带跟踪滤波器，提取淹没在噪声之中的信号，也可作为高稳定的振荡器，经分频提供一系列具有高稳定频率的信号，还可以进行高精度的相位与频率测量等。

通用单片集成锁相环路及多种专用集成锁相环路的出现，使锁相环路逐渐变成了一个成本低、使用简便的多功能组件，为锁相技术在各个领域的广泛应用提供了条件。

现代电子技术中常常要求高精确度和高稳定度的频率，一般都用晶体振荡器来实现。但是，晶体振荡器的频率是单一的，且其频率只能在极小的范围内微调；LC 振荡器改变频率方便，但频率的稳定度和准确度又不够高。目前很多通信设备都要求在一个宽的频率范围内提供大量稳定的频率点，这就需要采用频率合成技术。频率合成器用于将一个高精确度和高稳定度的标准参考频率，经过混频、倍频与分频等，最终产生大量具有同样精确度和稳定度的频率源。频率合成的方法很多，一般可分为直接合成法和间接合成法。其中利用锁相环路的实现方法就是一种间接合成方法。

8.1 锁 相 环 路

8.1.1 锁相环路的基本工作原理

锁相环路基本组成框图如图 8.1 所示。锁相环路是由鉴相器(PD)、环路滤波器(LF)和压控振荡器(VCO)三个基本部件构成的闭合环路。当 VCO 的角频率 ω_o(或输入信号角频率 ω_i)发生变化时，输入到 PD 的电压 $u_o(t)$ 和 $u_i(t)$ 之间将产生相应的相位变化，鉴相器输出一个与相位误差成比例的误差电压 $u_d(t)$，经过 LF 取出缓慢变化的直流电压 $u_c(t)$，去控制压控振荡器输出信号的频率和相位，使得 $u_o(t)$ 和 $u_i(t)$ 间的频率和相位差减小，直到压控振荡器输出信号的频率等于输入信号频率，相位差等于常数，锁相环路进入锁定状态。

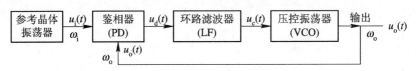

图 8.1　锁相环路基本组成框图

图 8.2 说明了两个信号的频率和相位之间的关系。当两个振荡信号 $u_o(t)$ 和 $u_i(t)$ 频率相同时，这两个信号之间的相位差为不变的恒定值，如图 8.2(a) 所示（若两个信号频率不相同，则它们之间的相位随时间变化而不断变化的情况如图 8.2(b) 所示）；反之，若两个信号的相位差为恒定值，则它们的频率必定相等。因此，当锁相环路的 $u_o(t)$ 和 $u_i(t)$ 的相位差等于某一较小的恒定值时，VCO 的振荡频率 ω_o 就等于输入信号频率 ω_i，即 $\omega_o = \omega_i$，我们称此时环路处于锁定状态。

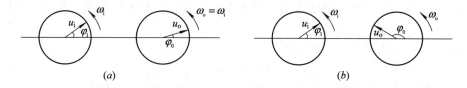

图 8.2　两个信号的频率和相位之间的关系

当环路锁定后，VCO 振荡信号和输入信号的频率相等，但二者存在恒定的相位差，称为稳态相位差或剩余相位差。这个稳态相位差经鉴相器转变为直流误差电压，通过环路滤波器去控制 VCO，保证 ω_o 与 ω_i 同步。所以锁相环路存在剩余相差，但它不存在剩余频差，即输出信号频率等于输入信号频率。这表明，锁相环路通过相位来控制频率，可实现无误差的频率跟踪。

当锁相环路刚工作时，其由起始的失锁状态进入锁定状态的过程称为捕捉过程。不难理解，当环路锁定后，若由于某种原因引起输入信号频率 ω_i 或 VCO 的振荡频率 ω_o 发生变化，只要变化不很大，可使 VCO 的振荡频率 ω_o 跟踪 ω_i 而变化，从而维持环路的锁定，这个过程称为跟踪过程。相应地，锁相环路的这种状态称为跟踪状态。可见，捕捉与跟踪是锁相环路两种不同的自动调节过程。

锁相环路通过环路滤波器的作用后具有窄带滤波器特性。它的相对带宽可做到 $10^{-6} \sim 10^{-7}$，例如几十兆赫的频率上，可做到几赫兹的带宽，甚至更小。

8.1.2　锁相环路的数学模型

为了建立锁相环路的数学模型，应先求出鉴相器、压控振荡器和环路滤波器的数学模型。

1. 鉴相器

在锁相环路中，鉴相器是一个相位比较装置，用来检测输入信号电压 $u_i(t)$ 和输出信号电压 $u_o(t)$ 之间的相位差，并产生相应的输出电压 $u_d(t)$。

鉴相特性可以是多种多样的，有正弦形特性、三角形特性、锯齿波特性等。常用的正弦鉴相器可用模拟相乘器与低通滤波器（LPF）的串接作为模型，如图 8.3 所示。

设压控振荡器的输出电压 $u_o(t)$ 为

$$u_o(t) = U_{om}\cos[\omega_r t + \varphi_o(t)] \quad (8-1)$$

设环路输入电压 $u_i(t)$ 为

$$u_i(t) = U_{im}\sin[\omega_i t + \varphi_i(t)] \quad (8-2)$$

图 8.3　常用正弦鉴相器模型

式(8-1)、(8-2)中，ω_r 是压控振荡器未加控制电压时的固有振荡频率；$\varphi_o(t)$ 是以 ω_r 为参考的瞬时相位；$\varphi_i(t)$ 为输入信号以 ω_i 为参考的瞬时相位。

在同频率上对两个信号的相位进行比较，可得输入信号 $u_i(t)$ 的总相位

$$\omega_i t + \varphi_i(t) = \omega_r t + (\omega_i - \omega_r)t + \varphi_i(t)$$
$$= \omega_r t + \Delta\omega_i t + \varphi_i(t)$$
$$= \omega_r t + \varphi_i(t) \tag{8-3}$$

式中，$\varphi_i(t)$ 是以 $\omega_r t$ 为参考的输入信号瞬时相位；$\Delta\omega_i$ 称为环路的固有频差，又称起始频差。

将式(8-3)代入式(8-2)中，得

$$u_i(t) = U_{im} \sin[\omega_r t + \varphi_i(t)] \tag{8-4}$$

用模拟乘法器作鉴相器如图 8.3 所示。设乘法器的增益系数为 A，将式(8-1)和式(8-4)所示两信号同时输入模拟乘法器，则可得到输出电压为

$$Au_i(t)u_o(t) = \frac{1}{2}AU_{im}U_{om} \sin[2\omega_r t + \varphi_i(t) + \varphi_o(t)]$$
$$+ \frac{1}{2}AU_{im}U_{om} \sin[\varphi_i(t) - \varphi_o(t)] \tag{8-5}$$

式中，第一项为高频分量，可用环路滤波器将其滤除；第二项为鉴相器输出的有效分量；$\varphi_i(t) - \varphi_o(t)$ 为 $u_i(t)$ 与 $u_o(t)$ 之间的瞬时相位差，可表示为 $\varphi_e(t) = \varphi_i(t) - \varphi_o(t)$。

经过低通滤波器(LPF)滤除 $2\omega_r$ 成分之后，得到鉴相器输出的有效分量为

$$u_d(t) = \frac{1}{2}AU_{im}U_{om} \sin[\varphi_i(t) - \varphi_o(t)] = A_d \sin\varphi_e(t) \tag{8-6}$$

式中，$A_d = \frac{1}{2}AU_{im}U_{om}$，为鉴相器最大输出电压。满足式(8-6)的鉴相特性称为正弦鉴相特性，如图 8.4(a)所示。这种鉴相器称为正弦鉴相器，它的电路模型如图 8.4(b)所示。

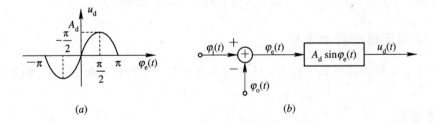

图 8.4　正弦鉴相器的鉴相特性及其电路模型

2. 压控振荡器

压控振荡器是一个电压-频率变换装置，在环路中作为被控振荡器，它的振荡频率应随输入控制电压 $u_c(t)$ 线性地变化，可用线性方程来表示，即

$$\omega_o(t) = \omega_r(t) + A_0 u_c(t) \tag{8-7}$$

式中，ω_o 是压控振荡器的瞬时角频率；A_0 为控制灵敏度，也可称为增益系数，单位是 rad/(s·V)。

实际应用中的压控振荡器的控制特性只有有限的线性控制范围，超出这个范围之后控制灵敏度将会下降。图 8.5(a)中的实线为一条实际压控振荡器的控制特性，虚线为符合式

(8－7)的线性控制特性。由图可见，在以 ω_r 为中心的一个区域内，两者是吻合的，故在环路分析中我们用式(8－7)作为压控振荡器的控制特性。

压控振荡器的输出反馈到鉴相器上，对鉴相器输出误差电压 $u_\mathrm{d}(t)$ 起作用的不是其频率，而是其相位

$$\varphi(t) = \int_0^t \omega_0(t)\,\mathrm{d}t = \omega_\mathrm{r}t + A_0\int_0^t u_\mathrm{c}(t)\,\mathrm{d}t \tag{8－8}$$

即

$$\varphi_\mathrm{o}(t) = A_0\int_0^t u_\mathrm{c}(t)\,\mathrm{d}t \tag{8－9}$$

改写为算子形式为

$$\varphi_\mathrm{o}(t) = \frac{A_0 u_\mathrm{c}(t)}{p} \tag{8－10}$$

由上式可得压控振荡器的模型，如图 8.5(b)所示。从模型上看，压控振荡器具有一个积分因子 $1/p$，这是由相位与角频率之间的积分关系形成的。锁相环路要求压控振荡器输出的是相位，因此，这个积分环节是压控振荡器所固有的。正因为如此，通常称压控振荡器是锁相环路中的固有积分环节。这个积分环节在环路中起着相当重要的作用。

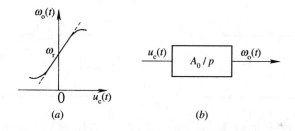

图 8.5　压控振荡器的控制特性及其电路相位模型

如上所述，压控振荡器应是一个具有线性控制特性的调频振荡器。对它的基本要求是：频率稳定度好(包括长期稳定度和短期稳定度)，控制灵敏度 A_0 要高，控制特性的线性度要好，线性区域要宽等。这些要求之间往往是矛盾的，设计中要折中考虑。

压控振荡器电路的形式很多，常用的有 LC 压控振荡器、晶振压控振荡器、负阻压控振荡器和 RC 压控振荡器等几种(前两种振荡器的频率控制都是用变容管来实现的)。由于变容二极管结电容与控制电压之间具有非线性的关系，因而压控振荡器的控制特性肯定也是非线性的。为了改变压控特性的线性性能，在电路上采取一些措施，如与线性电容串接或并接，以背对背或面对面方式连接等。在有的应用场合，如频率合成等，要求压控振荡器的开环噪声尽可能低，在这种情况下，设计电路时应注意提高有载品质因数和适当增加振荡器激励功率，降低激励级的内阻和振荡管的噪声系数。

3. 环路滤波器

环路滤波器具有低通特性，它的主要作用是滤除鉴相器输出电压中的无用组合频率分量及其它干扰分量，它对环路参数调整起着决定性的作用，并提高环路的稳定性。环路滤波器是一个线性电路，在时域分析中可用一个传输算子 $A_\mathrm{F}(p)$ 来表示，其中 $p(=\mathrm{d}/\mathrm{d}t)$ 是微分算子；在频域分析中可用传递函数 $A_\mathrm{F}(s)$ 表示，其中 $s = a + \mathrm{j}\Omega$ 是复频率；若用 $s = \mathrm{j}\Omega$ 代入 $A_\mathrm{F}(s)$ 就得到它的频率响应 $A_\mathrm{F}(\mathrm{j}\Omega)$。环路滤波器模型如图 8.6 所示。

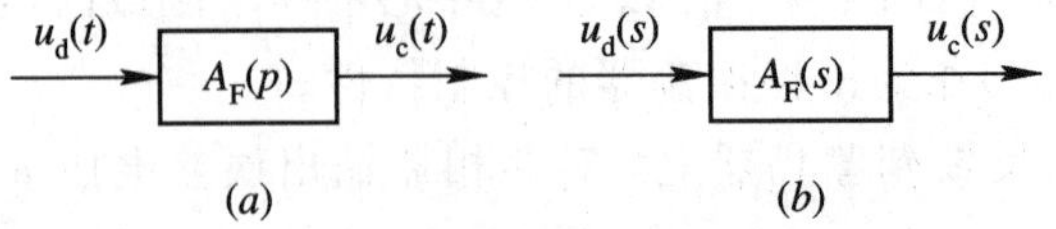

$$u_{\mathrm{d}}(t) \rightarrow \boxed{A_{\mathrm{F}}(p)} \rightarrow u_{\mathrm{c}}(t) \qquad u_{\mathrm{d}}(s) \rightarrow \boxed{A_{\mathrm{F}}(s)} \rightarrow u_{\mathrm{c}}(s)$$

$(a) \qquad\qquad\qquad\qquad (b)$

图 8.6 环路滤波器模型

常用的环路滤波器有 RC 积分滤波器、RC 比例积分滤波器和有源比例积分滤波器等，现分别说明如下。

1）RC 积分滤波器

电路构成如图 8.7 所示。传输算子为

$$A_{\mathrm{F}}(p) = \frac{U_{\mathrm{c}}(p)}{U_{\mathrm{d}}(p)} = \frac{\dfrac{1}{pC}}{R + \dfrac{1}{pC}} = \frac{\dfrac{1}{\tau}}{p + \dfrac{1}{\tau}} = \frac{1}{1 + p\tau} \qquad (8-11)$$

式中，$\tau = RC$ 是时间常数，是滤波器唯一可调的参数。

令 $p = \mathrm{j}\Omega$ 并代入上式即可得滤波器的频率特性为

$$A_{\mathrm{F}}(\mathrm{j}\Omega) = \frac{1}{1 + \mathrm{j}\Omega\tau}$$

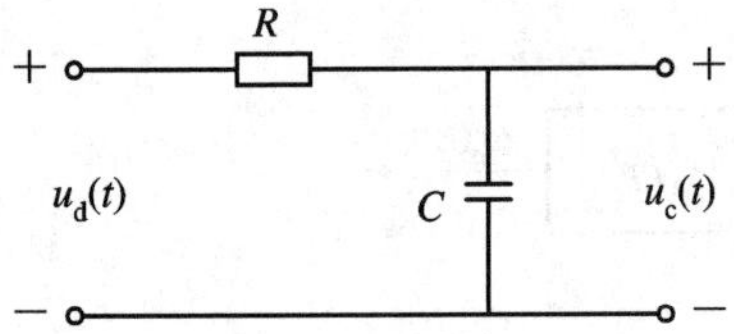

图 8.7 RC 积分滤波器

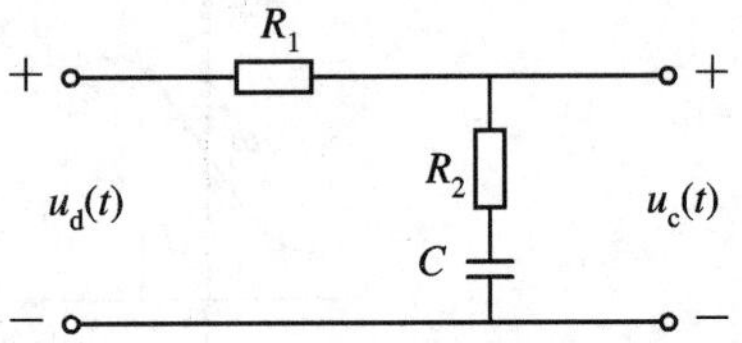

图 8.8 RC 比例积分滤波器

2）RC 比例积分滤波器

电路构成如图 8.8 所示。RC 比例积分滤波器与 RC 积分滤波器相比，附加了一个与电容器串联的电阻 R_2。传输算子为

$$A_{\mathrm{F}}(p) = \frac{R_2 + \dfrac{1}{pC}}{R_1 + R_2 + \dfrac{1}{pC}} = \frac{1 + p\tau_2}{1 + p\tau_1} \qquad (8-12)$$

式中，$\tau_1 = (R_1 + R_2)C$，$\tau_2 = R_2 C$，它们是滤波器独立可调的参数。该电路的频率特性为

$$A_{\mathrm{F}}(\mathrm{j}\Omega) = \frac{1 + \mathrm{j}\Omega\tau_2}{1 + \mathrm{j}\Omega\tau_1} \qquad (8-13)$$

3）有源比例积分滤波器

有源比例积分滤波器由运算放大器组成，如图 8.9 所示，其传输算子是

$$A_{\mathrm{F}}(p) = -A\frac{1 + p\tau_2}{1 + p\tau_1} \qquad (8-14)$$

式中，$\tau_1 = (R_1 + AR_1 + R_2)C$；$\tau_2 = R_2 C$；$A$ 是运算放大器无反馈时的电压增益。

若运算放大器的增益很高，则

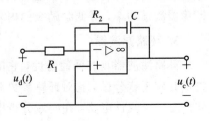

图 8.9 有源比例积分滤波器

$$A_F(p) = \frac{1 + p\tau_2}{p\tau_1} \qquad (8-15)$$

式中，$\tau_1 = R_1 C$。传输算子的分母中只有一个 p，是一个积分因子，因此，高增益的有源比例积分滤波器又称为理想积分滤波器。显然，A 越大，就越接近理想积分滤波器。此滤波器的频率响应为

$$A_F(j\Omega) = \frac{1 + j\Omega\tau_2}{j\Omega\tau_1}$$

4. 锁相环路的相位模型及锁相环路的数学模型

将环路的三个基本模型连接起来的锁相环路相位模型，如图 8.10 所示。通常将这个模型称为 PLL 的相位模型。这个模型直接给出了输入相位 $\varphi_i(t)$ 与输出相位 $\varphi_o(t)$ 之间的关系。

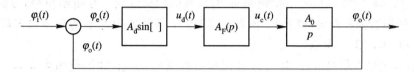

图 8.10 锁相环路的相位模型

按图 8.10 的环路相位模型，不难导出环路的数学模型：

$$\varphi_e(t) = \varphi_i(t) - \varphi_o(t) = \varphi_i(t) - A_d A_0 A_F(p) \frac{1}{p} \sin\varphi_e(t)$$

或

$$p\varphi_e(t) = p\varphi_i(t) - A_d A_0 A_F(p) \sin\varphi_e(t) \qquad (8-16)$$

式(8-16)是锁相环路数学模型的一般形式，也称动态方程，从物理概念上可以逐项理解它的含义。式中 $p\varphi_e(t)$ 显然是环路的瞬时频差

$$p\varphi_e(t) = \frac{d\varphi_e(t)}{dt} = \Delta\omega_e = \omega_i - \omega_o \qquad (8-17)$$

其表示压控振荡器角频率 ω_o 偏离输入信号角频率的数值。

右边第一项 $p\varphi_i(t)$ 称固定角频率，

$$p\varphi_i(t) = \frac{d\varphi_i(t)}{dt} = \Delta\omega_i = \omega_i - \omega_r \qquad (8-18)$$

其表示输入信号角频率 ω_i 偏离 ω_r 的数值。

式中最后一项 $A_d A_0 A_F(p) \sin\varphi_e(t)$ 称控制角频差，

$$A_d A_0 A_F(p) \sin\varphi_e(t) = \Delta\omega_o(t) = \omega_o - \omega_r \qquad (8-19)$$

其表示压控振荡器在 $u_c(t) = A_d A_F(p) \sin\varphi_e(t)$ 的作用下，产生振荡角频率 ω_o 偏离 ω_r 的数值。

于是动态方程(8-16)构成如下关系：

$$瞬时频差 = 固有频差 - 控制频差$$

这个关系式在环路动作的始终都是成立的。

在环路开始工作的瞬间，控制作用还未建立起来，控制频差等于零，因此环路的瞬时频差就等于输入的固有频差。在捕获过程中，控制作用逐渐加强，控制频差逐渐加大。因为固有频差是不变的(在输入固定频率的条件下)，故瞬时频差逐渐减小。最后环路进入锁

定状态，环路的控制作用迫使振荡频率 ω_o 等于输入频率 ω_i，控制频差与输入的固有频差相抵消，最终环路的瞬时频差等于零，环路锁定。

环路对输入固有频率的信号锁定之后，稳态频差等于零，稳态相差 $\varphi_e(\infty)$ 为一固定值。此时误差电压即为直流，它经过 $A_F(j0)$ 的过滤作用之后所得到的控制电压也是直流。从方程(8-16)可以解出稳态相差

$$\varphi_e(\infty) = \arcsin\left[\frac{\Delta\omega_i}{A_o A_d A_F(0)}\right]$$

据此式可计算锁相环路的稳态相差。

8.1.3 锁相环路的捕捉特性

锁相环路由起始的失锁状态进入锁定状态的过程，称为捕捉过程。相应地，能够由失锁进入锁定所允许的输入信号频率偏离 ω_r 的最大值 $|\Delta\omega_i|$（最大起始频差）称为捕捉带，用 $\Delta\omega_p$ 表示。捕捉过程所需要的时间，称为捕捉时间，即环路由起始的失锁状态进入锁定状态所需要的时间，用 τ_p 表示。

当环路未加输入信号 $u_i(t)$ 时，VCO 上没有控制电压，它的振荡频率为 ω_r。若将频率 ω_i 恒定的输入信号加到环路上去，固有频差（起始频差）$\Delta\omega_i = \omega_i - \omega_r$，因而在接入 $u_i(t)$ 的瞬间，加到鉴相器的两个信号的瞬时相位差

$$\varphi_e(t) = \int_0^t \Delta\omega_i(t)\mathrm{d}t = \Delta\omega_i t$$

相应地，鉴相器输出的误差电压 $u_d(t) = A_d\sin\Delta\omega_i t$。显然，$u_d(t)$ 是频率为 $\Delta\omega_i$ 的差拍电压。下面分三种情况进行讨论：

(1) $\Delta\omega_i(t)$ 较小，即 VCO 的固有振荡频率 ω_r 与输入信号频率 ω_i 相差较小。这时，由于 $\Delta\omega_i$ 在环路滤波器的通频带内，因而 $u_d(t)$ 的基波分量能通过环路滤波器加到 VCO 上，控制 VCO 的振荡频率 $\omega_o(t)$，使 $\omega_o(t)$ 在 ω_r 基础上近似按正弦规律变化，一旦 $\omega_o(t)$ 变化到等于 $\omega_i(t)$ 时，环路便趋于锁定。这时 $u_i(t)$ 与 $u_o(t)$ 的相位差为 $\varphi_e(\infty)$，鉴相器输出的误差电压 $u_d(t)$ 为与 $\varphi_e(\infty)$ 相对应的直流电压，以维持环路的锁定状态。

(2) $\Delta\omega_i$ 较大，即 ω_r 与 ω_i 相差较大，使 $\Delta\omega_i$ 超出环路滤波器的通频带，但仍小于捕捉带 $\Delta\omega_p$。这时，鉴相器输出的差拍电压 $u_d(t)$ 通过环路滤波器时受到较大的衰减，则加到 VCO 上的控制电压 $u_c(t)$ 很小，VCO 振荡频率 $\omega_o(t)$ 在 ω_r 基础上的变化幅度也很小，使得 $\omega_o(t)$ 不能立即变化到等于 ω_i。

但是，由于 $\omega_o(t)$ 在 ω_r 基础上变动，而 ω_i 又是恒定的，因而它们之间的差拍频率 $(\omega_i - \omega_o)$ 就在 $\Delta\omega_i$ 基础上变动。假设 $\omega_i > \omega_r$（$\omega_i < \omega_r$ 时可作类似的讨论），当 $\omega_o > \omega_r$ 时，$(\omega_i - \omega_o) < \Delta\omega_i$，相应地，$\varphi_e(t) = (\omega_i - \omega_o)t$ 随时间增长得较慢，即在图 8.11(a) 中，$0 < \varphi_e(t) \leqslant \pi$ 所需的时间就较长；反之，当 $\omega_o < \omega_i$ 时，$(\omega_i - \omega_o) > \Delta\omega_i$，相应地，$\varphi_e(t) = (\omega_i - \omega_o)t$ 随时间增长得较快，即在图 8.11(a) 中，$\pi \leqslant \varphi_e(t) \leqslant 2\pi$ 所需的时间就较短。因此，鉴相器输出的误差电压 $u_d(t) = A_d\sin\varphi_e(t)$ 虽然对 $\varphi_e(t)$ 而言是正弦形状，但由于 $\varphi_e(t)$ 与 t 不是线性关系，因而 $u_d(t)$ 与 t 的关系就不再是正弦形状，而是正半周时间长、负半周时间短的不对称波形，如图8.11(b)所示。$u_d(t)$ 经过环路滤波器时，其谐波分量被滤除，而直流分量和部分基波分量通过滤波器后成为控制电压 $u_d(t)$ 加到 VCO 上。其中，直流分量的电压为正值，它使

VCO 振荡频率 $\omega_o(t)$ 的平均值由 ω_r 上升到 $\omega_{r(av)}$，如图 8.11(c) 所示。可见，通过这样一次反馈和控制的过程，$\omega_o(t)$ 的平均值向 ω_i 靠近，这个新的 ω_o 再与 ω_i 差拍，得到的差拍频率更低，相应地，$\varphi_e(t)$ 随时间增长得更慢，则鉴相器输出的上宽下窄的不对称误差电压波形的频率更低，且波形的不对称程度加大，$\omega_o(t)$ 的平均值进一步靠近 ω_i，并且在平均值基础上变动的频率更低。如此循环下去，直到 $\omega_o(t)$ 等于 ω_i 为止，环路进入锁定状态，鉴相器输出一个由 $\varphi_e(\infty)$ 产生的直流电压，以维持环路的锁定。图 8.12 示出了上述捕捉过程中鉴相器输出的误差电压 $u_d(t)$ 的波形。

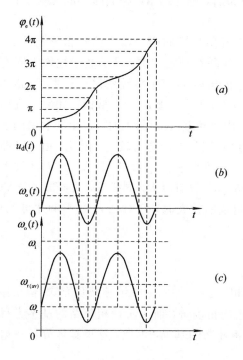

图 8.11　捕捉过程示意图

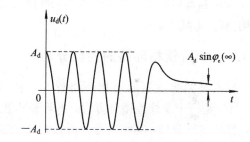

图 8.12　捕捉过程中 $u_d(t)$ 的波形

　　因此，当 $\Delta\omega_i$ 较大时，锁相环路需要经过多个差拍周期，才能使 VCO 振荡频率 $\omega_o(t)$ 的平均值逐步靠近 ω_i，直到 $\omega_o(t) = \omega_i$ 时环路才会锁定。显然，这时捕捉时间较长。通常将 $\omega_o(t)$ 的平均值靠近 ω_i 的现象称为频率牵引现象，它是使捕捉时间变长的主要原因。

　　(3) $\Delta\omega_i$ 很大，即 ω_r 与 ω_i 相差很大，使 $\Delta\omega_i$ 不但远大于环路滤波器的通频带，而且大于捕捉带 $\Delta\omega_p$。这时，由于鉴相器输出的差拍电压 $u_d(t)$ 不能通过环路滤波器，因而 VCO 上没有控制电压 $u_c(t)$，环路处于失锁状态。应该指出，如果 $\Delta\omega_i$ 不是特别大，则环路尽管不能锁定，但也存在频率牵引现象，因此，VCO 振荡频率的平均值向着输入信号的标准频率 ω_i 靠近了。

　　综上所述，并不是任何情况下环路都能锁定。如果 VCO 固有振荡频率与输入信号频率 ω_i 相差太大，则环路失锁；而只当 ω_r 与 ω_i 相差不太大时，环路才能锁定。显然，环路的捕捉带 $\Delta\omega_p$ 不但取决于 A_d 和 A_0，而且还取决于环路滤波器的频率特性。A_d 和 A_0 越大，环路滤波器的通频带越宽，即使 $\Delta\omega_i$ 较大，环路滤波器仍有一定的控制电压 $u_c(t)$ 输出，环路仍能锁定，故捕捉带 $\Delta\omega_p$ 越大。此外，捕捉带还与 VCO 的频率控制范围有关，只有当

VCO 的频率控制范围较大时，它对 $\Delta\omega_p$ 的影响才可忽略，否则 $\Delta\omega_p$ 将减小。而 A_d 和 A_0 越大，固有频差 $\Delta\omega_i$ 越小，环路滤波器的通频带越宽，环路入锁就越快，捕捉时间 τ_p 就越短。

8.1.4　锁相环路的跟踪特性

当环路锁定后，如果输入信号频率 ω_i 或 VCO 振荡频率 ω_0 发生变化，则 VCO 振荡频率 ω_0 跟踪 ω_i 而变化，维持 $\omega_0 = \omega_i$ 的锁定状态，这个过程称为跟踪过程或同步过程。相应地，能够维持环路锁定所允许的最大固有频差 $|\Delta\omega_i|$，称为锁相环路的同步带或跟踪带，用 $\Delta\omega_H$ 表示。

由于环路锁定后，ω_i 或 ω_0 的变化也同样引起鉴相器的两个输入信号相位差的变化，因此，跟踪的基本原理与捕捉是类似的。但是，在环路锁定的情况下，缓慢地增大固有频差 $|\Delta\omega_i|$（例如改变 ω_i），会使鉴相器输出的误差电压 $u_d(t)$ 产生缓慢变化，这时，环路滤波器对 $u_d(t)$ 的衰减很小，加到 VCO 的控制电压 $u_c(t)$ 几乎等于 $u_d(t)$，从而使跟踪过程中环路的控制能力增强。我们知道，在捕捉过程中，固有频差 $|\Delta\omega_i|$ 较大时，鉴相器输出的误差电压 $u_d(t)$ 将受到环路滤波器的较大衰减，则此时环路的控制能力较差。因此，由于环路滤波器的存在，使锁相环路的捕捉带小于同步带。不难理解，A_d 和 A_0 越大，环路滤波器的直流增益就越大（或通频带越宽），环路的同步带 $\Delta\omega_H$ 也就越大。同样地，同步带还与 VCO 的频率控制范围有关，只有当 VCO 的频率控制范围较大时，它对 $\Delta\omega_H$ 的影响才可忽略，否则 $\Delta\omega_H$ 将减小。

8.1.5　一阶锁相环路的性能分析

设有环路滤波器的锁相环路称为一阶锁相环路。由于一般锁相环路的基本方程式 (8-16) 是一个非线性微分方程，不容易得出它的精确解，而一阶锁相环路的基本方程简单，容易进行分析，其结论是分析其它复杂锁相环路的基础，因此，这里具体分析一阶锁相环路的性能。

没有滤波器时，$A_F(p) = 1$。设输入信号 $u_i(t)$ 为频率 ω_i 不变的基准信号，且 $\omega_i > \omega_r$，即固有频差 $p\varphi_i(t) = \mathrm{d}\varphi_i(t)/\mathrm{d}t = \Delta\omega_i = \omega_i - \omega_r$，为大于零的常数。于是由式 (8-16) 可得到此时环路的基本方程

$$\frac{\mathrm{d}\varphi_e(t)}{\mathrm{d}t} + A\sin\varphi_e(t) = \Delta\omega_i \qquad (8-20)$$

式中
$$A = A_d A_0$$

1. 环路的锁定条件和稳态相位差

当环路锁定时，$\omega_i = \omega_0$，$u_i(t)$ 与 $u_0(t)$ 的相位差 $\varphi_e(t)$ 为一恒定值——稳态相位差 $\varphi_e(\infty)$，故 $\mathrm{d}\varphi_e(t)/\mathrm{d}t = 0$。可以证明，只有当 $t = \infty$ 时，才能满足环路的锁定条件，故锁定条件可写成

$$\lim_{t \to \infty} \frac{\mathrm{d}\varphi_e(t)}{\mathrm{d}t} = 0 \qquad (8-21)$$

把 $\mathrm{d}\varphi_e(t)/\mathrm{d}t = 0$ 代入式 (8-20)，可得

$$A\sin\varphi_e(t) = \Delta\omega_i \qquad (8-22)$$

上式表明，环路锁定时控制频差等于固有频差。由于锁定时，$\varphi_e(t) = \varphi_e(\infty)$，故由上式可得

$$\varphi_e(\infty) = \arcsin\left(\frac{\Delta\omega_i}{A}\right) + 2n\pi \qquad n = 0, \pm 1, \cdots \qquad (8-23)$$

显然，只有当 $\Delta\omega_i < A = A_d A_0$ 时上述两式才有意义。

2. 相图法

相图法是求解微分方程的一种方法。对于式(8-20)所示微分方程式，以其应变量 $\varphi_e(t)$ 为横轴，以该变量对时间的一阶导数 $d\varphi_e(t)/dt$ 为纵轴，这样构成的平面称为相平面，相平面内的一个点称为相点。根据式(8-20)所示的描述系统运动状态的微分方程，可在相平面上作出相应的图形，如图 8.13 所示。这样的图形称为相图，它是相点在相平面上移动的轨迹。根据相图可以清晰地观察出系统的运动状态，这就是用相图法解微分方程的要点。注意：相图法的"相"指的是状态，而不是相位。

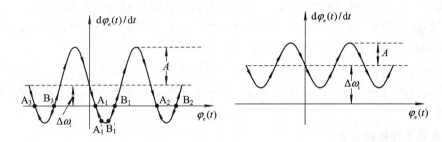

图 8.13 一阶锁相环路的相图

相点轨迹是有方向性的曲线。因为在横轴上方，$d\varphi_e(t)/dt > 0$，即随着 t 的增加，$\varphi_e(t)$ 也增大，因此相点移动的方向是由左至右；在横轴下方，$d\varphi_e(t)/dt < 0$，即随着 t 的增加，$\varphi_e(t)$ 却减小，因此相点移动的方向是由右至左。根据上述两点，可在图 8.13 中用箭头示出相点移动的方向。

在相轨迹与横轴的交点处(图中 A_1、B_1 等点)，$d\varphi_e(t)/dt = 0$ 环路锁定，这些点称为平衡点。其中 A_1、A_2、A_3(均用 A 表示)是箭头会聚的点，为稳定的平衡点。因为任何微小扰动使环路中的相位状态离开 A 点时，都会使状态沿着箭头方向移动，最后回到 A 点。例如，状态由图 8.13(a)中 A_1 移向 A_1' 点，此时 $d\varphi_e(t)/dt < 0$，则随着 t 的增加，$\varphi_e(t)$ 减小，状态从 A_1' 点向 A_1 点移动，最后回到 A_1 点。而 B_1、B_2、B_3(均用 B 表示)是箭头发散的点，为不稳定的平衡点，因为任何微小扰动使环路中的相位状态离开 B 点时，也使状态沿着箭头方向移动，且离 B 点越来越远，再也回不到该点。例如，状态由图 8.13(a)中 B_1 移向 B_1' 点，此时 $d\varphi_e(t)/dt < 0$，则随着 t 的增加，$\varphi_e(t)$ 减小，状态从 B_1' 点向左移动(离 B_1 点越来越远)，最后移至 A_1 点才稳定下来。

由图 8.13 可以看出，环路并不是对任意大小的固有频差 $\Delta\omega_i$ 都能进行捕捉锁定的。当 $\Delta\omega_i > A = A_d A_0$ 时，相轨迹与横轴没有交点，即没有平衡点，环路失锁，如图 8.13(b)所示，这时相点总是向右移动(若 $\Delta\omega_i < -A = -A_d A_0$，则相点总是向左移动)。当 $|\Delta\omega_i| \leqslant A_d A_0$ 时，相轨迹与横轴有交点，环路可以进入锁定状态。由图 8.13(a)可以看出，当 $|\Delta\omega_i| \leqslant A_d A_0$ 时，相轨迹与横轴有两个交点，环路可以进行捕捉锁定。可以想象，当 $\Delta\omega_i$ 增大到 $A_d A_0$

时，相轨迹与横轴相切于一点，还能产生捕捉作用，使环路锁定，这时的 $\Delta\omega_i$ 是使环路由失锁进入锁定所允许的最大起始频差，根据捕捉带的定义，显然有

$$\Delta\omega_p = A = A_d A_0 \qquad\qquad (8-24)$$

若环路已经锁定，逐渐加大固有频差 $\Delta\omega_i$，由图 8.13(a)同样可以看到，维持环路锁定的最大固有频差 $\Delta\omega_i$ 也为 $A_d A_0$，故同步带

$$\Delta\omega_H = A = A_d A_0 \qquad\qquad (8-25)$$

一阶锁相环路的捕捉带等于同步带，这是因为它设有环路滤波器的缘故。

8.2 集成锁相环和锁相环的应用

8.2.1 集成锁相环

通用单片集成锁相环路将鉴相器、压控振荡器以及某些辅助器件集成在同一基片上，使用者可以根据需要，在电路外部连接各种器件，以实现锁相环路的各种功能。因此，这种集成锁相环路具有多功能或部分多功能的特性，使产品具有通用性。

通用单片集成锁相环路的产品已经很多，它们所采用的集成工艺不同，使用的频率也不同。考虑到国内外已有产品及使用情况，本节主要介绍几种典型的单片集成锁相环路的组成与特性。

1. 高频单片集成锁相环

(1) NE560 集成锁相环路。其方框图如图 8.14 所示。它包括鉴相器、压控振荡器、环路滤波器、限幅器和两个缓冲放大器。鉴相器由双平衡模拟相乘器组成，输入信号加在 12、13 端。压控振荡器是一个射极定时多谐振荡器电路，定时电容 C_T 接在 2、3 端，振荡电压从 4、5 端输出。环路滤波器由 14、15 端接入，两个缓冲放大器则用于隔离放大、接去加重电路和 FM 解调输出，限幅器从 7 端注入电流，以改变压控振荡器的跟踪范围。

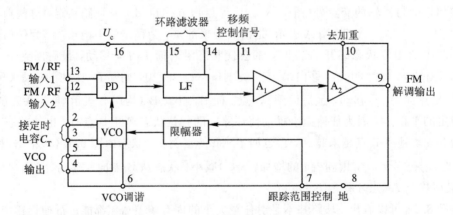

图 8.14　NE560 方框图

该电路的最高工作频率为 30 MHz，最大锁定范围达 $\pm15\% f$，鉴频失真小于 0.3%，输入电阻为 2 kΩ，电源电压为 16～26 V，典型工作电流为 9 mA。该电路可用作 FM 解调、数据同步、信号恢复和跟踪滤波等。

（2）NE561 集成锁相环路。其方框图如图 8.15 所示。NE561 的线路、性能和应用基本上与 NE560 相同，只是在电路中附加了一个由模拟相乘电路构成的正交检波器和缓冲放大器。这样 NE561 就可用于 AM 信号的同步检波，此时正交检波器与环路鉴相器的信号输入不同，两者应该相差 90°。同步检波信号由 1 端输出。NE561 的典型工作电流可达 10 mA。

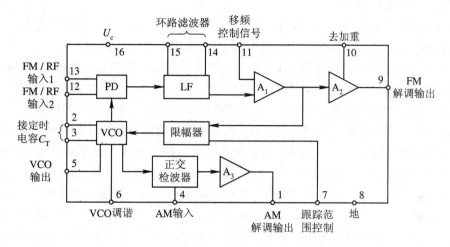

图 8.15　NE561 方框图

（3）L562（NE562）集成锁相环路。其组成方框如图 8.16 所示。L562 的线路、性能和应用与 NE560 也基本相同。该电路为了实现更多的功能，环路反馈不是在内部预先接好的，而是将 VCO 输出端（3，4）和 PD 输入端（2，15）之间断开，以便将分频或混频电路插入其间，使环路不仅与 NE560 有相同的应用，而且还可作倍频、移频和频率合成用。

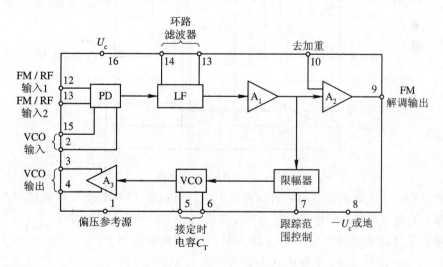

图 8.16　L562 方框图

考虑到 L562 鉴相器的非理想与饱和特性，其鉴相灵敏度可近似为

$$S_\mathrm{d} = \frac{0.04 U_\mathrm{SRMS}}{\sqrt{1 + \left(\dfrac{U_\mathrm{SRMS}}{40}\right)^2}} \quad \mathrm{V/rad}$$

式中，U_SRMS 是输入电压的有效值。当 $U_\mathrm{SRMS} < 40$ mV 时，S_d 近似与输入信号成正比；当

$U_{SRMS} > 40$ mV 时，$S_d \approx 1.5$ V/rad。根据设计，NE560、NE561、NE562 压控振荡器频率可用下式近似计算：

$$f \approx \frac{3 \times 10^8}{C_T}$$

式中，C_T 取 pF 为单位。

该电路最高工作频率为 30 MHz，最大锁定范围为 $\pm 15\% \, f$，鉴频失真小于 0.5%，输入电阻为 2 kΩ，电源电压为 16～30 V，典型工作电流为 12 mA。

（4）XR-215 集成锁相环路。其方框图如图 8.17 所示。电路由鉴相器、压控振荡器和运算比较电路组成。鉴相器为双平衡模拟相乘器，输入信号加在 4 端，压控振荡器的反馈信号加在 6 端，鉴相器的输出电压从 2、3 两端平衡输出。环路滤波器元件从 2、3 两端接入。压控振荡器是射极定时多谐振荡电路，2 端在电路内部直接与压控振荡器相连作为控制电压，定时电容从 13、14 端接入，11、12 端可对压控振荡器进行增益控制和扫描输入，10 端可对压控振荡器的频率范围进行选择，振荡信号从 15 端输出，它在电路内部没有与鉴相器相连，以便于从中插入各种部件，适应多功能的要求。运放比较器的一个输入端直接与 3 端相连，另一个输入端则与 1 端相连，这样它不仅可以作为 FM 解调输出的滤波器，还可以与来自 1 端外接电压相比较，在 8 端形成逻辑输出。7 端为运放比较器的补偿端。

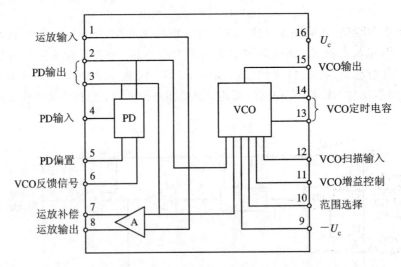

图 8.17　XR-215 方框图

因此，XR-215 在模拟与数字通信系统中不仅可用作 FM 或 FSK 解调频率合成和跟踪滤波等，而且可以很方便地实现与 DTL、TTL 和 ECL 逻辑电平的接口。

该电路工作频率范围为 0.5 Hz～35 MHz，频率跟踪范围为 $(\pm 1 \sim \pm 50)\% \, f$，VCO 动态范围为 300 μV～3 V，鉴频失真小于 0.15%，电源电压为 5～26 V。

2. 超高频单片集成锁相环

（1）L564（NE564）超高频单片集成锁相环。其组成方框如图 8.18 所示。电路由输入限幅器、鉴相器、压控振荡器、放大器、直流恢复电路和施密特触发器等六大部分组成。L564 是 56 系列中工作频率高达 50 MHz 的一块超高频通用单片集成锁相环路，最大锁定范围达 $\pm 12\% \, f$，输入阻抗大于 50 kΩ，电源电压为 5～12 V，典型工作电流为 60 mA。该电路可用于高速调制解调、FSK 信号的接收与发射、频率合成等多种用途。

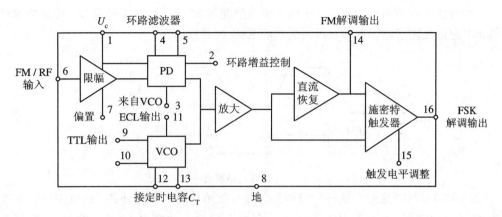

图 8.18 L564 方框图

限幅器用差动电路,作为鉴相器的输入信号。在接收 FM 或 FSK 信号时,它对抑制寄生调幅、提高解调质量是很有利的。限幅电平在 $0.3 \sim 0.4$ V 之间。

鉴相器用普通的双平衡模拟相乘器,鉴相灵敏度与 2 端注入(或吸出)电流 I_B 的关系如下:

$$S_d \approx 0.46(\text{V/rad}) + 7.3 \times 10^{-4}[\text{V/(rad} \cdot \mu\text{A)}]I_B(\mu\text{A})$$

在 $I_B < 800$ mA 范围内,上式是有效的。

压控振荡器是改进型的射极耦合多谐振荡器。定时电容 C_T 接在 12、13 端,电路有 TTL 和 ECL 兼容的输入、输出电路。根据 L564 压控振荡器的特定设计,其固有振荡频率为

$$f \approx \frac{1}{16 R_c C_T}$$

式中,$R_c = 100$ Ω,是电路内部设定的;C_T 为外接定时电容。

放大器由差动对组成,它将来自 PD 的差模信号放大后,单端输出作为施密特触发器和直流恢复电路的输入信号。

适当选择直流恢复电路 14 端外接电容的数值,进行低通滤波,使得在 FSK 信号时,产生一个稳定的直流参考电压,作为施密特触发器的一个输入。而在 FM 信号时,14 端输出 FM 解调信号。

施密特触发器与直流恢复电路共同构成 FSK 信号解调时的检波后处理电路,如图8.19 所示。此时,直流恢复电路的作用是为施密特触发器提供一个稳定的直流参考电压,以控制触发器的上下翻转电平,这两个电平之间的距离(即滞后电压 U_H)可从 15 端进行外部调节。

在数据速率比较低的时候,14 端外接的电容可以较大,输出的载波泄漏较小;

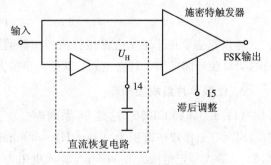

图 8.19 FSK 检波后处理电路示意图

经施密特触发器变换之后，得到很理想的 FSK 解调输出，如图 8.20 所示。当数据率加大时，14 端外接的电容不能太大，否则输出载波泄漏较大。通过 15 端的调节，可避免因载波泄漏而引起的触发器错误翻转，得到满意的 FSK 解调输出。

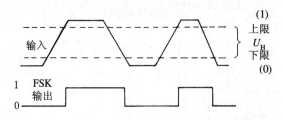

图 8.20　检波后处理电路输出的解调波形

（2）μPC1477C。这是一块锁相解调器的超高频单片集成锁相环路，该电路供电电压范围为 10.8～13.2 V。在电源电压典型值 12 V 和环路输入功率 $P = 0.1$ mW，压控振荡频率 $f = 400$ MHz 的条件下，测得环路总典型工作电流为 65 mA，捕获范围为 ± 20 MHz，同步范围为 ± 25 MHz，解调输出信噪比为 60 dB，压控灵敏度为 10 MHz/V。其组成方框如图 8.21 所示。它由鉴相器、压控振荡器、直流放大器、缓冲放大器和若干调整环节组成。鉴相器信号由 7、8 端输入，4、5 端输出，环路滤波器接在 1、2 端，解调出的信号或误差控制电压由 16 端输出，压控振荡回路接在 12、13 端。由于在压控振荡器电路中插入了高截止频率 f_T 的晶体管，所以它的工作频率可高达 600 MHz。当选用适当的外接变容二极管时，环路能获得宽的捕获和同步范围。

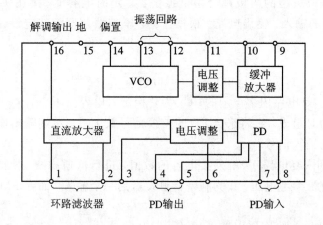

图 8.21　μPC1477C 方框图

本电路主要用于卫星直播接收机锁相解调，由于直流放大器和压控振荡器在环内没有连接，故在外部可插入其它电路，以进一步扩大它的应用。

3. 低频单片集成锁相环

（1）SL565（NE565）。这是 56 系列中一块工作频率低于 1 MHz 的通用单片集成锁相环。SL565 工作频率范围为 0.001 Hz～500 kHz，电源电压为 $\pm 6 \sim \pm 12$ V，鉴频失真低于 0.2%，最大锁定范围为 $\pm 60\% f$，输入电阻为 10 kΩ，典型工作电流为 8 mA。该电路主要用于 FSK 解调、单音解码、宽带 FM 解调、数据同步、倍频与分频等方面。

其组成方框图如图 8.22 所示。它包含鉴相器、压控振荡器和放大器三部分。鉴相器为双平衡模拟相乘电路，压控振荡器为积分施密特电路。输入信号加在 2、3 端；7 端外接电容器 C，与放大器的集电极电阻 R（典型值为 3.6 kΩ）组成环路滤波器。由 7 端输出的误差电压在内部直接加到压控振荡器控制端。6 端提供了一个参考电压，其标称值与 7 端相同。6、7 端可以一起作为后接差动放大器的偏置。压控振荡器的定时电阻 R_T 接在 8 端，定时电容 C_T 接在 9 端，振荡信号从 4 端输出。压控振荡器的输出端 4 与鉴相器反馈输入端 5 是断开的，允许插入分频器来做成频率合成器。如果需要，也可设法切断鉴相器输出与压控振荡器输入之间的连接，在其中串入放大器或滤波器，以改善环路的性能。

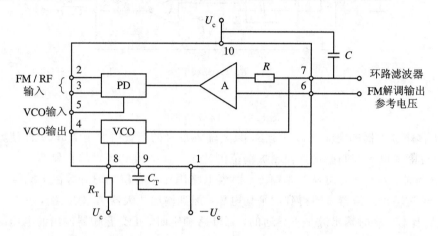

图 8.22　SL565 方框图

对 SL565 而言，压控振荡器振荡频率可近似表示成

$$f = \frac{1.2}{4R_T C_T}$$

压控灵敏度为

$$A_0 = \frac{50f}{U_c}$$

式中，U_c 是电源电压（双向馈电时则为总电压）。鉴相灵敏度为

$$A_d = \frac{1.4}{\pi}$$

放大器增益为

$$A = 1.4$$

（2）NE567。其方框图如图 8.23 所示。它由主鉴相器（PD Ⅰ）、直流放大器（A_1）、电流控制振荡器（CCO）和外接环路滤波器组成。此外，还有一个正交鉴相器（PD Ⅱ），正交鉴相器的输出直接推动一个功率输出级（A_2）。两个鉴相器都用双平衡模拟相乘电路。电流控制振荡器由恒流源、充放电开关电路和两个比较器组成。直流放大器是一个差动电路，输出放大器则由差动电路和达林顿缓冲级构成。

输入信号加在 3 端，环路滤波电容接在 2 端，定时电阻 R_T 与定时电容 C_T 接在 5、6 端。振荡频率可用下式计算：

$$f = \frac{1.1}{R_T C_T}$$

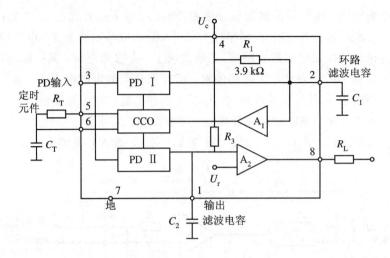

图 8.23　NE567 方框图

　　由于直流放大器的电流增益等于 8，只要输入信号的有效值大于 7 mV，即使鉴相器输出很小，也能使电流控制振荡器控制振荡范围达±7％ f，得到满意的控制带宽。当环路用作 FM 解调时，解调信号可从 2 端输出。而当电路用作单音解码时，需在 1 端接上输出滤波电容。经过输出滤波器过滤得到的平均电压，加到输出放大器 A$_2$ 输入端，并与一参考电压 U_r 进行比较。平时输出级是不导通的，当环路锁定时，正交鉴相器输出的电压降低到小于 U_r 时，A$_2$ 导通，8 端就能输出 100~200 mA 电流与 TTL 电路相匹配，推动 TTL 电路工作。

　　NE567 的工作频率范围为 0.01 Hz~500 kHz，而且工作频率十分稳定。最大锁定范围为±14％ f。电源电压为 4.75~9 V，输入电阻为 20 kΩ，典型工作电流为 7 mA。该电路主要用于单音解码，在 FM 和 AM 解调方面也能获得很好的应用。

　　(3) 5G4046(CD4046)。它是一块低频低功耗通用单片集成锁相环电路。环路采用 CMOS 电路，最高工作频率为 1 MHz 左右，电源电压为 5 ~ 15 V。当 f =10 kHz 时，功耗为0.15~9 mW。与类似的双极性单片集成锁相环相比较，它的功耗降低了很多，这对于要求功耗小的设备来说，具有十分重要的意义。

　　图 8.24 所示为 5G4046 的方框图。整个电路由鉴相器 PDⅠ、鉴相器 PDⅡ、压控振荡器、源极跟随器和一个 5 V 左右的齐纳二极管等几部分组成。PDⅠ为异或门鉴相器，PDⅡ为数字鉴频鉴相器，它们有公共的信号输入端(14 端)和反馈输入端(3 端)。环路滤波器接在 2 端或 13 端。9 端是 VCO 的控制端，定时电容 C_T 接在 6、7 端，接在 11、12 端的电阻 R_1、R_2 同样可以起到改变振荡频率的作用。齐纳二极管可提供与 TTL 兼容的电源。

　　由于 PD 与 VCO 在内部没有连接，放在外部可以插入其它电路，使 5G4046 具有多功能性质。5G4046 电路在 FM 调制解调、频率合成、数据同步、单音解码、FSK 调制及电动机速度控制等方面获得了广泛的应用。

　　随着集成工艺技术的发展，目前国外采用高速 CMOS 工艺做成的 MM54HC4046/MM74HC4046 单片集成数字锁相环路，其鉴相器的响应时间已高达 20 ns，压控振荡器的工作频率高达 20 MHz。

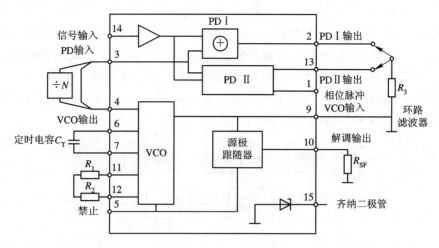

图 8.24 5G4046 方框图

8.2.2 锁相环的应用

通过前面的讨论已知,锁相环具有以下优点:① 锁定时无剩余频差;② 良好的窄带滤波特性;③ 良好的跟踪特性;④ 易于集成化。因此,锁相环广泛获得了应用。下面举一些例子简单说明。

1. 锁相倍频、分频和混频

1)锁相倍频

图 8.25 所示为锁相倍频方框图,它是在锁相环路方框中插入分频器组成的。环路锁定时,鉴相器的两输入信号频率 ω_R、ω_N 相等,其中 $\omega_N = \omega_V/N$,故有 $\omega_V = N\omega_R$。VCO 信号频率锁定在参考频率的 N 次倍频上。

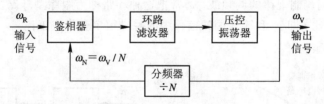

图 8.25 锁相倍频方框图

2)锁相分频

图 8.26 所示为锁相分频方框图,它是在锁相环路方框中插入倍频器组成的,相当于将图 8.25 中分频器改成倍频器。环路锁定时,$\omega_R = \omega_n = n\omega$,即 $\omega_V = \omega_R/n$,分频次数等于环路中倍频器的倍频次数。

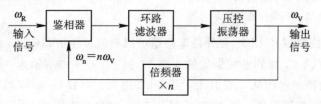

图 8.26 锁相分频方框图

3）锁相混频

锁相混频方框图如图 8.27 所示，它在反馈通道中插入混频器和中频滤波器。环路锁定时，$\omega_1 = \omega_V - \omega_2$ 或 $\omega_1 = \omega_2 - \omega_V$，即输出为 $\omega_V = \omega_1 + \omega_2$ 或 $\omega_V = \omega_2 - \omega_1$，这取决于图中 ω_V 是高于 ω_2 还是低于 ω_2。当两个信号角频率 $\omega_2 > \omega_1$ 时，由于其差频、和频同 ω_2 十分靠近，如果用普通混频器进行混频，要取出有用分量 $\omega_2 + \omega_1$ 或 $\omega_2 - \omega_1$，则对 LC 滤波器要求相当苛刻。而利用锁相混频电路进行混频则十分方便。

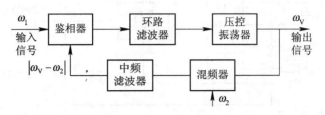

图 8.27　锁相混频方框图

2. 锁相解调

1）调频信号的解调

采用锁相鉴频器，输入信噪比较低时，仍有较高的输出信噪比，即引起输出信噪比恶化的最低输入信噪比（门限值）比普通鉴频器低（即产生门限效应），如图 8.28 所示。所谓门限效应，是指输入信噪比较高时，鉴频器输出信噪比将高于输入信噪比，且输出信噪比与输入信噪比成线性关系；而当输入信噪比低到一定数值时，输出信噪比将急剧下降，不再遵循线性关系，如图 8.28 所示，这就是调频波解调时的门限效应所对应的值，称门限值。

锁相环作鉴频器的组成方框图如图 8.29 所示。作为鉴频器用的锁相环，其环路带宽应设计得足够宽，那么 VCO 就能跟踪输入调频信号中的调制变化，也就是说，VCO 输出信号是和输入有相同调制规律的调频波。通常把这种环路称为跟踪型环路。VCO 频率变化与控制电压 u_c 成正比，即 u_c 和输入调频信号中的瞬时频率变化成正比，u_c 即为解调器输出。

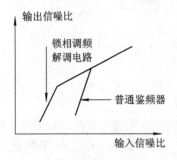

图 8.28　调制信号的锁相解调器与普通
鉴频器的门限性能比较示意图

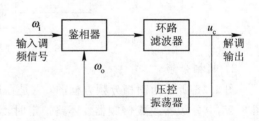

图 8.29　用锁相环解调调频信号方框图

图 8.30 表示用集成片 L562 和外接电路组成调频波锁相解调电路。输入调频信号电压 $u_i(t)$ 经耦合电容 C_1、C_2 加到鉴相器的输入端 11 和 12（若要单端输入，将 11 端通过 C_1 接地即可）。VCO 的输出电压从 3 端取出，经 1 kΩ 电阻、电容 C_3 以单端方式加到鉴相器 2（PD Ⅱ）输入端，而鉴相器另一输入端 15 经 0.1 μF 电容交流接地。从 1 端取出的稳定基准偏置电压经 1 kΩ 电阻分别加到 2 端和 15 端，作为双差分对管的基极偏置电压。放大器 Λ_3

的输出端 4 外接 12 kΩ 电阻到地，其上输出 VCO 电压，该电压是与调频波有相同调制规律的调频波。由于 VCO 是多谐振荡器，因而调频信号的载波是方波。放大器 A_2 的输出端 9 外接 15 kΩ 电阻到地，其上输出低频解调电压。端点 7 注入直流，用来调节环路的同步带。10 端外接去加重电容 C_4，用作提高解调电路的抗干扰性。

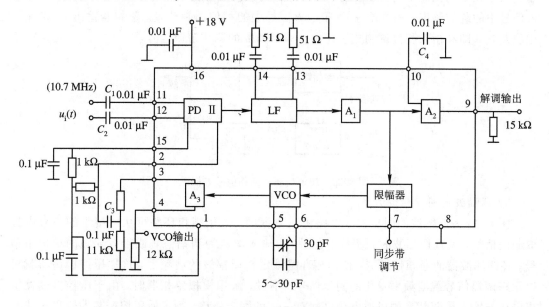

图 8.30 L562 构成调频波解调电路

图 8.31 表示用单片集成电路 CD4046 构成的调频波解调电路实例。图中，输入信号是一个载频为 10 kHz、调制频率为 400 Hz 的调频信号。由于输入调频信号是正弦波，因而选用 PD I 鉴相器。为了使 VCO 振荡频率在载频 10 kHz 附近，R_1 取 100 kΩ，C_1 取 1000 pF；环路滤波器选择 RC 积分滤波器。VCO 的控制电压即调频波的解调电压，经跟随器从 10 端输出。

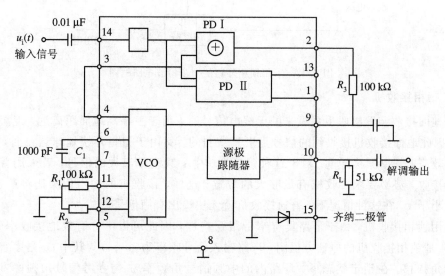

图 8.31 CD4046 构成调频波解调电路

2）调相信号解调

图 8.32 所示为锁相环解调调相信号的组成框图。鉴相器输出电压 u_d 作为解调器输出。这时环路的带宽应设计得足够窄，VCO 只能跟踪输入信号中的载波频率，而不能跟踪输入信号频率的调制变化，我们把这种环路称为载波跟踪型锁相环路。VCO 的频率等于输入信号中的载波频率，相位差 φ_e 等于输入信号中的相位调制分量，鉴相器输出 u_d 正比于相位差 φ_e，即和输入相位调制成正比，u_d 就是所需的调相解调信号。

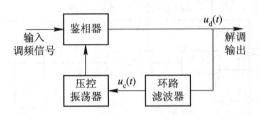

图 8.32　用锁相环解调相信号方框图

3）调幅波的同步检波

图 8.33 为调幅波的同步检波电路组成方框图。采用锁相环路可从所接收的信号中提取载波信号，实现调幅波的同步检波。图中，输入电压为调幅信号或带有导频的单边带信号。环路滤波器的通频带很窄，使锁相环路锁定在调幅波的载频上，这样压控振荡器就可以跟踪调幅信号载波频率变化的同步信号。不过，采用模拟鉴相器时，由于压控振荡器输出电压与输入已调信号的载波电压之间有 $\pi/2$ 的固定相移，为了使压控振荡器输出电压与输入已调信号的载波电压同相，应将压控振荡器输出电压经 $\pi/2$ 的移相器加到同步检波器。

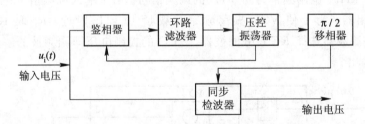

图 8.33　采用锁相环路的同步检波电路框图

3. 锁相接收机

当地面接收装置接收卫星发来的无线电信号时，由于卫星离地面距离远，卫星发射功率小，因此地面接收机接收到的信号是极其微弱的。又由于卫星环绕地球运行时，存在着多普勒效应，频率漂移严重。对于这种强度弱、中心频率偏离大的信号，若采用普通接收机进行接收，势必要求接收机有足够大的带宽。这样，接收机的输出信噪比将严重降低，甚至远小于 1。在这种情况下，普通接收机就无法检出有用信号。

采用锁相接收机，由于环路具有窄带跟踪特性，因此可以十分有效地接收窄带信号。图 8.34 是锁相接收机的原理方框图。环路输入信号频率为 $\omega_c \pm \omega_d$，其中 ω_d 是多普勒效应引起的角频移。在锁定状态下，环路内的中频信号角频率 ω_i 与参考信号角频率 ω_R 相等，即 $\omega_i = \omega_R$，此时 VCO 角频率 $\omega_o = \omega_c \pm \omega_d + \omega_R$，它包含有多普勒频移 ω_d 的信息。因此，不论输入频率如何变化，混频器的输出中频总是自动地维持为恒值。这样，中频放大器通频带可以做得很窄，保证鉴相器输入端有足够的信噪比。同时，将 VCO 频率中的多普勒频移信息送到测速系统中去，可用作测量卫星运动的数据。

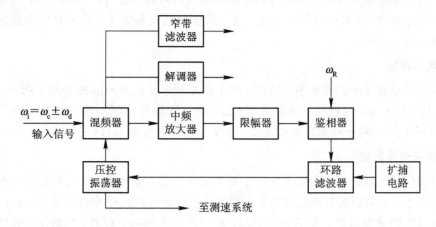

图 8.34　锁相接收机原理方框图

锁相接收机的环路带宽一般都做得很窄，所以要加扩捕电路，帮助环路捕捉锁定。

此外，如果输入信号是已调波，只要把混频后的中频信号通过解调器进行解调，便可提出调制信息。如果需要载波信号，可以通过窄带滤波器提取。

8.3　频率合成原理

随着现代通信技术的不断发展，对通信设备的频率准确度和稳定度提出了很高的要求。我们知道，石英晶体振荡频率虽具有很高的频率稳定度和准确度，但它只能产生一个稳定频率。然而，许多通信设备则要求在很宽的频段范围内有足够数量的稳定工作频率点。如短波单边带电台，通常要求在 2～30 MHz 范围内，每间隔 1 kHz 或 100 Hz、10 Hz、1 Hz 有一个稳定频率点，共有 28 000 个或 280 000 个或更多个工作频率点。采用一块晶体稳定一个频率的方法显然是不可行的，这就需要采用频率合成技术。

所谓频率合成技术，就是将一个高稳定度和高精度的标准频率经过加、减、乘、除的四则运算方法，产生同样稳定度和精度的大量离散频率的技术。频率合成器中的标准频率是由一个高稳定晶体振荡器产生的，这个高稳定晶振常称为频率标准。由于频率标准决定了整个合成器的频率稳定度，因此，应尽可能地提高频率标准的稳定度和准确度。

从频率合成技术的发展过程来看，频率合成的方法可以分为三种：直接合成法、锁相环路法(也称间接合成法)和直接数字合成法。相应地，频率合成器可分为三类：直接式频率合成器(DS)、锁相式频率合成器(PPL)和直接数字式频率合成器(DDS)。下面简单讨论直接合成法、锁相环路法与直接数字法。

8.3.1　频率合成器的技术指标

频率合成器应用广泛，但在不同的使用场合，对它的要求则不完全相同。大体来说，有如下几项主要技术指标：频率范围、频率间隔、频率稳定度、准确度、频谱纯度、频率转换时间,等等。为了正确理解、使用与设计频率合成器,下面介绍几个主要技术指标。

1. 频率范围

频率范围是指频率合成器输出最低频率和输出最高频率之间的变化范围。通常要求在规定的频率范围内,在任何指定的频率点上,频率合成器都能工作,而且电性能都能满足质量指标要求。

2. 频率间隔

频率合成器的输出频谱是不连续的。两个相邻频率之间的间隔称为频率间隔,又称为分辨力,用 ΔF 表示。对短波单边带通信来说,现在多取频率间隔为 100 Hz,有的甚至取为 10 Hz 或 1 Hz。对于超短波通信来说,频率间隔多取为 50 kHz 或 10 kHz。

3. 频率转换时间

频率转换时间是指频率合成器由一个频率转换到另一个频率,并达到稳定工作时所需要的时间。它与采用的频率合成方法有密切关系。对于直接式频率合成器,转换时间取决于信号通过窄带滤波器所需要的建立时间;对于锁相式频率合成器,则取决于环路进入锁定所需要的暂态时间,即环路的捕捉时间。

4. 频率准确度

频率准确度表示频率合成器输出频率偏离其标称值的程度。若设频率合成器实际输出频率为 f_g,标称频率为 f,则频率准确度定义为

$$A_f = \frac{f_g - f}{f} = \frac{\Delta f}{f}$$

式中
$$\Delta f = f_g - f$$

应该指出,晶体振荡器在长期工作时,振荡频率会发生漂移,不同时刻的准确度不同。因此,在描述频率准确度时,除应指出其大小和正负外,还需给出时间,说明是何时的准确度。

5. 频率稳定度

频率稳定度是指在一定的时间间隔内频率准确度的变化。对频率稳定度的描述应该引入时间概念,有长期、短期和瞬间稳定度之分。长期稳定度是指年或月范围内频率准确度的变化。短期稳定度是指日或小时内的频率准确度的变化。瞬时稳定度是指秒或毫秒内的随机频率准确度的变化,即频率的瞬间无规则变化。

事实上,稳定度与准确度有着密切关系,因为只有频率稳定,才谈得上频率的准确,通常认为频率误差已包括在频率不稳定的偏差之内,因此,一般只提频率稳定度。

6. 频谱纯度

频谱纯度是衡量频率合成器输出信号质量的一个重要指标。若用频谱分析仪观察频率合成器的输出频谱,就会发现在主信号两边出现了一些附加成分,见图 8.35。由图可见,除了有用频率外,其附近尚存在各种周期性干扰与随机干扰,以及有用信号的各次谐波成分。这里,周期性干扰多数来源于混频器的高次组合频率,它们以某种频差的形式,成对地分布在有用信号的两边。而随机干扰则是由设备内部各种不规则的电扰动所产生的,并以相位噪声的形式分布于有用频谱的两侧。理想的频率合成器输出频谱应该是纯净的,即

只有 f_0 处的一条谱线。

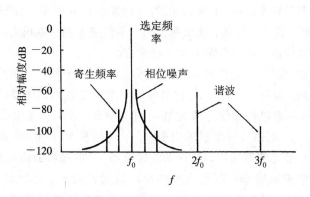

图 8.35　输出信号频率周围叠加有不需要的频率成分

8.3.2　直接频率合成法(直接式频率合成器)

图 8.36 为直接式频率合成器的原理方框图。若要从高稳定晶体振荡器输出的 5 MHz 信号中获得频率为 21.6 MHz 的信号，可以先将 5 MHz 信号经 5 分频后，得到参考频率为 $f_R = 1$ MHz 的信号。然后将 1 MHz 信号输入到谐波发生器中产生各次谐波。再从谐波发生器中选出 6 MHz 信号，经分频器除 10 变成 0.6 MHz 信号。从谐波发生器中再选出 1 MHz 信号，使它与 0.6 MHz 信号同时进入混频器进行混频，得到 1.6 MHz、0.4 MHz 信号。经滤波器选出 1.6 MHz 信号并除以 10 后，得到 0.16 MHz 信号。再将它与谐波发生器选出的 2 MHz 信号进行混频，得到 2.16 MHz、1.84 MHz 信号。经滤波器选出 2.16 MHz 信号再经过 10 次倍频后，得到所需的 21.6 MHz 的信号。

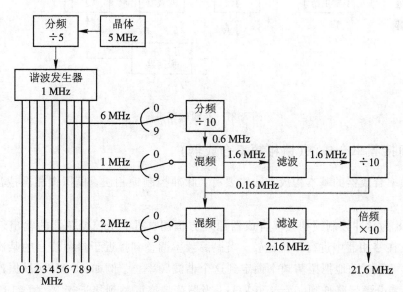

图 8.36　直接式频率合成器的原理方框图

从图 8.36 可看出，为了得到 21.6 MHz 的信号，只需把频率合成器的开关放在 2 MHz、1 MHz、6 MHz 的位置上即可。如需要得到 31.5 MHz 的频率信号，只需把开关放在3 MHz、1 MHz、5 MHz的位置上即可。直接式频率合成器的优点是频率转换时间短。它的缺点是频率范围受到限制(指上限),因为分频器的输入频率不能很高。这种合成器由于采用了大量的倍频、混频、分频、滤波等部件,不仅成本高、体积大,而且输出谐波、噪声及寄生调制都难以抑制,从而影响了频率稳定度。

　　为了减少滤波器与混频器的级数,从而减小组合频率干扰,可采用频率漂移补偿法,也称为有源选频系统,如图 8.37 所示。它借助于一个可变频率振荡器(VFO),通过第一次混频,把所需谐波频率通过搬移使之成为某一固定频率。设窄带滤波器的中心频率为 f_e,所需输出频率为 $m_1 f_R$,则谐波发生器输出中 $m_1 f_R$ 信号和VFO信号(频率为 f_V)混频后得到的差频可以通过窄带滤波器输出,其它谐波频率和 f_V 混频后的输出被窄带滤波器滤除。由于是固定通带的窄带滤波器,因此滤波特性可以做得很好,足以保证对邻近谐波的抑制。窄带滤波器输出信号的频率是不高的。但通过第二次混频可以输出稳定度高的 $m_1 f_R$ 信号。设两个混频器均取差频,VFO 为高调谐情况,则有

$$f_i = f_V - m_1 f_R$$
$$f_o = f_V - f_i = f_V - (f_V - m_1 f_R) = m_1 f_R$$

即输出频率为谐波发生器输出谐波频率中的一个。由改变 f_V 的数值可以得到不同 m 值的 $m_1 f_R$ 信号输出。当 VFO 存在频率漂移时,只要漂移量不超过窄带滤波器通频带的一半,在输出频率 f_o 中就不会反映出来,这是因为频率漂移在两次混频过程中被抵消,故称为频率漂移补偿法。实际上用这种方法做成的频率合成器还是相当复杂的,往往需要若干个环路才能组成,其与下面讨论的间接合成法相比,仍存在着体积大、成本高、调试较麻烦等缺点。

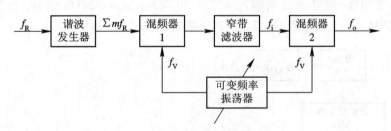

图 8.37　有源选频系统

8.3.3　间接频率合成法(锁相频率合成器)

　　锁相频率合成器的基本构成方法主要有:脉冲控制锁相法、模拟锁相合成法、数字锁相合成法。

　　图 8.38 为脉冲控制锁相频率合成器原理方框图。图中压控振荡器的输出信号与参考信号的谐波在鉴相器中进行相位比较。当振荡频率调整到接近于参考信号的某次谐波频率时,环路就可能自动地把振荡频率锁定到这个谐波频率上。例如,5 MHz 晶振产生的振荡信号,经参考分频器降低到 $f_R = 100$ kHz。当振荡频率调整到接近于 f_R 的 216 次谐波时,VCO 输出信号就能自动地锁定到 21.6 MHz 的频率上。这种频率合成器的最大优点是结构简单,指标也可以做得较高。但是 VCO 的频偏必须限制在 $\pm 0.5\% f_R$ 以内。超过这个范围就可能出现错锁现象,也就是可能锁定到邻近的谐波上,因而造成选择频道困难。谐波

次数越高,对 VCO 的频率稳定度要求就越高,因此这种方法提供的频道数(也称波道数)
是有限的。

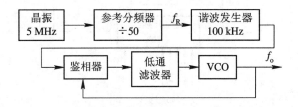

图 8.38 脉冲控制锁相频率合成器原理方框图

图 8.39 为模拟锁相频率合成法的基本合成单元。由图可见,锁相环路中接入了一个由
混频器和带通滤波器组成的频率减法器。当环路锁定,可使 VCO 振荡频率 f_o 与外加控制
频率 f_L 之差 $(f_o - f_L)$ 等于参考频率 f_r,所以,VCO 的振荡频率 $f_o = f_L + f_r$。改变外加控
制频率 f_L 的值,就可以获得不同频率信号输出。图 8.39 所示为模拟锁相频率合成器的一
个基本单元,该单元所能提供的信道数不可能很多,而且频率间隔比较大。为了增加模拟
锁相频率合成器的输出频率数和减小信道间的频率间隔,可采用由多个基本单元组成的多
环路级联工作方式;也可以在基本单元环路中,串接多个由混频器和带通滤波器组成的频
率减法器,把 VCO 的频率连续与特定的等差数列频率进行多次混频,逐步降低到鉴相器
的工作频率上,通过单一的锁相环路,获得所需的输出频率,这称为单环工作方式。

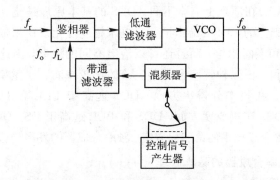

图 8.39 模拟锁相频率合成法的基本合成单元

图 8.40 为数字锁相频率合成器的原理方框图。图中,输入参考信号由高稳定晶振输
出,经分频器分频后获得。VCO 输出信号在与参考信号进行相位比较之前先进行 N 次分
频,VCO 输出频率由程序分频器(可变分频器)的分频比 N 来决定。当环路锁定时,程序
分频器的输出频率 f_N 等于参考频率 f_R,而 $f_R = f_o/N$,所以 VCO 输出频率 f_o 与参考频率
f_R 的关系是 $f_o = Nf_R$。从这个关系式可以看出,数字式频率合成器是一个数字控制的锁
相压控振荡器,其输出频率是参考频率的整数倍。通过程序分频器改变分频比,VCO 输出
频率将被控制在不同的频道上。例如,设 $f_R = 100$ kHz,如果控制可变分频比 $N =
31 \sim 316$,则 VCO 输出频率 $f_o = 3.1 \sim 31.6$ MHz(频率间隔为 100 kHz)。另外,数字式频
率合成器可以通过程序分频器的分频比 N 的设计,提供间隔小的大量离散频率。

图 8.40 所示数字锁相频率合成器电路比较简单,构成比较方便。因它只含有一个锁相
环路,故称为单环式电路,它是数字频率合成器的基本单元。

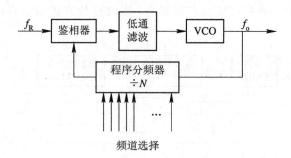

图 8.40　数字锁相频率合成器原理方框图

　　数字频率合成器的主要优点是环路相当于一个窄带跟踪滤波器，具有良好的窄带跟踪滤波特性和抑制寄生干扰的能力，节省了大量的滤波器，而且参考分频器和程序分频器可采用数字集成电路。

　　设计良好的压控振荡器具有较高的短期频率稳定度，而一个高精度标准晶体振荡器具有很高的长期频率稳定度，从而使数字式频率合成器能得到高质量的输出信号。由于这些优点，数字式频率合成器获得了越来越广泛的应用。

8.3.4　直接数字式合成法(直接数字式频率合成器)

　　直接数字式频率合成法(DDS)是一种新型的频率合成方法，与直接频率合成法(DS)和锁相式频率合成法(PLL)在原理上完全不同。DDS 的基本原理是建立在不同的相位会给出不同的电压幅度的基础上的，DDS 给出按一定电压幅度变化规律组成的输出波形。由于它不但给出了不同频率和不同相位，而且还可以给出不同的波形，因此这种方法又称波形合成法。从 DDS、PLL 和 DS 三种频率合成器(法)的比较来看：在频率转换速度方面，DDS 和 DS 比 PLL 快得多；在频率分辨率方面，DDS 远高于 PLL 和 DS；在输出频带方面，DDS 远小于 PLL 和 DS；在集成度方面，DDS 和 PLL 远高于 DS。DDS 作为一种新型的频率合成方法已成为频率合成技术的第三代方案。频率合成器的发展趋势是数字化和集成化。

1.　直接数字式频率合成器的基本原理

　　直接数字式频率合成器的基本原理也就是波形合成原理。最基本的波形合成是一个斜升波的合成，其方案如图 8.41 所示。

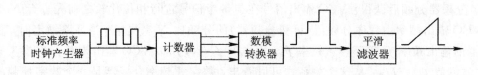

图 8.41　斜升波合成的方框图

　　波形合成的过程如下：由一个标准频率的时钟产生器产生时钟脉冲，送到计数器进行计数。计数器根据计数脉冲的多少给出不同的数码，数模转换器根据计数器输出的数码转换成相应的电压幅度。当计数器连续计数时，数模转换器就产生一个上升的阶梯波，阶梯波的上升包络即为一斜升波。当计数器计满时，计数器复零又重新开始计数，阶梯波又从零开始。如此反复循环，阶梯波经平滑滤波器检出其包络，便成为斜升波。

　　就像数字锁相频率合成器中用可变分频器代替固定分频比的计数器一样，在直接数字

式频率合成器中改变频率的方法是用一个累加器代替计数器。累加器的原理如图 8.42
所示。

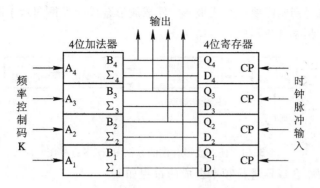

图 8.42　累加器的原理图

累加器是由加法器和寄存器组成的，按照频率控制数据的不同给出不同的编码。由图
8.42 可知

$$\Sigma_4 \Sigma_3 \Sigma_2 \Sigma_1 = (A_4 + B_4 + C_3)(A_3 + B_3 + C_2)(A_2 + B_2 + C_1)(A_1 + B_1)$$

式中，C_1、C_2、C_3 对应加法器 1、2、3 的进位端。设 $A_4 A_3 A_2 A_1 = 0001$，$Q_4 Q_3 Q_2 Q_1 = 0000$，则

$$D_4 D_3 D_2 D_1 = \Sigma_4 \Sigma_3 \Sigma_2 \Sigma_1 = 0001$$

第一个时钟脉冲到来时，$Q_4 Q_3 Q_2 Q_1 = 0001$；第二个时钟脉冲到来时，$Q_4 Q_3 Q_2 Q_1 = 0010$；
……随着时钟脉冲的到来，累加器输出按照 $0000 \rightarrow 0001 \rightarrow 0010 \rightarrow 0011 \rightarrow 0100 \rightarrow 0101 \rightarrow \cdots$
给出，每次增量为 $0001(1_{10})$。若频率控制数据为 0010，则累加器输出按 $0000 \rightarrow 0010 \rightarrow$
$0100 \rightarrow 0110 \rightarrow \cdots \cdots$步进，每次增量为 $0010(2_{10})$。如果计数器满量状态为 0000，则显然当频
率控制数据为 0001 时，要经过 16 个时钟脉冲计数器才满量；当频率控制数据为 0010 时，
需经过 8 个时钟脉冲才满量。这样，频率控制数据为 0001 时完成一个周期动作所需的时间
比频率控制数据为 0010 时多 1 倍，也就是说，输出斜升波的频率低至一半。这就表明通过
改变频率控制数据，可以改变累加器输出状态增量，从而得到不同频率的斜升波输出。

可见，计数器或累加器的级数愈多，得出的阶梯波愈接近斜升波，控制斜升波的精度
也就愈高。数模转换器的分辨率与计数器或累加器位数 n 的关系为

$$分辨率 = \frac{1}{2^n}(\%)$$

例如，当 $n = 8$ 时，分辨率为 0.39(%)；当 $n = 16$ 时，分辨率为 0.0015(%)。

斜升波频率取决于频率控制数据，频率控制数据越大，斜升波频率越高，但数模转换
器的分辨率越差。累加器的位数与数模转换器的位数相等。设累加器的位数为 n，频率控
制数据为 $k(k = 1, 2, 3, \cdots)$，那么所形成的阶梯数为 $2^n/k$。例如，设 $n = 4$，$k = 1$，则阶
梯数为 16；若 $k = 4$，则阶梯数为 4。一个周期内阶梯数越多，越接近斜升波，非线性失真
越小。因此，除要求累加器和数模转换器位数高以外，对于频率控制数据则应要求不能太
高，一般应保证一个周期内至少有四个阶梯。所以最大的频率控制数据为 $k_{\max} = 2^{n-2}$。

斜升波幅度变化与其相位变化成正比，故可以把相位数码直接转换成幅度数码。但是
对于任意波形来说，相位和幅度的关系一般不成正比关系，如正弦波的相位和幅度的关系

就是正弦关系。如果要合成任意波形，就应找出波形幅度和相位的关系，然后用一个相码/幅码转换器将相码转换成相应合成波形的幅码，再用数模转换器变换成阶梯波形，通过平滑滤波器滤除谐波得到所需的合成波形。任意波形合成的方框图示于图 8.43，该方框图也就是直接数字式频率合成器的基本结构图。

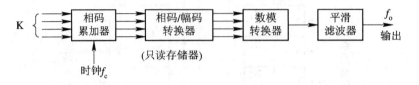

图 8.43　任意波形合成的方框图（DDS 方框图）

直接数字式频率合成器进行频率合成的过程如下：

给定输出频率范围，即 $f_o = f_{min} \sim f_{max} = (k_{min}/2^n)f_c \sim (k_{max}/2^n)f_c$；确定输入时钟频率 $f_c = 4f_{omax}$，即时钟周期为 $T_c = 1/f_c = 1/4f_{omax}$。因为 $k_{max} = 2^{n-2}$，确定累加器位数 n，n 越大，输出信噪比越高；确定幅度等分的间隔数 $B = 2^m$。一般来说 $m < n$，若令 $2^m = A$，则 $B < A$；把 A 个相位点对应的幅度编码存入只读存储器（ROM）中；按时间顺序（即相位顺序），每个时钟周期 T_c 内取出一个相位编码，并由相码转换成它相应的幅码。取出相码的增量通过累加器用频率控制数据 k 来确定；输出幅码通过数模转换器（DAC）变为对应的阶梯波，这个阶梯波的包络恰好对应所需合成频率的波形；经过平滑滤波器输出连续变化的所需的合成频率的波形。滤波器截止频率应为 $f_{omax} = f_c/4$。

值得注意的是，在图 8.43 中，若输出波形为一个具有正负极性的波形，如正弦波，则应考虑正负半周的幅度编码问题。这样，在 ROM 前后要加所谓求补器（因为最高位是符号位，如正半周时最高位为 1，负半周时为 0）。

2. 直接数字式频率合成器的特点

与数字锁相频率合成器中通过改变可变分频器分频比来改变环路输出频率一样，在直接数字式频率合成器中，合成信号频率为 $f_o = k \cdot (f_c/2^n)$，显然，改变频率控制数据 k，便可以改变合成信号频率 f_o。

直接数字式频率合成器的主要优点是：具有高速的频率转换能力；具有高度的频率分辨率；能够合成多种波形；具有数字调制能力；具有集成度高，体积小，重量轻等优点。

直接数字式频率合成器的主要缺点是：① 杂散成分复杂，在时钟频率低时，杂散成分主要由相位量化和幅度量化引起，在时钟频率高时主要由系统中数模转换器的非理想特性所决定。② 输出频率范围有限。理论上最高输出频率不超过 $0.5f_c$，通常限制在 $0.4f_c$ 以下。DDS 产品多工作在 80 MHz 时钟频率以下，少数产品工作在 100 MHz 甚至更高时钟频率下，伴随着时钟频率的上升，杂散成分增多，功耗和成本也随之增加。

3. 直接数字式频率合成器的应用

DDS 主要用于频率转换速度快及频率分辨率高的场合，如用于跳频通信系统中的频率合成器。但是，在快速跳频系统中，单独采用 DDS 或 PLL 或 DS 都难以达到设计要求，一般是采用以 DDS 为核心的混合体系。以 DDS 为核心的混合体系有三种结构，即 DDS+DS、DDS+PLL 和 DDS+PLL+DS。每一种结构都有其自身的特点。

图 8.44 是超高速跳频转换的一个实例。采用 DDS＋PLL 结构，要求输出频率范围为 $700 \sim 900$ MHz，频率转换时间小于 5 μs，频率分辨率小于 1 Hz，杂波电平小于 -50 dB，相位噪声小于 -100 dB/Hz(偏离主信号 1 kHz 处)。一种高性能的 DDS 芯片的时钟为 50 MHz，$n = 32$，12 位幅度码输出，经 DAC 和滤波，输出在 $14 \sim 18$ MHz 范围，杂散为 -84 dB，经 50 倍频达到所需输出频段，最终分辨率为 0.58 Hz，满足要求，杂散成分经 50 倍频增加 20 lg50＝34 dB，刚好满足小于 -50 dB 的要求，同样，相位噪声也能满足要求。

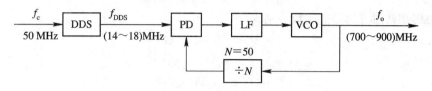

图 8.44　超高速跳频频率合成器

图 8.44 中，

$$f_o = \frac{5 \times 10^4}{2^n} f_c$$

图 8.45 为 DDS＋PLL＋DS 结构的原理图，它能满足 $f_R \leqslant \text{BW}_{\text{DDS}}$(DDS 的输出频带)。混频滤波电路由相乘器和带通滤波器组成，其输出频率取两输入频率的和频。该系统输出频率为 $f_o = Nf_R + f_{\text{DDS}} = Nf_R + k \cdot (f_c/2^n)$。

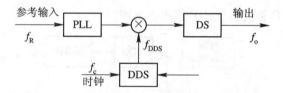

图 8.45　一种 DDS＋PLL＋DS 结构的原理图

该系统的特点是：通过改变 PLL 中的可变分频器分频比 N，粗调到某一输出频段，再通过改变 DDS 的频率控制数据 k，细调到某一输出频率。由于 DDS 保证了高的频率分辨率，从而能提高鉴相频率，缩短 PLL 的频率转换时间(因 PLL 的频率转换时间受频率分辨率的限制)。在频率粗调范围内，频率细调时间完全由 DDS 确定。要求 $f_o < \text{BW}_{\text{DDS}}$ 是为了避免在输出频率范围内出现空白点。

8.4　实训：锁相环路性能测试

1. 实训目的

(1) 通过实训可深入了解锁相环路的电路结构和特点；

(2) 掌握锁相环主要参数的测试方法。

2. 锁相环路性能参数及指标的测量

锁相环路由鉴相器(PD)、环路滤波器(LF)和压控振荡器(VCO)三个基本部分构成，如图 8.46 所示。

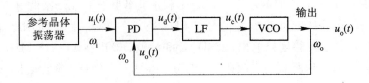

图 8.46 锁相环路基本组成

锁相环路各部分的传递函数分别为

PD：
$$u_d(t) = A_d \sin\varphi_e(t)$$
$$\varphi_e(t) = \varphi_i(t) - \varphi_o(t)$$

LF：
$$u_c(t) = A_c \sin\varphi_e(t)$$

VCO：
$$\varphi_o(t) = A_0 \int_0^t u_c(t)dt$$

1）VCO 压控灵敏度的测量

VCO 压控灵敏度的定义为

$$A_0 = \frac{\Delta\omega_0}{\Delta U_c} \qquad \text{rad}/(\text{s} \cdot \text{V})$$

式中，ΔU_c 为控制电压的单位变化量，它将引起的 VCO 振荡频率变化量为 Δf_o。实际上，压控灵敏度是压控特性曲线的斜率。

图 8.47 是 VCO 压控灵敏度的测量组成框图。

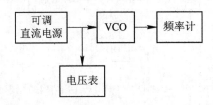

图 8.47 VCO 压控灵敏度的测量组成框图

（对于鉴相灵敏度 A_d 的测量，在实际测量中是比较困难的，这里不作测量要求。）

2）环路同步带 Δf_H 与捕捉带 Δf_p 的测量

同步带是指环路有能力维持锁定的最大起始频差。捕捉带是指环路起始于失锁状态，最终有能力自行锁定的最大起始频差。根据上述两个性能参数的定义，在测量中遇到的问题是，用什么手段来判断环路处于锁定还是失锁状态。最简单的实验方法就是用双踪示波器的两路探头分别接在鉴相器的两个输入端，当环路锁定时，两个鉴相信号频率严格相等，在示波器上可以看到两个清晰稳定的信号波形；若环路失锁，则两个鉴相信号间存在频差，此时不可能在示波器上看到清晰稳定的信号波形。

同步带和捕捉带的测量组成框如图 8.48 所示。

测试方法如下：

（1）同步带测量。按照图 8.48 接好测量电路。调节信号源使环路处于良好的锁定状态，在示波器上可以看到清晰稳定的 u_1 和 u_o 波形，要尽可能保持很小的相位差。然后，向下缓慢调节 f_i，直到刚好出现失锁，记下此刻的信号源输出频率 f_{ia}。向上调节 f_i 使环路重

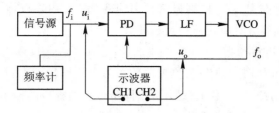

图 8.48 同步带和捕捉带的测量组成框图

新锁定，直到再次刚好出现失锁现象时停止调节 f_i，记下此刻的信号源输出频率值 f_{ib}，则环路的同步带 $\Delta f_H = f_{ia} - f_{ib}$。

（2）捕捉带测量。下调 f_i，使环路首先处于失锁状态，向上缓慢调节 f_i，直到环路刚好入锁，记下 f_{ic}；向上调节 f_i，使环路重新失锁，再下调 f_i，直到刚好入锁，记下 f_{id}，则捕捉带为 $\Delta f_p = f_{id} - f_{ic}$。

3. 电路说明

图 8.49 是用模拟乘法器 MC1596 及外围元件构成的鉴相器，端子 P_1 为环路的外信号输入端，P_2 端供频率计测量输入信号频率使用；MC1596 的 6 脚为鉴相器的输出端，R_{12}、R_{13}、C_6 组成无源比例积分器而形成环路滤波器，输出端为 P_3；由变容二极管和其它元件组成电容三点式振荡器 VCO。当 S_1 接至 P_3 时，该电压发生变化，振荡器频率随之发生变化，从而完成压控振荡频率的功能。V_1 和 V_2 两级电路为 VCO 的缓冲输出电路，并闭环反馈到鉴相器的另一个输入端。电路中 C_1 和 C_2 较大，C_3 和 C_j 较小时，VCO 的自然振荡频率将主要由 C_3 和 C_j 确定，振荡频率为

$$f = \frac{1}{2\pi \sqrt{L(C_3 + C_j)}}$$

调整 R_{16} 的大小可以给 C_j 合适的反偏，使 VCO 的自然振荡频率为 800 kHz 左右。

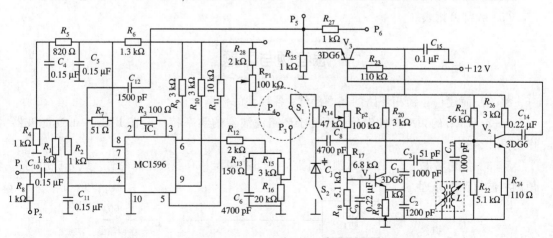

图 8.49 用模拟乘法器 MC1596 及外围文件构成鉴相器

4. 实训内容

1）压控振荡器压控灵敏度的测量

将开关 S_1 与 P_4 端相连接，调整 R_{p1}，用示波器的其中一路 DC 挡观察 P_4 端的电压，使其变容管 C_j 的反偏电压在 $0 \sim 10$ V 内变化。用另一路 AC 挡监测 P_5 端压控振荡器的输出

波形，同时将频率计接在 P_6 端，监测振荡频率的变化。采用逐点描迹法测量，测量 10 个点，描绘出压控特性曲线并计算出压控灵敏度 A_0。

2）同步带和捕捉带的测量

令：当 $U_{im} > 200$ mV 时，VCO 自然振荡频率为 700 kHz 左右，S_1 与 P_3 端相连，将双踪示波器两路探头分别接在 P_1 和 P_5 端，测出同步带和捕捉带的频率范围。

3）观察频率牵引时环路滤波器输出的过渡变化波形

令：当 $U_{im} > 200$ mV 时，VCO 自然振荡频率为 700 kHz 左右，S_1 与 P_3 端相连，保持环路起始频差 $\Delta f_0 = f_i - f_0$ 较小的工作状态，以保证此时环路能处于频率牵引工作状态。双踪示波器探头分别接在 P_1 和 P_3 端，观察并记录 P_3 端（环路滤波器输出）上电压的过渡变化波形（叶形波→直流）。

4）观察频率牵引过程中 VCO 输出调频波形

条件同 3）。示波器探头接在 P_5 端上，观察并记录 P_5 端（VCO 输出）上瞬时电压变化的基本趋势，并示意性绘制该电压时域波形。

5）环路锁定时，观察 u_i 与 u_0 之间的稳态相位差

6）在同步带范围内，测量控制电压的电压值

首先用示波器测量 P_3 端的电压值，再用数字万用表测量 P_3 端的电压值，比较测量结果，如果不一样，试分析其原因（选做）。

5. 使用仪器及设备

（1）高频信号发生器；

（2）数字式频率计；

（3）直流稳压电源；

（4）双踪示波器；

（5）数字万用表。

思考题与习题

8-1　简述构建锁相环路的基本部件、各部件的作用。

8-2　PLL 的频率特性为什么不等于环路滤波器的频率特性？在 PLL 中低通滤波器作用是什么？

8-3　如思考题 8-3 图所示锁相环路，已知鉴相器具有线性鉴相特性，试分析用它实现调相波解调的原理。

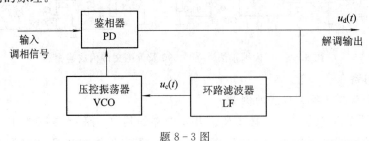

题 8-3 图

8-4 频率合成方法有哪几种？它们各有什么特点？如果需要几 Hz 量级分辨力的频综，可采取哪些方案？

8-5 用直接式频率合成方案实现 21.9 MHz 的频率信号，参考频率为 5 kHz，画出合成器的原理方框图。

8-6 直接数字频率合成器的工作原理是什么？它与直接式频率合成器与锁相频率合成器有何区别？

8-7 锁相环路鉴相器具有线性鉴相特性，其斜率 $A_d = 2$ V/rad，压控振荡器的控制灵敏度 $A_o = 2\pi \times 10^4$ rad/s，$u_G = 0$ 时，其固有振荡频率 $\omega_o = 2\pi \times 10^6$ rad/s，输入频率 $\omega_1 = 2\pi \times 1.01 \times 10^6$ rad/s，设 $F(t) = 1$。试求：(1) 稳态相位误差 ϕ_e；(2) 压控振荡器的直流控制电压；(3) 环路的同步范围。

8-8 使用无源比例积分滤波器的二阶环路，已知滤波器的 $R_1 = 20$ kΩ，$R_2 = 2$ kΩ，$C = 10$ μF，$A_d A_o = 3000$ rad/s。试求：(1) 环路自然角频率 ω_n 及环路阻尼系数 ζ；(2) 环路同步带 $\Delta\omega_H$、捕捉带 $\Delta\omega_p$ 和快捕带 $\Delta\omega_L$；(3) 如起始频差为 50 Hz、100 Hz，求捕捉时间 T_p。

8-9 二阶锁相环路采用有源比例积分滤波器，如题 8-9 图所示，$R_1 = 100$ kΩ，$R_2 = 10$ kΩ，$C = 1$ μF，环路增益 $A_d A_o = 220$ rad/s。试计算环路自然角频率 ω_n，阻尼系数 ζ 和快捕带 $\Delta\omega_L$。若 $A_o = 1000$，求同步带 $\Delta\omega_H$ 和捕捉带 $\Delta\omega_p$。

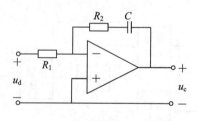

题 8-9 图

8-10 如题 8-10 图所示锁相环路，当将调制信号加入 VCO 时，就构成锁相直接调频电路。由于锁相环路为无频差的自动控制系统，具有精确的频率跟踪特性，故它有很高的中心频率稳定度。试分析该电路工作原理，并说明对环路滤波器的要求。

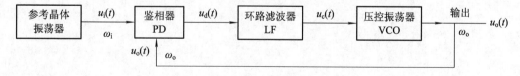

题 8-10 图

8-11 频率合成器如题 8-11 图所示，$N = 760 \sim 960$，试求其输出频率范围和频率间隔。

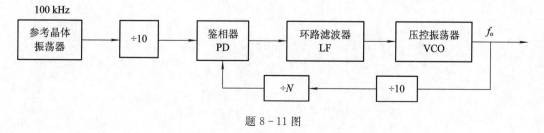

题 8-11 图

8-12 频率合成器,如题8-9图所示,$N=200\sim300$,试求其输出频率范围和频率间隔。

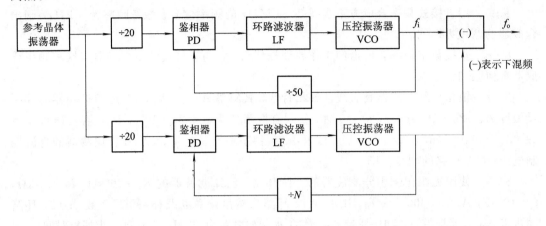

题 8-12 图

8-13 某频率合成器的输出频率 $f_o=5.2$ MHz,分辨力为 0.1 MHz。若 $f_i=2$ MHz 比,试用题8-10图所示方法确定各 M、N 的数值。如果使分辨力提高为 0.01 MHz,则该合成器是否也能应用?

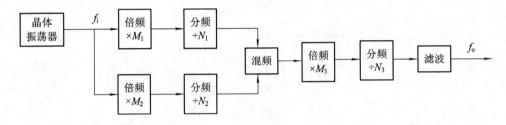

题 8-13 图

第九章 数字调制

9.1 概　　述

原始的基带信号是低通型的，只适用于低通信道，如在市话电缆及同轴电线上传输。对于带通信道，如无线及卫星信道，直接传输基带信号是不可能的，必须用基带信号对载波波形的某些参数进行控制，使这些参数随基带信号的变化而变化，形成频带信号，这个过程称为调制。在接收端把频带信号还原成基带信号的反变换过程称为解调。

大多数的数字基带信号，在许多类型的信道中并不能直接进行基带传输，必须进行数字频带调制。所谓数字调制，就是将数字基带信号变换为频带信号的过程，其实质是把数字基带信号的功率谱搬移到载频附近。实现数字调制的方法是用数字基带信号分别单独控制载波的幅度、频率和相位，从而实现三种基本数字频带调制方法，即幅度键控（ASK）、移频键控（FSK）和移相键控（PSK），它们的波形如图 9.1 所示。

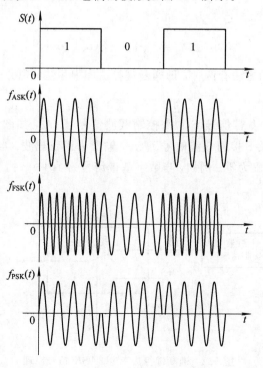

图 9.1　ASK、FSK、PSK 波形

数字基带调制可分为二进制数字频带调制和多进制数字频带调制。通常将数字调制和数字解调统称为数字调制。此外，数字调制的目的还在于实现多路复用，实现频率分配和减少噪声干扰。

数字调制的实现方法有两种：一是把数字信号当作模拟信号的特例，采用模拟调制的方法；二是利用数字信号具有离散值的特点采用键控载波实现调制，这种方法称为键控法。二进制的 ASK、FSK 和 PSK 就是用键控法分别控制载波的幅度、频率和相位实现数字调制的。键控法通常采用数字电路实现数字调制，具有变换速度快、调整测试方便、设备可靠等优点，因此在数字通信中应用广泛。

9.2 二进制幅度键控

9.2.1 二进制幅度键控 2ASK(BASK)

2ASK 信号是利用载波幅度的变化来表征被传输信息状态的，被调载波的幅度随二进制信号序列的 1、0 状态变化，即用载波幅度的有无来代表传 1 或传 0。

载波信号为

$$f_c(t) = A_0 \cos\omega_c t$$

数字基带信号为

$$S(t) = \begin{cases} 1 & \text{发"1"码} \\ -1 & \text{发"0"码} \end{cases}$$

$S_{2ASK}(t)$ 的时域数学表达式为

$$S_{2ASK}(t) = \frac{A_0}{2}[1 + S(t)] \cos\omega t \tag{9-1}$$

实现 2ASK 信号的方法有两种，即通断键控法和乘积法，现分述如下。

1. 通断键控法

通断键控法用数字基带信号 $S(t)$ 来控制载波信号 $f_c(t)$，如图 9.2 所示。当数字基带信号 $S(t) = 1$ 时，开关 S 接通载波信号 $f_c(t)$，输出为正弦载波；当数字基带信号 $S(t) = 0$ 时，开关 S 接地，则输出为零。例如，当数字基带信号为 10110 时，产生的 2ASK 信号波形如图 9.3 所示。

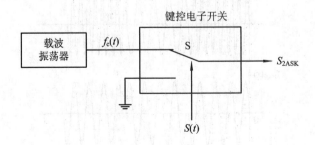

图 9.2 通断键控法产生 2ASK 信号原理

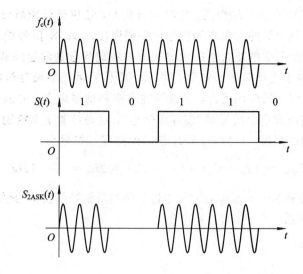

图 9.3　2ASK 信号波形

2. 乘积法

乘积法是采用模拟乘法器实现幅度键控的，其原理模型如图 9.4 所示。将载波 $f_c(t)$ 和数字基带信号 $S(t)$ 输入乘法器中，乘法器输出即是 2ASK 信号波形，如图 9.5 所示。

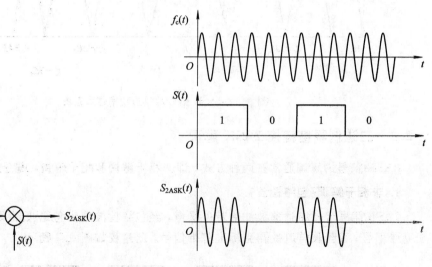

$f_c(t)$ → ⊗ → $S_{2ASK}(t)$

　　　$S(t)$

图 9.4　乘积法产生 2ASK 信号原理模型　　　　图 9.5　乘积法产生 2ASK 信号波形

载波信号为

$$f_c(t) = A_0 \cos\omega_c t$$

数字基带信号为

$$S(t) = \begin{cases} 1 & \text{发“1”码} \\ 0 & \text{发“0”码} \end{cases}$$

乘法器输出已调波 $S_{2ASK}(t)$ 的时域数学表达式为

$$S_{2ASK}(t) = S(t) A_0 \cos\omega_c t$$

　　为了深入了解 2ASK 信号的性质，除时域分析外，还应进行频域分析。由于二进制序列为随机序列，其频域分析的对象应为信号功率谱密度。2ASK 信号的功率谱由两部分组成，即线性幅度调制所形成的双边带连续谱和由被调载波分量确定的载频离散谱。图 9.6 所示为 2ASK 信号的单边功率谱示意图。对 2ASK 信号进行频域分析的主要目的之一就是确定信号的带宽。在不同应用场合，信号带宽有多种度量定义，但最常用和最简单的带宽定义是以功率谱主瓣宽度为度量的"谱零点带宽"，这种带宽定义特别适用于功率谱主瓣包含大部分功率信号的情况。显然，2ASK 信号的谱零点带宽为

$$B_{ASK} = (f_c + R_s) - (f_c - R_s) = 2R_s = \frac{2}{T_s} \quad (Hz) \quad\quad (9-2)$$

式中，R_s 为二进制序列的码元速率，它与二进制序列的信号信息率（比特率）R_b（b/s）数值上相等；T_s 为码元间隔，$T_s = 1/R_s$。

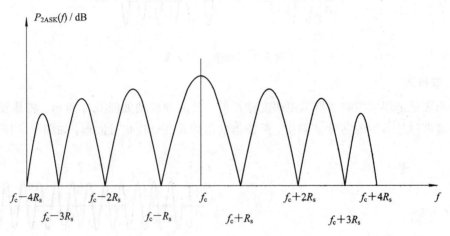

图 9.6　2ASK 信号的单边功率谱示意图

9.2.2　二进制幅度键控 2ASK 解调

　　2ASK 信号的解调通常有两种方式，即非相干解调和相干解调，现分述如下。

1. 非相干解调（包络检波）

　　2ASK 信号经过带通滤波滤除带外噪声，经包络检波取出包络再经低通滤波平滑恢复出基带信号，又经取样判决得到标准基带信号，此过程如图 9.7 所示。

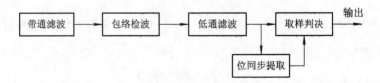

图 9.7　2ASK 信号非相干解调

2. 相干解调（同步检波）

　　相干解调在接收端要采用与发送端载波同频、同相的本地信号 $A_0 \cos\omega_c t$。解调过程如图 9.8 所示。

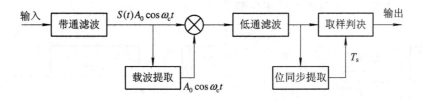

图 9.8 2ASK 信号相干解调

已调 2ASK 信号为 $S(t)A_0 \cos\omega_c t$，接收端将相干载波 $A_0 \cos\omega_c t$ 与接收已调波相乘，得到

$$S'(t) = S(t)A_0 \cos\omega_c t \cdot A_0 \cos\omega_c t$$

$$= S(t)A_0^2 \left(\frac{1}{2} + \cos 2\omega_c t\right)$$

$$= S(t)\frac{A_0^2}{2} + A_0^2 S(t) \cos 2\omega_c t$$

经过低通滤波滤除 $2\omega_c$ 等高频分量后，输出为

$$S''(t) = \frac{A_0^2}{2}S(t)$$

再经取样判决就可恢复出标准基带信号。

9.3 二进制移频键控

9.3.1 二进制移频键控 2FSK(BFSK)

数字信号的移频键控是利用载波的频率变化来传递数字信息的。在二进制情况下，利用两个不同频率 ω_1 与 ω_2 分别代表数字二进制码的"1"与"0"来传输信息，其时域表达式为

$$S_{2FSK}(t) = \begin{cases} A_0 \cos\omega_1 t & \text{发"1"码} \\ A_0 \cos\omega_2 t & \text{发"0"码} \end{cases}$$

由于二进制移频键控信号如同两个交替的 2ASK 信号的叠加，根据式(9-1)可得

$$S_{2FSK}(t) = \frac{A_0}{2}[1 + S(t)]\cos\omega_1 t + \frac{A_0}{2}[1 - S(t)]\cos\omega_2 t \qquad (9-3)$$

式中，$S(t)$ 为数字基带信号，且

$$S(t) = \begin{cases} 1 & \text{发"1"码} \\ -1 & \text{发"0"码} \end{cases}$$

2FSK 信号的产生通常可采用键控法和调频法，现分述如下。

1. 键控法

键控法产生 2FSK 信号时使用数字基带信号 $S(t)$ 来控制载波信号 f_1 与 f_2，如图 9.9(a)所示。当数字基带信号 $S(t)=0$ 时，开关 S 接通载波信号 f_1，输出频率为 f_1 的正弦载波；当数字基带信号 $S(t)=1$ 时，开关 S 接通载波信号 f_2，输出频率为 f_2 的正弦载波。例如，当数字基带信号为 10110 时，产生的 2FSK 信号波形如图 9.9(b)所示。

要注意的是，由于采用两个独立频率源实现键控法，所以，频率变换过渡点处两个独立源的相位不连续，因而这种方法很少被采用。

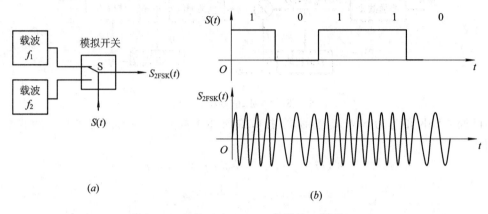

$$(a)\qquad\qquad\qquad\qquad\qquad (b)$$

图 9.9　键控法产生 FSK 信号的工作原理

2. 调频法

　　调频法利用数字基带信号控制正弦振荡器的谐振回路参数，其工作原理如图 9.10 所示。

　　图 9.10 中，由晶体管 VT、晶振 JT 和变容二极管 VD 组成晶体压控振荡器。通过数字基带信号的高电平(1)或低电平(0)控制变容二极管端电压，并改变变容二极管的电容量，从而改变振荡频率。这种调频方法产生的 2FSK 信号，由同一振荡器产生两个不同的频

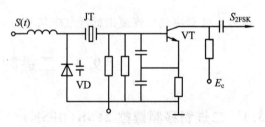

图 9.10　调频法产生 FSK 信号的工作原理

率，在频率变换过程其相位是连续的。但由于晶体振荡器的频率可调范围很小，因而所产生的 2FSK 信号的频率偏移不能太大。

　　为了深入了解 2FSK 信号的性质，除时域分析外，还应进行频域分析。由于二进制序列为随机序列，因此其频域分析的对象为信号功率谱密度。2FSK 功率谱密度的示意图如图 9.11 所示。

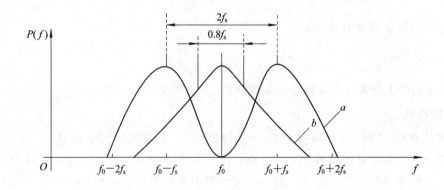

图 9.11　2FSK 功率谱密度的示意图

图 9.11 中，$f_0 = \dfrac{f_1 - f_2}{2}$，$f_s = \dfrac{1}{T_s}$。从图 9.11 可看出：

（1）2FSK 信号的功率谱由连续谱和离散谱组成。其中，连续谱由两个双边谱叠加而成，而离散谱出现在两个载频位置上。

（2）若两个载频之差较小，比如小于 f_s，则连续谱出现单峰；若载频之差逐步增大，即 f_1 与 f_2 的距离增加，则连续谱将出现双峰。

（3）由上面两个特点看到，传输 2FSK 信号所需的第一零点带宽 B 约为

$$B_{FSK} = \mid f_2 - f_1 \mid + 2f_s \tag{9-4}$$

图 9.11 画出了 2FSK 信号的功率谱示意图，该图中的谱高是示意的，并且是单边的。曲线 a 对应的 $f_1 = f_0 + f_s$，$f_2 = f_0 - f_s$；曲线 b 对应的 $f_1 = f_0 + 0.4f_s$，$f_2 = f_0 - 0.4f_s$。

9.3.2 二进制移频键控 2FSK 解调

2FSK 信号同样有相干解调和非相干解调两种方式，如图 9.12(a)、(b) 所示，其解调原理与 2ASK 信号基本相同，只是使用了两套电路。另外，目前许多具有 2FSK 解调功能的集成芯片几乎都是利用锁相环路的鉴频功能进行非相干解调的，其基本原理如图 9.12(c) 所示。

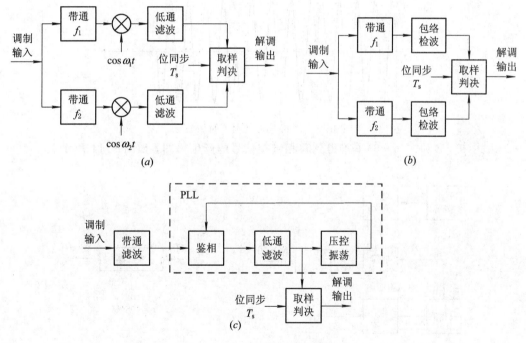

图 9.12　2FSK 信号的解调方式

9.4　二进制移相键控

9.4.1　二进制移相键控 2PSK(BPSK)

所谓数字信号移相键控，就是指用数字"1"和"0"控制载波的相位。若"1"码对应载波

的零相位，"0"码对应载波的 π 相位，则 PSK 信号时域波形如图 9.13 所示。由此可写出二进制移相键控信号的时域表示式

$$S_{2\text{PSK}}(t) = \begin{cases} A_0 \cos\omega_0 t & \text{发 "1" 码} \\ -A_0 \cos\omega_0 t & \text{发 "0" 码} \end{cases} \qquad (9-5)$$

或写成

$$S_{2\text{PSK}}(t) = A_0 S(t) \cos\omega_0 t \qquad (9-6)$$

式中，$S(t)$ 为数字基带信号，且

$$S(t) = \begin{cases} +1 & \text{发 "1" 码} \\ -1 & \text{发 "0" 码} \end{cases}$$

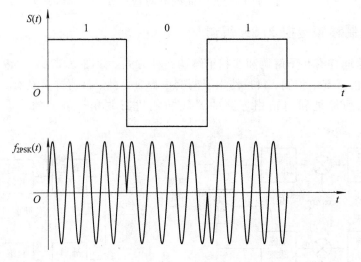

图 9.13　PSK 信号的典型时域波形

由式(9-5)和式(9-6)不难得到移相键控信号的产生框图，如图 9.14 所示。

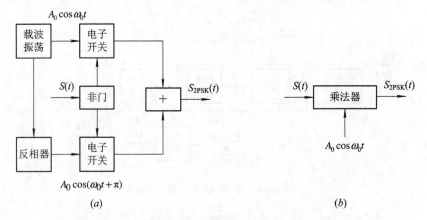

图 9.14　移相键控信号的产生

2PSK 信号是一种双边带调制信号，其功率谱表达式与 2ASK 的近似相同，因此，2PSK 信号的谱零点带宽(Hz)与 2ASK 的相同，即

$$B_{\text{PSK}} = 2R_s = \frac{2}{T_s} \qquad (9-7)$$

9.4.2　二进制移相键控 2PSK 解调

2PSK 信号为抑制载波的双边带调制信号，因此其解调应该采用相干解调方式，相干解调的前提是在接收端首先获得同步信号。图 9.15 所示为 2PSK 信号相干解调器组成框图。

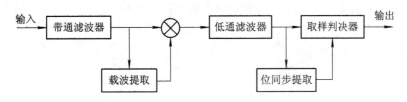

图 9.15　2PSK 相干解调器组成框图

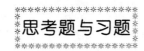

9-1　为什么数字基带信号不能在无线信道中直接进行传输，而必须进行数字调制？

9-2　数字调制的方法是用数字基带信号分别单独控制载波的幅度、频率和相位，从而实现三种基本数字频带调制方法，这三种方法分别叫什么？

9-3　为什么数字调制方法叫键控法？

9-4　分别画出幅度键控（ASK）、移频键控（FSK）和移相键控（PSK）的电路模型图、调制的输出波形图及解调电路模型图。

9-5　数字调制的基本解调方法有几种？

9-6　设发送二进制序列为 1110011010110001，试画出其 2ASK、2FSK、2PSK 信号的示意波形。

9-7　画出实现题 9-6 调制的系统框图和解调框图。

9-8　设发送的二进制信息为 101100011，采用 2ASK 方式传输。已知码元传输速率为 1200 波特/秒，载波频率为 2400 Hz。

（1）画出 2ASK 信号调制器原理框图，并画出 2ASK 信号的时间波形；

（2）计算 2ASK 信号频谱带宽。

9-9　设发送二进制信息为 11001000101，采用 2FSK 方式传输。已知码元传输速率为 1000 波特/秒，"1"码元的载波频率为 3000 Hz，"0"码元的载波频率为 2000 Hz。

（1）画出 2FSK 信号调制器原理框图，并画出 2FSK 信号的时间波形；

（2）计算 2FSK 信号频谱带宽。

9-10　设发送的二进制信息为 110100111，采用 2PSK 方式传输。已知码元传输速率为 2400 波特/秒，载波频率为 4800 Hz。

（1）画出 2PSK 信号调制器原理框图，并画出 2PSK 信号的时间波形；

（2）计算 2PSK 信号频谱带宽；

（3）若采用相干解调方式解调，画出该解调器方框图，并画出各点时间波形。

9-11　设发送的二进制信息为 1010110110，采用 2DPSK 方式传输。已知码元传输速率为 2400 波特/秒，载波频率为 2400 Hz。

（1）画出 2DPSK 信号调制器原理框图，并画出 2DPSK 信号的时间波形；

（2）计算 2PSK 信号频谱带宽；

（3）若采用相干解调和码反变换器方式解调，画出解调器方框图，并画出各点时间波形；

（4）若采用差分相干方式进行解调，画出解调器方框图，并画出各点时间波形。